高橋 康
Takahashi Yasushi

物理数学ノート

新装合本版

Lecture Notes
On Physical Mathematics

講談社

本書は，小社より 1992 年 3 月に刊行した『物理数学ノート I』と
1993 年 12 月に刊行した『物理数学ノート II』の内容を結合し，
新装合本版として再出版するものです．

『物理数学ノートI』へのはしがき

　あまり切れない，工学部出身の物理系大学院学生に，物理屋の使う数学に関する質問をいろいろと受け，それに答えているうちにこのようなノートができあがった．

　切れる学生は，個性にあまり関係なく，何でもわかってしまうのでこのノートは必要ではなかろう．彼らは，ほったらかしておいても自分でどうにかやっていく．一方，あまり切れない学生のほうは，切れなさになかなか個性があり一筋縄ではいかないことが多い．そのような切れない学生にこそ，おおいに独創性を発揮してもらいたいものである．切れない学生の個性は多様だから，切れないすべての学生に焦点を合わせるのはむずかしい．したがって，このノートが，これから物理系大学院修士課程あたりをはじめようという，ある種の切れない学生にだけ役に立てば幸いである．

　このノートで取り上げた問題は，たいへん限られている．第1に，応用数学というには厳密さの足りない，たいへん**鷹揚な数学**であることを了解しておいていただきたい．I章 Lagrangian と Hamiltonian と II章 Fourier 級数と Fourier 変換とは，物理をやるうえでどうしても知っていなければならない課題である．今さら力学や数学の大きな厳格な教科書を読むには，時間もエネルギーもないといった人々に役に立つことを願う．III章デルタ関数の章は知っていると便利だが，知っていなくてもなんとかいけるであろう．ここでは，デルタ関数の幾何学的応用を主に扱った．この章には，今のところこれといった教科書はみあたらない．このほか，専攻の分野に従って IV章回転と回転座標系，V章生成・消滅演算子が必要になるかもしれない．これらについてはむずかしい本はたくさんあるが，やはり，これらの課題を成書で勉強するのはたいへんである．要はたくさん知ることではなく，深く知ることで，この我流のノートがそのためにお役に立てば幸いである．

　このノートでは，物理を勉強するとき，あっちこっちで習ったはずの科目

のうち，短くまとめた教科書が少ないようなものだけを選んだ．もちろんそのような科目はこれにつきない．例の"切れない学生"がまたいろいろな質問をもってくることであろう．それに答えているうちに II 巻ができるかもしれない．

　例によってこのノートを執筆中，杜兆華および朱偉国にはたいへんお世話になった．彼らのあいかわらずの親切なあたたかい友情と理解に感謝したい．

1992 年 1 月

高橋 康

エドモントンにて

『物理数学ノート II』へのはしがき

　前巻 "物理数学ノート I" では鷹揚数学のほんの一部を紹介した．この巻では，量子力学と場の理論でよく使われる鷹揚数学のうち，行列，角運動量，散乱問題，調和振動子と粒子像，変分法を簡単にまとめてみたが，話が少々むずかしくなったようである．前巻と同じく，やはり大学院学生の質問に答えているうちにできあがったノートが基礎になっている．

　上の，はじめの3つの課題にたいしては，いろいろと成書が出ているが，どの本も大きすぎて忙しい大学院の学生には，それらをいちいち読んでいるエネルギーも時間もなかなかできないと思う．実際に研究を始めると，どっちみち自分の数学的知識の不足を痛感することになるのが常である．そのときには，やはり専門に応じて大きな成書を詳読しなければならなくなる．このノートが，それまでの一時的橋渡しの役割を果たすことができることを願っている．

　調和振動子と粒子像については，これに焦点をあわせて書かれた教科書は少ない．最後の変分法は，例によって私の独創的なノートを紹介したものである．誰でもが知っていなければならないといったものではない．何かのお役にたてば幸いである．

　このノートを執筆中，いつものように，"最知己的好朋友" 杜兆華の暖かい友情とサポートがあったことを明記し，心からの感謝の意を表したい．

1993 年 8 月

高橋 康
エドモントンにて

目次 contents

第 V 章　生成・消滅演算子　133

第 VI 章　行列および行列式　147

第X章 **変分法** 241

第**0**章

鷹揚数学のすすめ

　考えてみれば私はたいへん乱暴な教育を受けたものである．それは第2次世界大戦の真っただ中であったという事情にもよることかもしれないが，とにかく微分積分さえもろくにこなしていないところで，例の高尚な Maxwell 方程式を習ったのである．3重積分が出てきたが，その3匹のミミズのようなものが何であるのかさっぱりわからない．先生は，「それは空間中のいろいろな部分の物理量の和と考えてください」とおっしゃる．今にしてみればまったく馬鹿みたいなことである．こんなことわからなくて物理ができるかい，といいたくなるようなことだが，事実自慢じゃないが私自身これがわからなかったのだからおもしろい．

　しかしこのような事情は，程度の差こそあれいつになっても治らないものである．世界中の優れた物理学者が，どんどんと新しい数学や未知の技巧を駆使して，新しい大理論を提出してくる．それがすべて難なくわかってしまうなどということはあるはずがない．研究者はそのような事情をどうやって切り抜けていくか？　もちろん，こうすればよいというような簡単な解決法はあるはずがない．ある先生は，そんなこと気にしないで無視していなさいとおっしゃるかもしれない．またある先生は，だからそのつど一生懸命に勉強するんじゃ，といわれるでしょう．別の先生は，だから学生のときにうんと幅広く勉強をしておくことが大切です，と忠告なさるかもしれない．つまり，解決は各自の個性に合わせてやっていくよりほかにないだろうと思う．そのつど勉強せいといわれても，学生のときちゃんとといわれても，たとえ

1

ある程度知識の集積があっても，やはり基礎的な考え方ができていなかったら，数多い優れた研究者のだす論文の数にはおよぶべくもないだろう．だいたい私自身のことをふりかえってみても，私が研究をはじめてから，以前には全く予期もしなかった数学や技巧がどんどん入ってきたように思う．ああ大学のときにもっと群論をやっておけばよかったとか，トポロジーを勉強しておけばよかったとか微分幾何を学んでおくべきであったとか，後悔することが多いがあとの祭りである．とにかく，数学をあまり知らないで成功した人の例を挙げればきりがないし，また数学をよく知っていたがために成功した例にもことかかないだろう．ついでにいっておくと，数学をよく知っているがためにかえってそれが災いしたという例もたくさんある．

　そこであまり悲観しないでちょっと考え直してみよう．なんといっても物理をやりたければ物理に強くなる以外ない．物理学特有の考え方は，はっきり定式化できないので，なかなかなじみにくいものである（数学でも基本的な考え方がたやすく定式化できているとは思わないが）．しかも，物理特有の考え方というのは，科目によってかなり異なっているのではないだろうか．たとえば，熱力学の考え方と電磁気学のそれとの間に共通なものを見つけようとしても，なんとなく漠然と似ているような似ていないような気がして，これといった考え方の相違を見つけることはたいへんであろう．しかし，物理のどんな科目でも平気でこなしていくといった物理学者はめったにいない．やはり得意不得意があり，この人は素粒子のバックグラウンドだとか，彼は物性のバックグラウンドだとかいう考え方の根本的相違が出てくる．たとえばS先生の書かれた電磁気学の教科書を見ると，やはりS先生の独特の個性と同時に彼のバックグラウンドが出ているし，またT先生の電磁気学には同じ電磁気学でもやはり彼なりの個性とバックグラウンドを読み取ることができる．ただ，いろいろな高級数学を習得しても，たいていの場合，高級な数学に引きずられて本質の物理学のほうを離れてしまうことが多い．まあ高級な数学のことは私もあまり知らないので触れないでおこう．物理屋にとってのパンとバター的な数学に話を限ろう．

　では，パンとバター的な数学とはなにかというと，それは微分積分，Fourier 積分，簡単な線形代数の知識，それに初歩的な微分方程式の知識く

らいではないだろうか．このほか知っていると便利な数学的技巧としては，デルタ関数の取り扱いとか，変分法の初歩とかいったものがある．変分法のついでにちょっと触れておくと，それは解析力学である．理科と文科とを区別するものが微積分だとすると，専門の物理屋とそうでない分野の人とを区別するものは解析力学ではなかろうか．あとは専門の分野に応じてよく使われる数学的技巧を各自勉強するしかないのではなかろうか．

はしがきにも述べたように，このノートは，工学部を卒業して最近物理の大学院へ入ったある学生との会話がもとになっている．彼はまず Hamiltonian というものの効用を知らなかったので，まずそれを説明しなければならなかった．それが I 章の内容である．彼は Fourier 級数や Fourier 積分のことはよく知っているようであったが，デルタ関数についてはまだおっかなびっくりのようなので，それを説明するために，II 章でちょっと Fourier の理論を復習しなければならなかった．そのついでに Green 関数のことに触れた．III 章のデルタ関数の項は，実は私がだいぶ前に面白半分に定式化し，ゼミナールで話をしてそのまま今まで大事にしまっておいたものを紹介した．したがって，これは私の独そう（適当な漢字を当てはめてください）的なもので，私自身はたいへん便利をしている．他の人々にも大いに活用していただきたいと思う．IV 章の回転に関する理論はいろいろな意味でたいへん重要なものであろう．回転は群論を勉強するときいちばん簡単かつ具体的な例を提供するからである．ただし，ここでは群論にはいっさい触れなかった．回転群の議論には山内先生の名著があるし，うっかり口を出すとぼろがでてしまうからである．群論の基礎としての回転ではなく，ここでは核磁気共鳴にでてくる Bloch 方程式や回転 Brownian Motion などを扱うための基礎としての回転を考えた．驚いたことに，スピノールという抽象的なものが核磁気共鳴の分野で使われているのである．したがって，ここではスピノールというものを紹介した．実は，スピノールというものが核磁気共鳴に使われていることを教えてくれたのは，例の工学部出身の学生である．

最後の章では生成・消滅演算子のことをまったく簡単に議論したが，もちろんこの章の議論だけではあまり簡単すぎて実用にはならない．これから量子光学でも勉強しようかと考えている人たちが，いったい，生成・消滅演算

子とはどんなものだろうかという，ざっとしたアイディアを得るためには少しくらい助けになるかもしれないと思ったまでである．もっとちゃんと勉強したかったら，これには枚挙にいとまなしというほどたくさん本が出ている．

とにかく，このノートは，大学で勉強し損ねた人々のために書いたようなものである．したがって，あまり細かい定義とか条件にはこだわらないことにした．それをやりはじめると勉強がいやになる人が多いからである．だいいち私自身がいやになる．たとえばデルタ関数を取り扱うのに，あまり数学的にうるさいことをいい出すと取り扱うのが恐くなる．その意味でこれは応用数学というよりも鷹揚数学といったほうが適当であろう．

（『物理数学ノート I 』より　1992 年）

書斎のすみの紙くずかご

前巻 “物理数学ノート I ” に続いてこんな本をまた書くことになった．前巻（以下ノート I ）を書く動機を与えてくれた例の学生 A 君に加えて，私の部屋には，今年はもう一人，平気で，全く初等的な質問を持ってくる大学院生，B さんが現われるようになった．B さんはなかなかインテリジェントな質問を持ってはくるが，残念ながら，どうも技術的なバックグラウンドがたりないようである．やはり，インテリジェンスというものは，物理をやるうえに必要なものかどうかわからなくなってしまう．少なくとも十分条件ではないようである．では，それは必要条件か？

ある読者がご親切に，寺田寅彦先生の随筆集の中から，“科学者とあたま” という記事のコピーを私のところに送ってくださった．読んでみると，なかなかおもしろい．6 ページあるから，ここに引用するわけにはいかないが，結論は，科学者というものは，頭がよいだけではだめで，同時に頭が悪くなければいけないらしい．つまり一人で二役演じなければいけないようである．

では，私自身の意見はと問われると，何と答えたらよいであろうか？　一人二役演じるのは凡人のなしうる技ではないから，各自どちらかに決めておいたほうがよい．それよりも，どうせこんなことは自分の意志で決まるわけ

ではないのだから，気にしないでいたほうがよい．頭のいい人が頭の悪い人のまねをするわけにはいかないだろうし，その逆はさらにむずかしい．すぐばれてしまう．寺田先生のご意見自体には全然異論はないが，"そんなことはDNAに任せておいて，まあ気にせず，凡なる人の子は，大いに手と口と頭を使って奮戦してみること"ではないかしらと思う．

　手と口？　それは，こういう意味である．少々疑問に思ったら，すぐ紙と鉛筆を取り出して，納得のいくまで自分の手を使ってやってみることである．だいたい何を基本にし，何を主張するのか，そしてその途中をどうやって埋めていくのかということを整理する．そうしているうちに，書斎のすみの紙くずかごはいっぱいになる．ある程度ことが判明したら，まわりにいる同僚や学生をつかまえて，自分の理解が一人よがりではなく，他人にも妥当なものか話してみるとよい．科学が人間の基本的なアクティビティーの1つだとすると，コミュニケーションが基礎になることは明らかであろう（まわりに同僚のいない独学者は，何といってもこの点たいへん不利である）．

　A君がわからないわからない，と言っていることをよくみると，どうも手の動かし方がたりないようである．本を読んで頭でわかろうとしないで，本を読みながら，紙と鉛筆をうんと使って手に理解させるとよい．これはDNAに関係なく，自分の意志だけでコントロールできることである．

　Bさんのほうは，手もよく動くし，論理的な理解も立派なものだが，残念ながら年期がたりない．あんまり才媛で，どんどん進級してきてしまったらしい．根がしっかりできないうちに早く成長した樹を思わせる．

　A君とBさんとが，私の部屋に持ち込んできた質問に答えながら，そのつどワープロに打ち込んでおいたノートが大分たまってきた．今まで私自身，はずかしながら，いいかげんに理解したまま長年講義してきた問題についても，私なりに考えてみるよい機会であった．

　VI章では，量子力学を勉強するときにどうしても必要な行列の理論を，かんたんにまとめた．VII章で，その応用として量子力学における角運動量の取り扱いを復習した．量子力学，特にその物理的解釈を知らなくても，その雰囲気に慣れるために，行列の演習をしておくのに適当であろう．VIII章でも同じく，量子力学を知らなくても（もちろん知っているにこしたことはな

いが），ノート I で学んだ Green 関数の応用問題として，波の散乱をどう取り扱うかを議論した．以上の 3 つの章に含まれる話題は，量子力学を勉強する場合，ぜひ必要であろう．

IX 章では，場を調和振動子に分解する手法を紹介したが，それは現代の粒子像が調和振動子を基礎としているからである．将来，場の理論でも勉強しようという場合には，この章の論議は不可欠であろう．

X 章の変分法の話は，ぜひ知っておかなければならないといったものではない．量子力学で近似法を習うとき変分法が出てくるが，これは近似解を得るためにしか使えないような方法なのであろうかということが，私自身にとって疑問であった．正確な解を得るために使えないような手法が，近似解を得るために有効であるというのは，私にとっては不可思議であったので，自分なりに納得してフロッピーに収めておいたものを，ここに紹介した．つまりこの章の議論は，伝統的なものではなく，全くの自己流である．したがって，あまり技術的な点にこだわらず，変分法という手法の底を流れるアイディアだけをくみ取っていただきたい．

（『物理数学ノート II』より　1993 年）

第 **I** 章

Lagrangian と Hamiltonian

§1. はじめに

物理系を取り扱う場合，どのような変数で系を記述するかというのは重要な問題である．たとえば，太陽の回りの遊星の問題を解く場合，極座標をとると便利だが，基本になる Newton の方程式は Descartes 座標で簡単な形をしている．それを真正直に，極座標に直すのはなかなかしんどい．この座標変換を Lagrangian の段階で行うと，かなりの計算をはぶくことができる．Hamiltonian までいくと，もっと広い範囲の変数変換が可能となる．

Lagrangian や Hamiltonian の強みは変数変換が簡単になるということに限らない．これらは，与えられた物理系に関する必要な知識全体を含んでいる量で，運動方程式には含まれていないような情報すら含んでいることがある．したがって，物理系を取り扱う場合，Lagrangian か Hamiltonian から出発して，すべての必要な情報をこれらから導き出すようにつとめるほうが無難なのである．その意味で，Lagrangian の（非）対称性から（非）保存量を定義する Noether の定理は特に重要である．簡単に「不変性は保存則を意味する」とよくいわれるが，この命題は，Lagrangian か Hamiltonian があってのことであることを忘れないように．

量子力学は，Hamiltonian の上に組み立てられているから，Hamiltonian の知識なしには，物理系を量子力学的に取り扱うわけにいかない．そこで，この章では，Lagrangian と Hamiltonian について復習することにする．

§2. Euler-Lagrange 微分

まずはじめに，Euler-Lagrange 微分というものを導入し，変数変換によって，それがどのように変換されるかを調べる．

いま，N 個の変数 x_i $(i=1, 2, \cdots, N)$ から別の変数 y_i $(i=1, 2, \cdots, N)$ への変換を考えよう．それら 2 種類の変数が

$$x_i = x_i(y_1, y_2, \cdots, y_N) \equiv x_i(y_j) \tag{2.1}$$

という関係によって結ばれているとする．また，この関係は逆に解けて

$$y_i = y_i(x_1, x_2, \cdots, x_N) \equiv y_i(x_j) \tag{2.2}$$

と書けることを仮定する．Descartes 座標 x, y, z から球面座標 r, θ, ϕ への変換を頭においておくとよい．また，変換 (2.1) や (2.2) には時間を陽に含む可能性をゆるしてもよい．変換 (2.1) (2.2) を**点変換**とよぶことがある．

まず必要な公式を導いておく．式 (2.2) で，y_j は，x_i $(i=1, 2, \cdots, N)$ の関数であり，x_i の時間微分は含まれていないから，直ちに

$$\dot{y}_j = \frac{\partial y_j}{\partial x_i} \dot{x}_i \tag{2.3}$$

が成り立つ．ここで，$\dot{}$ は時間微分を意味する．また，式 (2.3) の右辺には添字 i が 2 度使われているが，このようなときには，i について 1 から N までの和を意味する．これを **Einstein の便法**とよび，物理学ではしばしば使われる便法である．すなわち式 (2.3) とは，

$$\dot{y}_j = \frac{\partial y_j}{\partial x_1} \dot{x}_1 + \frac{\partial y_j}{\partial x_2} \dot{x}_2 + \cdots + \frac{\partial y_j}{\partial x_N} \dot{x}_N \tag{2.3'}$$

を意味することを忘れないように．

式 (2.3) あるいは式 (2.3') を $\dot{x}_i$ $(\dot{x}_1, \cdots, \dot{x}_N$ のどれか$)$ で微分すると

$$\frac{\partial \dot{y}_j}{\partial \dot{x}_i} = \frac{\partial y_j}{\partial x_i} \tag{2.4}$$

が得られる．次に，式 (2.3) または式 (2.3') を x_i $(x_1, x_2, \cdots, x_N$ のどれか$)$ で微分すると

$$\frac{\partial \dot{y}_j}{\partial x_i} = \frac{\partial^2 y_j}{\partial x_i \partial x_k} \dot{x}_k = \frac{\mathrm{d}}{\mathrm{d}t} \left[\frac{\partial y_j}{\partial x_i} \right] \tag{2.5}$$

が得られる．というのは，最後の括弧の中の量は $x_1, \cdots, x_N$ だけの関数だからである．式 (2.4) と式 (2.5) は，Euler-Lagrange 微分の変換性を知るために必要な公式である．

次に，式 (2.3) にみられるように，$\dot{y}_j$ は $x_1, \cdots, x_N$ とそれらの時間微分の関数であるから，x_i での微分には $\dot{y}_j$ や $\ddot{y}_j$ なども効いてきて，一般に

$$\frac{\partial}{\partial x_i} = \frac{\partial y_j}{\partial x_i}\frac{\partial}{\partial y_j} + \frac{\partial \dot{y}_j}{\partial x_i}\frac{\partial}{\partial \dot{y}_j} + \cdots \tag{2.6}$$

と書くことができる．また式 (2.4) により

$$\frac{\mathrm{d}}{\mathrm{d}t}\frac{\partial}{\partial \dot{x}_i} = \frac{\mathrm{d}}{\mathrm{d}t}\left[\frac{\partial \dot{y}_j}{\partial \dot{x}_i}\frac{\partial}{\partial \dot{y}_j} + \cdots\right]$$

$$= \frac{\mathrm{d}}{\mathrm{d}t}\left[\frac{\partial y_j}{\partial x_i}\frac{\partial}{\partial \dot{y}_j} + \cdots\right]$$

$$= \frac{\mathrm{d}}{\mathrm{d}t}\left[\frac{\partial y_j}{\partial x_i}\right]\frac{\partial}{\partial \dot{y}_j} + \frac{\partial y_j}{\partial x_i}\frac{\mathrm{d}}{\mathrm{d}t}\frac{\partial}{\partial \dot{y}_j} + \cdots \tag{2.7}$$

となる．ただし，ここで式 (2.4) を用いた．そこで式 (2.6) から式 (2.7) を引くと，式 (2.5) のために，

$$\frac{\partial}{\partial x_i} - \frac{\mathrm{d}}{\mathrm{d}t}\frac{\partial}{\partial \dot{x}_i} = \frac{\partial y_j}{\partial x_i}\left[\frac{\partial}{\partial y_j} - \frac{\mathrm{d}}{\mathrm{d}t}\frac{\partial}{\partial \dot{y}_j}\right]$$
$$+ (\ddot{y} \text{ についての微分を含む項}) \tag{2.8}$$

となる．ただしここで式 (2.5) を用いた．ここに出てきた

$$\frac{\partial}{\partial x_i} - \frac{\mathrm{d}}{\mathrm{d}t}\frac{\partial}{\partial \dot{x}_i} \quad \text{や} \quad \frac{\partial}{\partial y_j} - \frac{\mathrm{d}}{\mathrm{d}t}\frac{\partial}{\partial \dot{y}_j}$$

を **Euler-Lagrange 微分** とよんでおく．式 (2.8) は，Euler-Lagrange 微分の変換性を示す重要な式である．

いま，$x_1, \cdots, x_N$ とそれらの時間微分だけの関数

$$f(x_1, \cdots, x_N ; \dot{x}_1, \cdots, \dot{x}_N)$$

を考えよう．変数変換 (2.1) により，これはまた，$y_1, \cdots, y_N ; \dot{y}_1, \cdots, \dot{y}_N$ の関数として表現することができるが，それを

$$g(y_1, \cdots, y_N ; \dot{y}_1, \cdots, \dot{y}_N)$$

とすると，式 (2.8) によって

$$\left[\frac{\partial}{\partial x_i} - \frac{\mathrm{d}}{\mathrm{d}t} \frac{\partial}{\partial \dot{x}_i} \right] f(x_1, x_2, \cdots, x_N \; ; \; \dot{x}_1, \cdots, \dot{x}_N)$$

$$= \frac{\partial y_j}{\partial x_i} \left[\frac{\partial}{\partial y_j} - \frac{\mathrm{d}}{\mathrm{d}t} \frac{\partial}{\partial \dot{y}_j} \right] g(y_1, \cdots, y_N \; ; \; \dot{y}_1, \cdots, \dot{y}_N) \qquad (2.9)$$

となる. このように Euler-Lagrange 微分は,$\partial y_j / \partial x_i$ によって結ばれていることがわかる. 式 (2.1) が逆に解くことができて式 (2.2) が得られる場合には,$\partial y_j / \partial x_i$ は逆をもつから,式 (2.9) は

$$\frac{\partial x_i}{\partial y_j} \left[\frac{\partial}{\partial x_i} - \frac{\mathrm{d}}{\mathrm{d}t} \frac{\partial}{\partial \dot{x}_i} \right] f(x_1, \cdots, x_N \; ; \; \dot{x}_1, \cdots, \dot{x}_N)$$

$$= \left[\frac{\partial}{\partial y_j} - \frac{\mathrm{d}}{\mathrm{d}t} \frac{\partial}{\partial \dot{y}_j} \right] g(y_1, \cdots, y_N \; ; \; \dot{y}_1, \cdots, \dot{y}_N) \qquad (2.9')$$

と書くこともできる.

Euler-Lagrange 微分には,もう 1 つの著しい性質がある. それは,ある関数の Euler-Lagrange 微分が恒等的に 0 になる場合には,その関数は,ある関数の時間微分であり,逆に,ある関数の時間微分の Euler-Lagrange 微分は恒等的に 0 になるということである. すなわち

$$\left[\frac{\partial}{\partial x_i} - \frac{\mathrm{d}}{\mathrm{d}t} \frac{\partial}{\partial \dot{x}_i} \right] \frac{\mathrm{d}}{\mathrm{d}t} W(x_1, \cdots, x_N) \equiv 0$$

である. この証明は,やさしいので各自やってみてほしい. この性質は,あとで,正準変換を議論するとき重要になる.

[例 1] Descartes 座標と球面座標

$$x = r \sin \theta \cos \phi$$
$$y = r \sin \theta \sin \phi \qquad (2.10)$$
$$z = r \cos \theta$$

$$\therefore \quad \frac{\partial r}{\partial x} = \sin \theta \cos \phi$$

$$\frac{\partial \theta}{\partial x} = \frac{\cos \theta \cos \phi}{r} \qquad (2.11)$$

$$\frac{\partial \phi}{\partial x} = -\frac{\sin \phi}{r \sin \theta}$$

$$\therefore \quad \frac{\partial}{\partial x} - \frac{\mathrm{d}}{\mathrm{d}t}\frac{\partial}{\partial \dot{x}} = \frac{\partial r}{\partial x}\left[\frac{\partial}{\partial r} - \frac{\mathrm{d}}{\mathrm{d}t}\frac{\partial}{\partial \dot{r}}\right]$$

$$+ \frac{\partial \theta}{\partial x}\left[\frac{\partial}{\partial \theta} - \frac{\mathrm{d}}{\mathrm{d}t}\frac{\partial}{\partial \dot{\theta}}\right] + \frac{\partial \phi}{\partial x}\left[\frac{\partial}{\partial \phi} - \frac{\mathrm{d}}{\mathrm{d}t}\frac{\partial}{\partial \dot{\phi}}\right] \qquad (2.12)$$

$$= \sin \theta \cos \phi \left[\frac{\partial}{\partial r} - \frac{\mathrm{d}}{\mathrm{d}t}\frac{\partial}{\partial \dot{r}}\right] + \frac{\cos \theta \cos \phi}{r}\left[\frac{\partial}{\partial \theta} - \frac{\mathrm{d}}{\mathrm{d}t}\frac{\partial}{\partial \dot{\theta}}\right]$$

$$- \frac{\sin \phi}{r \sin \theta}\left[\frac{\partial}{\partial \phi} - \frac{\mathrm{d}}{\mathrm{d}t}\frac{\partial}{\partial \dot{\phi}}\right] \qquad (2.13)$$

y や z についても同様である.

§3. Euler-Lagrange の方程式

Euler-Lagrange 微分は, 変数変換によって式 (2.9) または式 (2.9′) のように変換する. したがってもし基礎的な物理法則を, ある変数とそれらの時間微分のある関数の Euler-Lagrange 微分が 0 になるように定式化できるならば, その形式は変数の選び方によらない. すなわち, 物理法則が

$$\left[\frac{\partial}{\partial y_i} - \frac{\mathrm{d}}{\mathrm{d}t}\frac{\partial}{\partial \dot{y}_i}\right] L(x_j, \dot{x}_j) = 0 \qquad (3.1\mathrm{a})$$

という形で与えられるならば, 式 (2.9) によって

$$\left[\frac{\partial}{\partial x_i} - \frac{\mathrm{d}}{\mathrm{d}t}\frac{\partial}{\partial \dot{x}_i}\right] L(x_j, \dot{x}_j) = 0 \qquad (3.1\mathrm{b})$$

が成立することになる. 式 (3.1a) の L は式 (2.1) を用いて, y_j と $\dot{y}_j$ で表されたものとする. 式 (3.1a) と式 (3.1b) とは, 全く同じ物理法則をいっているわけで, 変数の組 x_i をとろうが, y_i をとろうが, 勝手である. このようなとき, 式 (3.1) を **Euler-Lagrange の方程式** とよび, $L(x_j, \dot{x}_j)$ のことを, **Lagrangian** という.

[例 2]

いま, Lagrangian を

$$L(\boldsymbol{x}, \dot{\boldsymbol{x}}) \equiv \frac{1}{2}m\dot{\boldsymbol{x}}^2 - V(|\boldsymbol{x}|) \tag{3.2}$$

ととる. $\boldsymbol{x}$ を球面座標で表し,式（3.2）に代入すると

$$L(\boldsymbol{x}, \dot{\boldsymbol{x}}) = \frac{1}{2}m\{\dot{r}^2 + r^2\dot{\theta}^2 + r^2\dot{\phi}^2\sin^2\theta\} - V(r) \tag{3.3}$$

となる. 式（3.2）を用いると,Euler-Lagrange の方程式は

$$\left[\frac{\partial}{\partial x_i} - \frac{\mathrm{d}}{\mathrm{d}t}\frac{\partial}{\partial \dot{x}_i}\right]L = -\frac{\partial}{\partial x_i}V(|\boldsymbol{x}|) - \frac{\mathrm{d}^2}{\mathrm{d}t^2}x_i = 0 \qquad (i=1,2,3) \tag{3.4}$$

これは正に,よく知られた Newton の方程式である.

一方,式（3.3）のほうを用いると

$$\left[\frac{\partial}{\partial r} - \frac{\mathrm{d}}{\mathrm{d}t}\frac{\partial}{\partial \dot{r}}\right]L = -m\ddot{r} + mr\dot{\theta}^2 + mr\dot{\phi}^2\sin^2\theta - \frac{\partial}{\partial r}V(r) = 0 \tag{3.5a}$$

$$\left[\frac{\partial}{\partial \theta} - \frac{\mathrm{d}}{\mathrm{d}t}\frac{\partial}{\partial \dot{\theta}}\right]L = -\frac{\mathrm{d}}{\mathrm{d}t}[mr^2\dot{\theta}] + mr^2\dot{\phi}^2\sin\theta\cos\theta = 0 \tag{3.5b}$$

$$\left[\frac{\partial}{\partial \phi} - \frac{\mathrm{d}}{\mathrm{d}t}\frac{\partial}{\partial \dot{\phi}}\right]L = -\frac{\mathrm{d}}{\mathrm{d}t}[mr^2\dot{\phi}\sin^2\theta] = 0 \tag{3.5c}$$

これらが,球面座標を採用したときの運動方程式で,式（3.4）の線形結合である. 式（3.4）を球面座標に直そうとするとたいへん手間がかかるが,Lagrangian の段階で球面座標に変換するのは,それに比べて比較的簡単である. というのは,運動方程式（3.4）は 2 階の時間微分を含んでいるが,Lagrangian（3.2）には 1 階微分しか含まれていないからである.

注 意

　（1）なお,この場合,Lagrangian（3.2）は,運動エネルギー K とポテンシャルエネルギー V を用いて,

$$L = T - V \tag{3.6}$$

という形をしている. 簡単な物理系では,Lagrangian は,多くの場合式（3.6）の形をしている. ただし,一般の物理系では,必ずしも Lagrangian は式（3.6）の形をもつとはかぎらない.（例 4 を見よ）.

　（2）式（3.3）にみられるように,角 ϕ は Lagrangian の中に生で入っていない. その時間微分 $\dot{\phi}$ が入っている. このような一般座標を,**循環座**

標または **ignorable な変数**とよぶ. このような変数については, Lagrangian の Euler-Lagrange 微分の第1項は常に消えるから, 運動方程式は「ある量の時間的変化が常に0」という形になる. つまり, ある量が保存される. たとえば (3.5c) は,

$$\frac{d}{dt}\left[\frac{\partial L}{\partial \dot{\phi}}\right] = \frac{d}{dt}[mr^2\dot{\phi}\sin^2\theta] = 0 \tag{3.7}$$

であり, これは, z 軸の回りの角運動量が保存するという表現である. また, Lagrangian (3.2) でポテンシャルエネルギーを0とすると, $\boldsymbol{x}$ は循環座標になり,

$$\frac{d}{dt}\left[\frac{\partial L}{\partial \dot{\boldsymbol{x}}}\right] = \frac{d}{dt}[m\dot{\boldsymbol{x}}] = 0 \tag{3.8}$$

が得られる. これは, 運動量保存則にほかならない.

[例 3] 2粒子系の Newton の方程式

次にもう少し複雑な系として, 2粒子がポテンシャルによって相互作用している系を考えよう. 各粒子の質量をそれぞれ m_1, m_2 とすると, 式 (3.6) により,

$$L = \frac{1}{2}m_1\dot{\boldsymbol{x}}^{(1)2} + \frac{1}{2}m_2\dot{\boldsymbol{x}}^{(2)2} - V(|\boldsymbol{x}^{(1)} - \boldsymbol{x}^{(2)}|) \tag{3.9}$$

と, とるのがよいだろう. すると, Euler-Lagrange の方程式は,

$$\left[\frac{\partial}{\partial \boldsymbol{x}^{(1)}} - \frac{d}{dt}\frac{\partial}{\partial \dot{\boldsymbol{x}}^{(1)}}\right]L = -m_1\ddot{\boldsymbol{x}}^{(1)} - \frac{\partial}{\partial \boldsymbol{x}^{(1)}}V(|\boldsymbol{x}^{(1)} - \boldsymbol{x}^{(2)}|) = 0 \tag{3.10}$$

$$\left[\frac{\partial}{\partial \boldsymbol{x}^{(2)}} - \frac{d}{dt}\frac{\partial}{\partial \dot{\boldsymbol{x}}^{(2)}}\right]L = -m_2\ddot{\boldsymbol{x}}^{(2)} - \frac{\partial}{\partial \boldsymbol{x}^{(2)}}V(|\boldsymbol{x}^{(1)} - \boldsymbol{x}^{(2)}|) = 0 \tag{3.11}$$

となる. これらの方程式を加え合わせると, 直ちに

$$\frac{d}{dt}[m_1\dot{\boldsymbol{x}}^{(1)} + m_2\dot{\boldsymbol{x}}^{(2)}] = 0 \tag{3.12}$$

という, 運動量の保存則が得られる.

この系については, 重心座標

$$X = \frac{1}{M}(m_1 \boldsymbol{x}^{(1)} + m_2 \boldsymbol{x}^{(2)}) \tag{3.13a}$$

と相対座標

$$\boldsymbol{x} = \boldsymbol{x}^{(1)} - \boldsymbol{x}^{(2)} \tag{3.13b}$$

を導入し，Lagrangian を

$$L = \frac{1}{2}M\dot{\boldsymbol{X}}^2 + \frac{1}{2}\mu\dot{\boldsymbol{x}}^2 - V(|\boldsymbol{x}|) \tag{3.14}$$

と書くこともできる．ただし

$$M \equiv m_1 + m_2 \tag{3.15}$$

は，**全質量**であり，

$$\mu \equiv m_1 m_2 / M \tag{3.16}$$

は**換算質量**である．Lagrangian (3.14) をみてすぐわかることは，X が循環座標になっているということで，その Euler-Lagrange の方程式として，運動量保存則

$$\frac{\mathrm{d}}{\mathrm{d}t}[M\dot{\boldsymbol{X}}] = \frac{\mathrm{d}}{\mathrm{d}t}[m_1\dot{\boldsymbol{x}}^{(1)} + m_2\dot{\boldsymbol{x}}^{(2)}] = 0$$

が得られる．

[例 4] 電磁場の中の荷電粒子

荷電粒子の位置を $\boldsymbol{x}(t)$，ベクトルおよびスカラーポテンシャルをそれぞれ $\boldsymbol{A}(\boldsymbol{x},t), \phi(\boldsymbol{x},t)$ としたとき，Lagrangian を

$$L = \frac{1}{2}m\dot{\boldsymbol{x}}^2(t) - e\phi(\boldsymbol{x}(t),t) + \frac{e}{c}\dot{\boldsymbol{x}}(t)\cdot\boldsymbol{A}(\boldsymbol{x}(t),t) \tag{3.17}$$

とおいてみる．$\boldsymbol{A}$ や ϕ は，荷電粒子の位置における値をとる．式 (3.17) から，Euler-Lagrange の方程式を作ったとき，それが，ちょうど Lorentz 力の働いた荷電粒子の運動方程式になっていれば，式 (3.17) は一応正しい Lagrangian と考えられる．Euler-Lagrangian 微分は，$\boldsymbol{A}$ や ϕ の中の $\boldsymbol{x}(t)$ にもかかることに注意すると，

$$\left[\frac{\partial}{\partial x_i} - \frac{\mathrm{d}}{\mathrm{d}t}\frac{\partial}{\partial \dot{x}_i}\right]L = -e\frac{\partial}{\partial x_i}\phi + \frac{e}{c}\dot{\boldsymbol{x}}\cdot\frac{\partial}{\partial x_i}\boldsymbol{A} - \frac{\mathrm{d}}{\mathrm{d}t}\left[m\dot{x}_i + \frac{e}{c}A_i\right]$$

$$= -m\ddot{x}_i - e\frac{\partial}{\partial x_i}\phi + \frac{e}{c}\dot{\boldsymbol{x}}\cdot\frac{\partial}{\partial x_i}\boldsymbol{A} - \frac{e}{c}\left[\dot{\boldsymbol{x}}\cdot\nabla A_i + \frac{\partial}{\partial t}A_i\right]$$

$$= -m\ddot{x}_i + eE_i(\boldsymbol{x}(t),t) + \frac{e}{c}[\dot{\boldsymbol{x}}(t)\times\boldsymbol{H}(\boldsymbol{x}(t),t)]_i = 0 \tag{3.18}$$

ただし，ここで，Gauss 単位系を採用し

$$\boldsymbol{E} = -\nabla\phi - \frac{1}{c}\frac{\partial}{\partial t}\boldsymbol{A} \tag{3.19a}$$

$$\boldsymbol{H} = \nabla\times\boldsymbol{A} \tag{3.19b}$$

を用いた.

(3.19) はちょうど Lorentz 力の働いた荷電粒子の運動方程式である．したがって，(3.17) は正しい Lagrangian である．（とは実は言い切れないが，この場合には正しい Lagrangian である．）

§4. Noether の定理

今まで Lagrangian の理論を簡単にながめてきた．ただし，ここでは主として，Lagrangian の Euler-Lagrange の方程式として，運動方程式を導くという点に議論を集中してきた．Euler-Lagrange の方程式は，変数の選び方によらずに成立するということが第 1 の特徴であって，物理系を記述するためには，式 (2.1) の変換で結ばれているかぎり，どんなものでもよい．しかも，Lagrangian は通常，変数の 1 回時間微分までしか含んでいないから，Lagrangian の段階で変数変換をするのは比較的容易であるという利点もある．

しかし，この点だけを利用していただけでは Lagrangian は一義的に決められない．つまり，同じ運動方程式を与える Lagrangian はたくさん存在しうる．この点を理解するために，次のような Lagrangian を考えてみよう．

$$L_2 = m\dot{\boldsymbol{x}}^{(2)}\cdot\dot{\boldsymbol{x}}^{(1)} + V(|\boldsymbol{x}_1 - \boldsymbol{x}_2|) \tag{4.1}$$

Euler-Lagrange の方程式は

$$\left[\frac{\partial}{\partial\boldsymbol{x}^{(1)}} - \frac{\mathrm{d}}{\mathrm{d}t}\frac{\partial}{\partial\dot{\boldsymbol{x}}^{(1)}}\right]L_2 = -m\ddot{\boldsymbol{x}}^{(2)} + \frac{\partial}{\partial\boldsymbol{x}^{(1)}}V(|x^{(1)} - x^{(2)}|)$$

$$= -m\ddot{\boldsymbol{x}}^{(2)} - \frac{\partial}{\partial \boldsymbol{x}^{(2)}} V(|\boldsymbol{x}^{(1)} - \boldsymbol{x}^{(2)}|) = 0$$

$$(4.2)$$

同様に

$$\left[\frac{\partial}{\partial \boldsymbol{x}^{(2)}} - \frac{\mathrm{d}}{\mathrm{d}t}\frac{\partial}{\partial \dot{\boldsymbol{x}}^{(2)}}\right]L_2 = -m\ddot{\boldsymbol{x}}^{(1)} - \frac{\partial}{\partial \boldsymbol{x}^{(1)}} V(|\boldsymbol{x}^{(1)} - \boldsymbol{x}^{(2)}|) \quad (4.3)$$

である. これらの方程式は (3.10), (3.11) で $m_1 = m_2 = m$ としたものと完全に一致している. したがって, $m_1 = m_2 = m$ であるかぎり, Lagrangian (3.9) と (4.1) は, まったく同一の運動方程式を与え, この段階では, 区別がつかない. ということは, 逆にいうと Lagrangian には運動方程式以外の情報が入っているということである. 特に重要なのは, Lagrangian の中に入っている, 対称性に関する情報である. これを議論するのが, Noether の恒等式およびそれから出てくる Noether の定理である. Noether によると, Lagrangian の対称性と保存則は, 次のように結ばれている.

いま, 無限小変換

$$q_i \rightarrow q_i' = q_i + \delta q_i \quad (4.4)$$

を考える. すると

$$L(q_i', \dot{q}_i') - L(q_i, \dot{q}_i) = \frac{\partial L}{\partial q_i}\delta q_i + \frac{\partial L}{\partial \dot{q}_i}\frac{\mathrm{d}}{\mathrm{d}t}\delta q_i$$

$$= \left[\frac{\partial L}{\partial q_i} - \frac{\mathrm{d}}{\mathrm{d}t}\frac{\partial L}{\partial \dot{q}_i}\right]\delta q_i + \frac{\mathrm{d}}{\mathrm{d}t}\left[\frac{\partial L}{\partial \dot{q}_i}\delta q_i\right] \quad (4.5)$$

という恒等式が成り立つ. これを **Noether の恒等式** とよぶ. これは何を物語っているかというと, もし式 (4.5) の左辺が 0 ならば, いいかえると, 変換 (4.4) によって Lagrangian が不変ならば, Euler-Lagrange の方程式の成り立つところで, 量

$$N \equiv \frac{\partial L}{\partial \dot{q}_i}\delta q_i \quad (4.6)$$

が保存する. 式 (4.6) をかりに **Noether charge** とよんでおく. いま,

$$L(q_i', \dot{q}_i') - L(q_i, \dot{q}_i) \equiv Q \quad (4.7)$$

とおくと, 式 (4.5) は Euler-Lagrange の方程式の成り立つところで

$$Q = \frac{\mathrm{d}}{\mathrm{d}t}N \tag{4.5′}$$

が成り立ち，$Q=0$ ならば N の時間微分が 0，つまり N は時間的に一定である．これを **Noether の定理**という．

[例 5]

2粒子系の Lagrangian（3.9）は，空間推進
$$\boldsymbol{x}^{(1)} \longrightarrow \boldsymbol{x}^{(1)} + \boldsymbol{\varepsilon}$$
$$\boldsymbol{x}^{(2)} \longrightarrow \boldsymbol{x}^{(2)} + \boldsymbol{\varepsilon} \tag{4.8}$$
に対して不変である．この場合，Noether charge
$$N = \frac{\partial L}{\partial \dot{\boldsymbol{x}}^{(1)}} \cdot \boldsymbol{\varepsilon} + \frac{\partial L}{\partial \dot{\boldsymbol{x}}^{(2)}} \boldsymbol{\varepsilon}$$
$$= \boldsymbol{\varepsilon} \cdot [m_1 \dot{\boldsymbol{x}}^{(1)} + m_2 \dot{\boldsymbol{x}}^{(2)}] \tag{4.9}$$
は全運動量であり，これが保存するのは Lagrangian が空間推進（4.8）に対して不変であったからである．もしポテンシャル V が $|\boldsymbol{x}^{(1)} - \boldsymbol{x}^{(2)}|$ の関数ではなく，$\boldsymbol{x}^{(1)}$ と $\boldsymbol{x}^{(2)}$ の任意の関数であったならば，Lagrangian は，空間推進に対して不変ではなく，したがって Noether 恒等式（4.5）または（4.5′）により運動量は保存しない．

式（4.9）の中の $\boldsymbol{\varepsilon}$ は定数だから，それを除き
$$\boldsymbol{p} = m_1 \dot{\boldsymbol{x}}^{(1)} + m_2 \dot{\boldsymbol{x}}^{(2)} \tag{4.10}$$
で，この2粒子系の全運動量を定義する．

[例 6]

1粒子の Lagrangian（3.2）は，軸 $\boldsymbol{e}$ の回りの無限小回転
$$\boldsymbol{x} \longrightarrow \boldsymbol{x}' = \boldsymbol{x} + \boldsymbol{x} \times \boldsymbol{e}\delta\theta \tag{4.11}$$
に対して不変である．したがって Noether charge
$$N = (\boldsymbol{x} \times \boldsymbol{e}) \cdot m\dot{\boldsymbol{x}}\delta\theta = \delta\theta \boldsymbol{e} \cdot (\boldsymbol{x} \times m\dot{\boldsymbol{x}}) \tag{4.12}$$
は保存する．$\boldsymbol{e}$ は定数だから，角運動量
$$\boldsymbol{l} = \boldsymbol{x} \times m\dot{\boldsymbol{x}} \tag{4.13}$$
が保存する．

この場合にも，ポテンシャルが γ のみの関数だったので，角運動量 (4.13) が保存量となったわけである．

注　意

(1)　Noether の定理は，もし Lagrangian がある変換に対して不変なら，保存量が存在することを主張しているのであって，運動方程式の不変性をいっているのではない．この点をよく忘れるが，ここで 1 つ反例を挙げておくと，地球上での落体の方程式は

$$m\frac{\mathrm{d}^2 x}{\mathrm{d}t^2} = mg$$

で，これは空間推進に対して明らかに不変である．しかし，われわれがよく知っているように，この場合，落体はどんどん運動量を増していく．この場合の Lagrangian を作ってみると，それが空間推進に対して不変でなくなっているということがすぐわかる．

(2)　2 粒子系の Lagrangian を 2 個考えたが，つまり式 (3.9) と式 (4.1) がまったく同一の運動方程式を与えることをみてきたが，対称性の立場からすると，式 (3.9) と式 (4.1) とはだいぶ異なっている．たとえば式 (3.9) の運動エネルギーのほうは

$$\delta \boldsymbol{x}^{(1)} = a \boldsymbol{x}^{(2)}$$
$$\delta \boldsymbol{x}^{(2)} = -a \boldsymbol{x}^{(1)}$$

に対して不変にできているが，式 (4.1) のほうは，そうなっていない．実は，式 (4.1) のほうはそれ以外に悪いところがあるのである．それをみるには，式 (4.1) を重心座標と相対座標で書き直してみるとよい．これは練習問題にしておく．

(3)　ここで，§3 の循環座標から保存則が出てきた事情をふり返ってみよう．循環座標を q とすると，それは Lagrangian の中に生には入っていなくて，その時間微分が入っている．つまり，循環座標については，変換

$$q \longrightarrow q + \alpha$$

(α は定数) に対して Lagrangian が不変にできていたわけで，したがって，Noether により保存則が出てきたのである．

§5. Hamiltonian

さて，今までの議論では，変数変換 (2.1) によって，Euler-Lagrange の方程式が不変であるということが基礎になっている．この変数変換 (2.1) というのは，通常，点変換といわれているもので，かなり特別の種類の変数変換である．たとえば，x_i は，y_j の関数で，y_j の時間微分を含んではいけない．

変数変換を，変数の時間微分まで含む広い範囲の変数変換に拡張するにはどうしたらよいか．たとえば

$$x_i = x_i(y_j, \dot{y}_j)$$
$$\dot{x}_i = \dot{x}_i(y_j, \dot{y}_j)$$

のような変数変換に対して，不変な形に理論が再構成できると，前節までに展開した Lagrange 形式の理論よりもっと便利な理論ができるにちがいない．Hamiltonian 形式の理論というのが，これに答えるものである．

まず，Hamiltonian を

$$H(p, q) = [p_i \dot{q}_i - L(q_j, \dot{q}_j)]_{q \to p} \tag{5.1}$$

で定義する．この右辺の $[\cdots]_{q \to p}$ というのは次のような操作を意味する．まず，Lagrangian から，

$$p_i \equiv \frac{\partial L}{\partial \dot{q}_i} = p_i(q_j, \dot{q}_j) \tag{5.2}$$

を定義する．この右辺は q_j と $\dot{q}_j$ との関数だが，これが，$\dot{q}_j$ について逆に解け

$$\dot{q}_j = \dot{q}_j(q_i, p_i) \tag{5.3}$$

となることを仮定しよう．すなわち $\dot{q}_j$ は q_i と p_i との関数で与えられるとする．この関係式 (5.3) を用いて，式 (5.1) の $[\cdots]$ の中の量を，q_j と p_j の関数として表す．それが式 (5.1) の左辺の $H(p, q)$ である．このとき，式 (5.2) で定義された p_i を q_i **に正準共役な運動量**とよび，式 (5.1) で定義された q_i と p_i との関数 $H(p, q)$ を **Hamiltonian** とよぶ．

[例 7]

Lagrangian (3.2) より

$$q_i \equiv x_i \qquad (i = 1, 2, 3)$$

とおくと,

$$p_i = \frac{\partial L}{\partial \dot{x}_i} = m\dot{x}_i$$

これを逆に解くと

$$\dot{x}_i = \frac{1}{m}p_i \qquad (i = 1, 2, 3)$$

したがって

$$H(p, q) = [p_i\dot{q}_i - L(q_j, \dot{q}_j)]_{q \to p}$$

$$= \frac{1}{m}p_i p_i - \frac{1}{2m}p_i p_i + V(r)$$

$$= \frac{1}{2m}\boldsymbol{p}^2 + V(r) \tag{5.4}$$

これが, 1 粒子系の Hamiltonian である.

注　意

　なぁんだ, Hamiltonian とはエネルギーのことじゃあないか…, という
のは早合点である. Hamiltonian とエネルギーとは多くの場合一致するが,
特に量子力学ではそうだが, 実は, Hamiltonian というときには, それが一
般化座標 q_i と共役運動量 p_i にどのように依存しているかということが重
大なのであって, 実際の運動が実現されたとき, Hamiltonian の数値がエ
ネルギーと一致するということは二の次である. たいへんもったいぶって
いるようだが, Hamiltonian という場合には, q_i と p_i の関数として, 実際
に起こる運動よりも広い変数の変化を考えているのである. この点, La-
grangian でも同じで, Lagrangian を書いた段階では, これは, 実際の運動
とは一応別物で, Lagrangian の Euler-Lagrange 微分を 0 とおいたとき,
実際の運動がどのように実現されるかがわかるわけである. 式 (5.1) によ
って Hamiltonian が得られた段階では, 現実に起こる運動とは一応関係は
ない. そこでなんらかの制限を Hamiltonian に加え, そのとき, 現実の運
動が記述できることになる. この制限をどのように加えるかは, これが

Lagrangian によって式 (5.1) で定義されていることから出てくるはずである. それを議論する前にもう 2 つ例を挙げておく.

[例 8]

Lagrangian (3.3) をとり

$$q_1 \equiv r, \quad q_2 \equiv \theta, \quad q_3 \equiv \phi$$

とする. すると, これらの変数に共役な運動量は

$$p_r \equiv \frac{\partial L}{\partial \dot{r}} = m\dot{r}, \quad p_\theta = \frac{\partial L}{\partial \dot{\theta}} = mr^2\dot{\theta}, \quad p_\phi \equiv \frac{\partial L}{\partial \dot{\phi}} = mr^2\dot{\phi}\sin^2\theta$$

$$\therefore \quad \dot{r} = \frac{1}{m}p_r, \quad \dot{\theta} = \frac{1}{mr^2}p_\theta, \quad \dot{\phi} = \frac{1}{mr^2\sin^2\theta}p_\phi$$

したがって

$$H = [p_r\dot{r} + p_\theta\dot{\theta} + p_\phi\dot{\phi} - L]_{q \to p}$$

$$= \frac{1}{2m}\left\{ p_r^2 + \frac{1}{r^2}p_\theta^2 + \frac{1}{r^2\sin^2\theta}p_\phi^2 \right\} + V(r) \tag{5.5}$$

が Hamiltonian ということになる.

[例 9]

荷電粒子については

$$\boldsymbol{p} = \frac{\partial L}{\partial \dot{\boldsymbol{x}}} = m\dot{\boldsymbol{x}} + \frac{e}{c}\boldsymbol{A}(\boldsymbol{x}(t), t) \tag{5.6}$$

(これは, 運動量が質量と速度の積になっていない例). そして

$$H = \frac{1}{2m}\left[\boldsymbol{p} - \frac{e}{c}\boldsymbol{A}(\boldsymbol{x}(t), t) \right]^2 + e\phi(\boldsymbol{x}(t), t) \tag{5.7}$$

が Hamiltonian である.

この Hamiltonian をみればわかるように, これが $\boldsymbol{p}$ にどのように依存しているかということが重要であって, これを式 (5.6) を用いて速度で表してしまうと

$$H = \frac{1}{2}m\dot{\boldsymbol{x}}^2 + e\phi(\boldsymbol{x}(t), t) \tag{5.8}$$

となり，前の式 (5.4) を速度で書いたものと等しくなってしまう．実はすぐ
後で説明するように Hamiltonian (5.7) には，速度が式 (5.6) であるという
情報がすでに入っているのであって，式 (5.8) の形に直してはいけない．

§6.　Hamiltonian の役割

　§5 では，Lagrangian が与えられたとき，式 (5.1) によって Hamiltonian
を定義した．では，Hamiltonian はいつでも Lagrangian から式 (5.1) によっ
て定義されるのかというとそうではない．$H(p, q)$ が先に与えられても一向
にかまわない．以下では，$H(p, q)$ が与えられたとき，

$$p_i \dot{q}_i - H(p, q) \tag{6.1}$$

という量の Euler-Lagrange の方程式が，点変換より広い変数変換に対して
不変であり，かつ，式 (5.1) が成り立つときには，これが，Lagrangian の
Euler-Lagrange の方程式と一致する，ということを証明する．式 (6.1) と
いう量は，q_i と p_i という $2f$ 個の変数および $\dot{q}_i$ を含んでいる．いま

$$\begin{aligned} x_i &= q_i \\ x_{f+i} &= p_i \end{aligned} \qquad (i = 1, 2, \cdots, f)$$

とすると，式 (6.1) の Euler-Lagrange 微分は

$$\left[\frac{\partial}{\partial q_i} - \frac{\mathrm{d}}{\mathrm{d}t} \frac{\partial}{\partial \dot{q}_i} \right] \{ p_k \dot{q}_k - H(p, q) \}$$

$$= -\left\{ \dot{p}_i + \frac{\partial H(p, q)}{\partial q_i} \right\} \tag{6.2a}$$

$$\left[\frac{\partial}{\partial p_i} - \frac{\mathrm{d}}{\mathrm{d}t} \frac{\partial}{\partial \dot{p}_i} \right] \{ p_k \dot{q}_k - H(p, q) \}$$

$$= \left\{ \dot{q}_i - \frac{\partial H(p, q)}{\partial p_i} \right\} \tag{6.2b}$$

である．これらの微分が 0 であるということを**要求する**と，正準方程式

$$\dot{p}_i + \frac{\partial H(p, q)}{\partial q_i} = 0 \tag{6.3a}$$

$$\dot{q}_i - \frac{\partial H(p, q)}{\partial p_i} = 0 \tag{6.3b}$$

が得られる.

[例 10]

前節の式 (5.7) という Hamiltonian が与えられたとしよう（これがどうして作られたかということは一応問わないことにして）. 式 (6.3b) によると

$$\dot{x}_i = \frac{\partial H}{\partial p_i} = \frac{1}{m}\left\{p_i - \frac{e}{c}A_i(\boldsymbol{x}(t), t)\right\}$$

となり, 式 (5.6) が得られる. 一方, 式 (6.3a) によると

$$\dot{p}_i = -\frac{\partial H}{\partial x_i}$$

$$= \frac{1}{m}\left(p_j - \frac{e}{c}A_j\right)\frac{e}{c}\frac{\partial A_j}{\partial x_i} - e\frac{\partial \phi}{\partial x_i}$$

が得られるから, これら 2 式をひとつにすると運動方程式 (3.18) に到達する. これは自らやってみてほしい. この場合, $\boldsymbol{A}$ や ϕ が $\boldsymbol{x}$ を通じて時間に依存していることを忘れないように.

そこで, 正準方程式 (6.3) は, Hamiltonian が Lagrangian から式 (5.1) によって定義された場合には, Lagrangian に対する Euler-Lagrange の方程式と同等であるということを証明しよう.

そのために, q_i と p_i とを独立に

$$q_i \longrightarrow q_i + \eta_i$$
$$p_i \longrightarrow p_i + \zeta_i$$

と変化させる. この場合, $\dot{q}_i$ は, q_i と p_i の関数とみなすと

$$\dot{q}_i \longrightarrow \dot{q}_i + \frac{\partial \dot{q}_i}{\partial q_j}\eta_j + \frac{\partial \dot{q}_i}{\partial p_j}\zeta_j$$

である. そこで式 (5.1) を, $\dot{q}_i$ を通して q_i と p_i に依存する場合と, 直接 q_i, p_i に依存する場合と, 2 様に計算してみる. $\dot{q}_i$ を通して q_i と p_i とに依存するとすると

$$H(p+\zeta, q+\eta) = H(p, q) + \zeta_j\dot{q}_j + p_j\left\{\frac{\partial \dot{q}_j}{\partial q_k}\eta_k + \frac{\partial \dot{q}_j}{\partial p_k}\zeta_k\right\}$$

$$-\frac{\partial L}{\partial q_k}\eta_k - \frac{\partial L}{\partial \dot{q}_j}\left\{\frac{\partial \dot{q}_j}{\partial q_k}\eta_k + \frac{\partial \dot{q}_j}{\partial p_k}\zeta_k\right\}$$

$$= H(p,q) + \dot{q}_k\zeta_k - \frac{\partial L}{\partial q_k}\eta_k$$

$$+\left(p_j - \frac{\partial L}{\partial \dot{q}_j}\right)\left\{\frac{\partial \dot{q}_j}{\partial q_k}\eta_k + \frac{\partial \dot{q}_j}{\partial p_k}\zeta_k\right\} \tag{6.4}$$

一方，q_i と p_i に直接依存するとすると

$$H(p+\zeta, q+\eta) = H(p,q) + \frac{\partial H}{\partial p_k}\zeta_k + \frac{\partial H}{\partial q_k}\eta_k \tag{6.5}$$

式 (6.4) と式 (6.5) は，結局同じことであるはずであるから η_k と ζ_k の係数を別々に比較すると

$$\frac{\partial H}{\partial q_k} = -\frac{\partial L}{\partial q_k} + \left(p_j - \frac{\partial L}{\partial \dot{q}_j}\right)\frac{\partial \dot{q}_j}{\partial q_k} \tag{6.6a}$$

$$\frac{\partial H}{\partial p_k} = \dot{q}_k + \left(p_j - \frac{\partial L}{\partial \dot{q}_j}\right)\frac{\partial \dot{q}_j}{\partial q_k} \tag{6.6b}$$

が得られる．これは，関数式 (5.1) の帰結である．そこで，p_i についての式 (5.2)，および Lagrangian に関する Euler-Lagrange の方程式を用いると，式 (6.6) は

$$\frac{\partial H(p,q)}{\partial q_k} = -\dot{p}_k \tag{6.7a}$$

$$\frac{\partial H(p,q)}{\partial p_k} = \dot{q}_k \tag{6.7b}$$

となる．つまり，Lagrangian に関する Euler-Lagrange の方程式および共役運動量の定義式 (5.2) とは，正準方程式 (6.7) と全く同等である．したがって，Hamiltonian が，p と q の関数で与えられているときには，Lagrangian との関連は気にしないで，正準方程式 (6.7) を要求しさえすればよい．実は，正準方程式 (6.7) は，式 (6.2) が示すように，$p_j\dot{q}_j - H(p,q)$ の Euler-Lagrange の方程式だったわけである．

[例　11]　ポテンシャル中の1粒子

この場合，Hamiltonian（5.4）をとると，正準方程式は

$$\dot{\boldsymbol{p}} = -\frac{\partial H}{\partial \boldsymbol{x}} = -\nabla V(r) \tag{6.8a}$$

$$\dot{\boldsymbol{x}} = \frac{\partial H}{\partial \boldsymbol{p}} = \frac{1}{m}\boldsymbol{p} \tag{6.8b}$$

となる．

[例　12]　球面座標系における1粒子

Hamiltonian（5.5）より

$$\dot{p}_r = -\frac{\partial H}{\partial r} = \frac{1}{m}\frac{1}{r^3}\left\{p_\theta{}^2 + \frac{1}{\sin^2\theta}p_\phi{}^2\right\} - \frac{dV(r)}{dr} \tag{6.9a}$$

$$\dot{r} = \frac{\partial H}{\partial p_r} = \frac{1}{m}p_r \tag{6.9b}$$

$$\dot{p}_\theta = -\frac{\partial H}{\partial \theta} = \frac{1}{m}\frac{\cos\theta}{\sin^3\theta}p_\phi{}^2 \tag{6.10a}$$

$$\dot{\theta} = \frac{\partial H}{\partial p_\theta} = \frac{1}{m}\frac{1}{r^2}p_\theta \tag{6.10b}$$

$$\dot{p}_\phi = -\frac{\partial H}{\partial \phi} = 0 \tag{6.11a}$$

$$\dot{\phi} = \frac{\partial H}{\partial p_\phi} = \frac{1}{m}\frac{1}{r^2\sin^2\theta}p_\phi \tag{6.11b}$$

これらの方程式が，Euler-Lagrange の方程式（3.5）および共役運動量の定義と同等であるということはすぐわかると思う．

　例 12 から Hamiltonian の p, q 依存性さえわかれば，いちいち Lagrangian に戻る必要がないこともすぐわかると思う．したがって，物理系が与えられたときには，正準方程式として運動方程式が得られ，それ以外に必要な対称性などが満たされるように Hamiltonian を作ってやればよい．この場合，できるだけ簡単な一般化座標と共役運動量で取り扱い，それから変数変換すればよい．たとえば，1粒子系の例 12 では，直線直交座標を用いて Hamiltonian (5.4) を作るのはやさしいが，はじめから球面座標を用いて，式 (5.5) を得るのはちょっとむずかしいと思う．

　それでは，正準方程式は，どのような変数変換に対して不変なのであろうか？　これを次の §7 で考えてみよう．

§7.　正準変換

　§6 の議論によると，正準方程式は，式 (6.1) という量の Euler-Lagrange の方程式として得られたのだから，§2 の議論によって，それは，p と q をいっしょにしてまぜあわせる変換

$$p_i = p_i(P, Q, t) \qquad (i = 1, 2, \cdots, f) \qquad (7.1\mathrm{a})$$
$$q_i = q_i(P, Q, t) \qquad\qquad\qquad\qquad\quad (7.1\mathrm{b})$$

に対して不変であろうことは容易に想像がつく．が，しかし，式 (7.1) のような全く勝手な変換をしたのでは，式 (6.1) の量が新しい変数 P_i と Q_i で表したとき，同じような形をしなくなるかもしれない．Euler-Lagrange 微分の一般論によって，ある関数の時間微分の Euler-Lagrange 微分は恒等的に 0 だから，式 (6.1) という量を P_i, Q_i で表したとき

$$p_i \dot{q}_i - H(p, q) = P_i \dot{Q}_i - K(P, Q) + \frac{\mathrm{d}}{\mathrm{d}t} W_1(q, Q, t) \qquad (7.2)$$

であるならば，新しい Hamiltonian $K(P, Q)$ についても，正準方程式が成り立つことになる．これを直接みるためには，

$$\frac{\partial}{\partial q_i} - \frac{\mathrm{d}}{\mathrm{d}t}\frac{\partial}{\partial \dot{q}_i} = \frac{\partial Q_j}{\partial q_i}\left(\frac{\partial}{\partial Q_j} - \frac{\mathrm{d}}{\mathrm{d}t}\frac{\partial}{\partial \dot{Q}_j}\right)$$
$$+ \frac{\partial P_j}{\partial q_i}\left(\frac{\partial}{\partial P_j} - \frac{\mathrm{d}}{\mathrm{d}t}\frac{\partial}{\partial \dot{P}_j}\right) \qquad (7.3\mathrm{a})$$

$$\frac{\partial}{\partial p_i} - \frac{\mathrm{d}}{\mathrm{d}t}\frac{\partial}{\partial \dot{p}_i} = \frac{\partial Q_j}{\partial p_i}\left(\frac{\partial}{\partial Q_j} - \frac{\mathrm{d}}{\mathrm{d}t}\frac{\partial}{\partial \dot{Q}_j}\right)$$
$$+ \frac{\partial P_j}{\partial p_i}\left(\frac{\partial}{\partial P_j} - \frac{\mathrm{d}}{\mathrm{d}t}\frac{\partial}{\partial \dot{P}_j}\right) \qquad (7.3\mathrm{b})$$

を用いる．式 (7.2) 右辺第 2 項は，Euler-Lagrange 微分に効かないから式 (7.3) より

$$-\left(\dot{p}_i+\frac{\partial H}{\partial q_i}\right) = -\frac{\partial Q_j}{\partial q_i}\left(\dot{P}_j+\frac{\partial K}{\partial Q_j}\right)+\frac{\partial P_j}{\partial q_i}\left(\dot{Q}_j-\frac{\partial K}{\partial P_j}\right) \tag{7.4a}$$

$$\left(\dot{q}_i-\frac{\partial H}{\partial p_i}\right) = -\frac{\partial Q_j}{\partial p_i}\left(\dot{P}_j+\frac{\partial K}{\partial Q_j}\right)+\frac{\partial P_j}{\partial p_i}\left(\dot{Q}_j-\frac{\partial K}{\partial P_j}\right) \tag{7.4b}$$

となる. したがって, 正準方程式 (6.7) が成り立つとき, K に対しても正準方程式が成立する.（ただし変換 (7.1) が逆をもつことを仮定した.）逆も真理で, K に対して正準方程式が成り立つならば, H に対しても正準方程式が成立する. すなわち, **式 (7.2) が成り立つ範囲で, 変数変換 (7.1) は, 正準方程式を不変**に保っている. この範囲に属する変換を**正準変換**という.

条件 (7.2) は2個の式に分解できて,

$$p_i dq_i - P_i dQ_i = dW_1(q, Q, t) \tag{7.5a}$$

$$K(P, Q) - H(p, q) = \partial_t W_1(q, Q, t) \tag{7.5b}$$

と書くことができる. 式 (7.5a) の右辺は q と Q についてだけの変化を意味し, 式 (7.5b) の右辺は, W に陽に含まれている時間についての微分を意味する. 式 (7.5a) は, いわば, 正準変換の条件式, 式 (7.5b) は Hamiltonian の変化を示す式である. 式 (7.5a) のほうは

$$p_i = \frac{\partial W_1(q, Q, t)}{\partial q_i} \tag{7.6a}$$

$$P_i = -\frac{\partial W_1(q, Q, t)}{\partial Q_i} \tag{7.6b}$$

と書いてもよい. この方程式の意味するところは, まず式 (7.6a) を Q_i について解き

$$Q_i = Q_i(p, q, t)$$

を得る. これを式 (7.6b) に代入して

$$P_i = P_i(p, q, t)$$

を得るという意味である.

式 (7.6) を満たすような関数 W_1 の存在によって, 変数変換が正準変換であることを保証することができる.

注 意

(1) 式 (7.1) の形のすべての変換ではなく, そのうち式 (7.5a) を満足

する $W_1(q, Q, t)$ という関数が存在するときだけ，正準方程式は不変である．

　(2)　条件式 (7.5a) や (7.6) は，ちょっと抽象的でわかりにくいかもしれない．事実，古典力学ではそうである．式 (7.6a) を積分すると，p_i が q と Q の関数で得られ，式 (7.6b) のほうを積分すると，P_i が q と Q の関数として得られるので，式 (7.1) の形に直すのに少々骨が折れることがある．量子力学にいくと，正準変換はもう少し簡単になる．したがって，ここでは古典力学のややこしい例は挙げない．簡単な例としては，1 次元で

$$W_1 = -qQ$$

をとると，式 (7.6a) により

$$p = -Q$$

(7.6b) により

$$P = q$$

となり，これは正準変換である．調和振動子

$$H = \frac{1}{2}(p^2 + \omega^2 q^2)$$

をとり，これを P と Q で表して，K を作り正準方程式を作って試してみるとよい．

　(3)　正準変換について 2, 3 の性質を述べると，

　　(a)　運動自身は正準変換である．つまり

$$q(t) \longrightarrow q(t+\delta t)$$
$$p(t) \longrightarrow p(t+\delta t)$$

　　は正準変換である．

　　(b)　§6 の例 11, 12 の座標 $(\boldsymbol{x}, \boldsymbol{p})$ と座標 $(\gamma, \theta, \phi, p_\gamma, p_\theta, p_\phi)$ は正準変換で結ばれている．

　　(c)　すべての正準変換は**群**をなす．つまり，いつでも逆変換があり，2 個の正準変換を続けて行うと，また 1 個の正準変換になる．

§8.　無限小正準変換

いろいろな物理量（運動量とか角運動量など）を定義する場合，無限小正

準変換は重要である．これを以下に示すが，そのほか，無限小変換の重要性
は，正準変換が群をなすということにもとづいている．そのために，無限小
変換を重ねて有限の正準変換を作ることができるからである．

いま式 (7.2) において

$$W_1 \equiv -P_i Q_i + W_2(P, q ; t) \tag{8.1}$$

とおくと，

$$p_i \dot{q}_i - H(p, q) = -\dot{P}_i Q_i - K(P, Q) + \frac{\mathrm{d}}{\mathrm{d}t} W_2(P, q ; t) \tag{8.2}$$

となる．これは，例によって 2 つの式

$$p_i \mathrm{d}q_i + \mathrm{d}P_i Q_i = \mathrm{d}W_2(P, q, t) \tag{8.3a}$$

$$H(p, q) - K(P, Q) = \partial_t W_2(P, q, t) \tag{8.3b}$$

となるが，式 (8.3a) のほうは

$$p_i = \frac{\partial W_2}{\partial q_i} \tag{8.4a}$$

$$Q_i = \frac{\partial W_2}{\partial P_i} \tag{8.4b}$$

を意味する．これも，式 (7.6) と同様，正準変換の異なった条件である．次
に，無限小変換

$$q_i \longrightarrow Q_i = q_i + \delta q_i \tag{8.5a}$$

$$p_i \longrightarrow P_i = p_i + \delta p_i \tag{8.5b}$$

を考えよう．δq_i と δp_i は，**与えられた**無限小量である．そこで

$$W_2(P, q, t) \equiv P_i q_i + \varepsilon G(p, q, t) \tag{8.6}$$

とおく．ε は無限小変換に含まれた無限小のパラメーターである．式 (8.6)
を式 (8.4) に代入，高次の無限小を省略すると

$$p_i = P_i + \varepsilon \frac{\partial G}{\partial q_i} \tag{8.7a}$$

$$Q_i = q_i + \varepsilon \frac{\partial G}{\partial p_i} \tag{8.7b}$$

が得られるから，式 (8.5) と比較して

$$\delta q_i = \varepsilon \frac{\partial G(p, q, t)}{\partial p_i} \tag{8.8a}$$

$$\delta p_i = -\varepsilon \frac{\partial G(p, q, t)}{\partial q_i} \tag{8.8b}$$

となる．これは，無限小変換 (8.5) が正準変換である条件で，G のことを無限小正準変換の**母関数**（**generator**）とよぶ．

[例 13]

2 粒子系において座標の推進を行うと，

$$\boldsymbol{x}^{(1)} \longrightarrow \boldsymbol{x}^{(1)} + \varepsilon$$
$$\boldsymbol{x}^{(2)} \longrightarrow \boldsymbol{x}^{(2)} + \varepsilon \tag{8.9}$$

ε は座標の推進である．運動量はこの場合，変換を受けず

$$\boldsymbol{p}^{(1)} \longrightarrow \boldsymbol{p}^{(1)}$$
$$\boldsymbol{p}^{(2)} \longrightarrow \boldsymbol{p}^{(2)} \tag{8.10}$$

だから式 (8.8) により，母関数は

$$\varepsilon \cdot \boldsymbol{G} = \varepsilon \cdot (\boldsymbol{p}^{(1)} + \boldsymbol{p}^{(2)}) \tag{8.11}$$

で決まる．事実

$$\delta \boldsymbol{x}^{(1)} = \varepsilon = \frac{\partial}{\partial \boldsymbol{p}^{(1)}} (\varepsilon \cdot \boldsymbol{G}) \tag{8.12}$$

が成り立っている．第 2 の粒子に対しても同様である．この場合には，母関数は全運動量という意味をもつ．

[例 14] Galilei 変換

$$\boldsymbol{x}^{(i)} \longrightarrow \boldsymbol{x}^{(i)} - \boldsymbol{v}t$$
$$\boldsymbol{p}^{(i)} \longrightarrow \boldsymbol{p}^{(i)} + \boldsymbol{v}m_i \qquad (i = 1, 2, \cdots, N) \tag{8.13}$$

を考える．$\boldsymbol{v}$ は無限小速度である．母関数は

$$\boldsymbol{v} \cdot \boldsymbol{G} = \boldsymbol{v} \cdot \sum_{i=1}^{N} (\boldsymbol{p}^{(i)}t + \boldsymbol{x}^{(i)}m_i) \tag{8.14}$$

で，この場合には，母関数が時間を生に含んでいる．したがって，Hamiltonian は，それに従って変化を受ける．式 (8.3b) により

$$K = H - \boldsymbol{v} \cdot \sum_{i=1}^{N} \boldsymbol{p}^{(i)} \tag{8.15}$$

である.

[例 15]

軸 $\boldsymbol{e}$ の回りの無限小回転を考えると

$$\begin{aligned} \boldsymbol{x} &\longrightarrow \boldsymbol{x} + \boldsymbol{x} \times \boldsymbol{e}\delta\theta \\ \boldsymbol{p} &\longrightarrow \boldsymbol{p} + \boldsymbol{p} \times \boldsymbol{e}\delta\theta \end{aligned} \tag{8.16}$$

で,母関数はすぐわかるように

$$G = \boldsymbol{e} \cdot (\boldsymbol{x} \times \boldsymbol{p}) \tag{8.17}$$

となる.これは角運動量の $\boldsymbol{e}$ 方向の成分である.この場合,Hamiltonian は変わらない.式 (8.16) の回転については IV 章で詳しく調べる.

§9. Poisson 括弧

Poisson 括弧の概念は,量子力学や場の量子論へいく場合,特に重要である.

いま,正準変数 p と q に依存する 2 個の関数を考える.すなわち

$$A = A(p_1, p_2, \cdots, p_f ; q_1, q_2, \cdots, q_f) = A(p, q) \tag{9.1a}$$

$$B = B(p_1, p_2, \cdots, p_f ; q_1, q_2, \cdots, q_f) = B(p, q) \tag{9.1b}$$

これらの Poisson 括弧を

$$[A, B]_c = \sum_{i=1}^{f} \left\{ \frac{\partial A}{\partial q_i} \frac{\partial B}{\partial p_i} - \frac{\partial A}{\partial p_i} \frac{\partial B}{\partial q_i} \right\} \tag{9.2}$$

で定義する.いうまでもなく,すべての q とすべての p は独立変数である.たとえば

$$[p_i, p_j]_c = \sum_{k=1}^{f} \left\{ \frac{\partial p_i}{\partial q_k} \frac{\partial p_j}{\partial p_k} - \frac{\partial p_i}{\partial p_k} \frac{\partial p_j}{\partial q_k} \right\} = 0 \tag{9.3a}$$

$$[p_i, q_j]_c = \sum_{k=1}^{f} \left\{ \frac{\partial p_i}{\partial q_k} \frac{\partial q_j}{\partial p_k} - \frac{\partial p_i}{\partial p_k} \frac{\partial q_j}{\partial q_k} \right\} = -\delta_{ij} \tag{9.3b}$$

$$[q_i, q_j]_c = \sum_{k=1}^{f} \left\{ \frac{\partial q_i}{\partial q_k} \frac{\partial q_j}{\partial p_k} - \frac{\partial q_i}{\partial p_k} \frac{\partial q_j}{\partial q_k} \right\} = 0 \tag{9.3c}$$

である.

Poisson 括弧の性質を証明なしにならべておくと,

(i)

$$[A, B]_c = -[B, A]_c \qquad \therefore \quad [A, A]_c = 0$$

(ii)

$$[A, c_1B + c_2C]_c = c_1[A, B]_c + c_2[A, C]$$

ただし, c_1, c_2 は単なる定数である.

(iii)　Jacobi の恒等式

$$[A, [B, C]_c]_c + [B, [C, A]_c]_c + [C, [A, B]_c]_c = 0$$

が成り立つ.

(iv)

$$\frac{\mathrm{d}}{\mathrm{d}t}[A, B]_c = \left[\frac{\mathrm{d}A}{\mathrm{d}t}, B\right]_c + \left[A, \frac{\mathrm{d}B}{\mathrm{d}t}\right]_c$$

(v)

$$\sum_{k=1}^{f}\left\{\frac{\partial A}{\partial q_k}\frac{\partial B}{\partial p_k} - \frac{\partial A}{\partial p_k}\frac{\partial B}{\partial q_k}\right\} = \sum_{k=1}^{f}\left\{\frac{\partial A}{\partial Q_k}\frac{\partial B}{\partial P_k} - \frac{\partial A}{\partial P_k}\frac{\partial B}{\partial Q_k}\right\}$$

ただし (p, q) と (P, Q) とは正準変換で結ばれているとする.

この最後の関係は, $(p, q) \rightarrow (P, Q)$ なる変換が正準変換であるための必要十分条件である.

いま, 正準変数と時間の関数を

$$F = F(p_1, p_2, \cdots, p_f, q_1, \cdots, q_f, t) \tag{9.4}$$

とすると

$$\begin{aligned}
\frac{\mathrm{d}F}{\mathrm{d}t} &= \sum_{k=1}^{f}\left\{\frac{\partial F}{\partial q_k}\dot{q}_k + \frac{\partial F}{\partial p_k}\dot{p}_k\right\} + \partial_t F \\
&= \sum_{k=1}^{f}\left\{\frac{\partial F}{\partial q_k}\frac{\partial H}{\partial p_k} - \frac{\partial F}{\partial p_k}\frac{\partial H}{\partial q_k}\right\} + \partial_t F \\
&= [F, H]_c + \partial_t F \tag{9.5}
\end{aligned}$$

となる. ただしここで正準方程式を用いた. 特に F として q_i, p_i をとると, 式 (9.5) は

$$\frac{\mathrm{d}q_i}{\mathrm{d}t} = [q_i, H]_c \tag{9.6a}$$

$$\frac{\mathrm{d}p_i}{\mathrm{d}t} = [p_i, H]_c \tag{9.6b}$$

となる. これは正準方程式そのものである.

§10. Poisson 括弧と無限小正準変換

いま, 無限小正準変換

$$q_i \longrightarrow Q_i = q_i + \delta q_i \tag{10.1a}$$

$$p_i \longrightarrow P_i = p_i + \delta p_i \tag{10.1b}$$

を考える. すると関数 (9.4) に対して

$$
\begin{aligned}
F(P, Q, t) &= F(p + \delta p, q + \delta q, t) \\
&= F(p, q) + \sum_{k=1}^{f} \left\{ \frac{\partial F}{\partial q_k} \delta q_k + \frac{\partial F}{\partial p_k} \delta p_k \right\} \\
&= F(p, q) + \varepsilon \sum_{k=1}^{f} \left\{ \frac{\partial F}{\partial q_k} \frac{\partial G}{\partial p_k} - \frac{\partial F}{\partial p_k} \frac{\partial G}{\partial q_k} \right\} \\
&= F(p, q) + \varepsilon [F, G]_c \tag{10.2}
\end{aligned}
$$

となる. ただし, 無限小正準変換に対する式 (8.8) を用いた. 式 (10.2)
を書き直すと

$$\delta F(p, q, t) = \varepsilon [F, G]_c \tag{10.3}$$

となる. 特別の場合として

$$\delta q_i = \varepsilon [q_i, G]_c \tag{10.4a}$$

$$\delta p_i = \varepsilon [p_i, G]_c \tag{10.4b}$$

となるが, これは式 (8.8) にほかならない.

式 (10.3) の F として, Hamiltonian をとると

$$\delta H = \varepsilon [H, G]_c \tag{10.5}$$

次に式 (9.5) の F として G をとると, 結局

$$\delta H = \varepsilon [H, G]_c = -\varepsilon \left\{ \frac{\mathrm{d}G}{\mathrm{d}t} - \partial_t G \right\} \tag{10.6}$$

が得られる. したがって, **ある無限小変換に対して, Hamiltonian が不変な
らば (つまり $\delta H = 0$), 変換の母関数 G は保存する** (ただし G が時間に陽に
依存していない場合.) という重要な定理が得られる. §9 の終わりの例から,

Hamiltonian が（i）座標の推進に対して不変ならば，全運動量が保存し，（ii）座標の回転に対して不変ならば全角運動量が保存する．これが，Lagrange 形式における Noether の定理に対応する．

演 習 問 題 I

1. 式（1.8）を拡張し
$$\frac{\partial}{\partial x_i} - \frac{\mathrm{d}}{\mathrm{d}t}\frac{\partial}{\partial \dot{x}_i} + \frac{\mathrm{d}^2}{\mathrm{d}t^2}\frac{\partial}{\partial \ddot{x}_i} = \frac{\partial y_j}{\partial x_i}\left(\frac{\partial}{\partial y_j} - \frac{\mathrm{d}}{\mathrm{d}t}\frac{\partial}{\partial \dot{y}_j} + \frac{\mathrm{d}^2}{\mathrm{d}t^2}\frac{\partial}{\partial \ddot{y}_j}\right) + \cdots$$
を導け．

2. $x_1, x_2, \cdots, x_N$ のある関数の時間微分の Euler-Lagrange 微分は恒等的に 0 となることを確かめよ．この逆を証明せよ．

3. 式（3.7）の中の量 $m\gamma^2\dot{\phi}\sin^2\theta$ が，z 軸の回りの角運動量であることを確かめよ．

4. Lagrangian（3.9）を重心座標と相対座標で書き，式（3.14）を導け．

5. 式（3.18）の計算を自らやってみること．

6. Noether の恒等式（4.4）を本文を見ずに導いてみよ．

7. 18 頁の落体の方程式を与えるような Lagrangian を作り，それが空間推進に対して不変であるかを吟味せよ．

8. Lagrangian（4.1）を，重心座標と相対座標で表現してみよ．なにか不都合なことが起こるだろうか？

9. 式（5.2）が $\dot{q}_j$ について解けるための条件を求めよ．

10. 23 頁の 2 式を組み合わせ，荷電粒子には Lorentz 力が働くことを確認せよ．

11. 式（6.6）に到達する計算を，本文を見ずに自ら試みよ．

12. 式（7.2）から式（7.5）を導け．

13. Poisson 括弧に対する Jacobi の恒等式を証明せよ．

14. A, B の Poisson 括弧が正準変換に対して不変なこと，およびその逆を確認せよ．

Fourier 級数と Fourier 変換

§1. はじめに

$$\frac{1}{2}a_0 + \sum_{n=1}^{\infty} \{a_n \cos nx + b_n \sin nx\} \tag{1.1}$$

の形の級数を**三角級数**という．ここで a_n と b_n とは，x に依存しない定数である．

　この級数の歴史について少し述べると：三角級数がはじめて考察されたのは，D. Bernoulli による振動する弦の問題に関する分析においてである．Bernoulli は波動方程式

$$\frac{\partial^2 \psi}{\partial t^2} = c^2 \frac{\partial^2 \psi}{\partial x^2} \tag{1.2}$$

の形式的な一般解が

$$\phi(x, t) = \sum_{n=1}^{\infty} b_n \sin \frac{n\pi x}{L} \cos \frac{n\pi ct}{L} \tag{1.3}$$

と書けることを主張した．ただし，弦の端は $(0, 0)$ と $(0, L)$ で固定されているとする．これに関して，数学者 d'Alembert と Euler の間で議論が戦わされた．

　Fourier は彼の著書 "Théorie de la chaleur" の中で，数々の三角級数を考察し，多くの場合について，三角級数がある関数に収束することを示している．そこで Poisson は，1823 年に三角級数の収束の証明を試みた．さらに，

Cauchy は，1826 年と 1827 年に証明を発表したが，1 つの証明はまちがっていたし，第 2 のほうの証明は，特別の関数に対してしか成立しなかった．1829 年にいたって Dirichlet がはじめて厳密な証明を与えた．それによると，一般の関数について Fourier 級数はある関数 $f(x)$ に収束する．

現代物理，特に，電磁気学，量子力学，場の量子論などでは，Fourier 級数，および Fourier 積分変換は欠くことのできない重要な技巧である．事実，これらは広く応用されており，現代技術の中でも，広く用いられている．

その実用性だけでなく，Fourier 級数論は規格化直交関数系を扱う典型的な例であって，そこに含まれる概念は Pauli スピン行列や，Dirac のガンマ行列を扱うときにも応用される（付録 A 参照）．

ここで，Fourier 級数と積分変換の議論を簡単にまとめておく．

§2. Fourier 級数

領域

$$-\frac{L}{2} < x < \frac{L}{2} \tag{2.1}$$

で定義された関数 $f(x)$ を考える．いま，積分

$$a_n = \frac{2}{L} \int_{-\frac{L}{2}}^{\frac{L}{2}} \mathrm{d}x\, f(x) \cos\left(\frac{2\pi n}{L} x\right) \qquad (n = 0, 1, 2, \cdots) \tag{2.2a}$$

$$b_n = \frac{2}{L} \int_{-\frac{L}{2}}^{\frac{L}{2}} \mathrm{d}x\, f(x) \sin\left(\frac{2\pi n}{L} x\right) \qquad (n = 1, 2, \cdots) \tag{2.2b}$$

が存在するなら，これらを **Fourier 係数**とよぶ．これらを用いて作った級数

$$\frac{1}{2} a_0 + \sum_{n=1}^{\infty} \left\{ a_n \cos\left(\frac{2\pi n}{L} x\right) + b_n \sin\left(\frac{2\pi n}{L} x\right) \right\} \tag{2.3}$$

を **Fourier 級数**とよぶ．Dirichlet によるとこの級数は，

$$\frac{1}{2} [f(x+0) + f(x-0)] \tag{2.4}$$

に収束する．記号は明らかと思うが，$f(x)$ が連続関数なら式 (2.4) は $f(x)$ に等しく，もし，図 2.1 のような非連続関数ならば，点 x における左からの極限値と右からの極限値の平均値である．すなわち

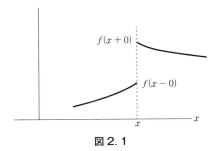

図 2. 1

$$\frac{1}{2}\left[f(x+0)+f(x-0)\right]$$

$$= \frac{1}{2}a_0 + \sum_{n=1}^{\infty}\left\{a_n\cos\left(\frac{2\pi n}{L}x\right)+b_n\sin\left(\frac{2\pi n}{L}x\right)\right\} \tag{2.5}$$

もっとも，こう書くのはめんどうなので，式 (2.5) の意味で単に

$$f(x) = \frac{1}{2}a_0 + \sum_{n=1}^{\infty}\left\{a_n\cos\left(\frac{2\pi n}{L}x\right)+b_n\sin\left(\frac{2\pi n}{L}x\right)\right\} \tag{2.6}$$

と書くことが多い．式 (2.2) を式 (2.5) に代入すると

$$\frac{1}{2}\left[f(x+0)+f(x-0)\right]$$

$$= \frac{1}{2}a_0 + \frac{2}{L}\sum_{n=1}^{\infty}\int_{-\frac{L}{2}}^{\frac{L}{2}}dy\, f(y)\cos\left\{\frac{2\pi n}{L}(x-y)\right\} \tag{2.7}$$

となる．ただし

$$\cos(A-B) = \cos A\cos B + \sin A\sin B$$

を用いた．

　上では，(2.1) という領域を考えたが，これを $(0, T)$ にずらせてもよい．この場合の Fourier 級数は

$$\frac{1}{2}\left[f(t+0)+f(t-0)\right]$$

$$= \frac{1}{2}a_0 + \sum_{n=1}^{\infty}\left\{a_n\cos\left(\frac{2\pi n}{T}t\right)+b_n\sin\left(\frac{2\pi n}{T}t\right)\right\} \tag{2.8}$$

で，Fourier 係数は

$$a_n = \frac{2}{T} \int_0^T ds\, f(s) \cos\left(\frac{2\pi n}{T} s\right) \qquad (n = 0, 1, 2, \cdots) \qquad (2.9\text{a})$$

$$b_n = \frac{2}{T} \int_0^T ds\, f(s) \sin\left(\frac{2\pi n}{T} s\right) \qquad (n = 1, 2, \cdots) \qquad (2.9\text{b})$$

である.

式 (2.5) と式 (2.8) によると，関数 $f(x)$ や $f(t)$ は，それぞれ L と T を周期とした周期関数である.

式 (2.8) の場合，T の代わりに角振動数

$$\frac{2\pi}{T} \equiv \omega$$

を用いると

$$\frac{1}{2}[f(t+0) + f(t-0)] = \frac{1}{2}a_0 + \sum_{n=0}^{\infty} \{a_n \cos(n\omega t) + b_n \sin(n\omega t)\}$$

$$(2.8')$$

と書くことができる．Fourier 係数は

$$a_n = \frac{\omega}{\pi} \int_0^{\frac{2\pi}{\omega}} ds\, f(s) \cos(n\omega s) \qquad (n = 0, 1, 2, \cdots) \qquad (2.9'\text{a})$$

$$b_n = \frac{\omega}{\pi} \int_0^{\frac{2\pi}{\omega}} ds\, f(s) \sin(n\omega s) \qquad (n = 1, 2, \cdots) \qquad (2.9'\text{b})$$

である.

[例　1]

もし $f(x) \equiv 0$ ならば，Fourier 係数の定義 (2.2) や (2.9) から明らかなように，すべての Fourier 係数は 0 である．すなわち

$$a_n = 0 \qquad (n = 0, 1, 2, \cdots)$$
$$b_n = 0 \qquad (n = 1, 2, \cdots)$$

であり，この逆も成り立つ．これは全くあたりまえのことだが，Fourier 級数を用いて微分方程式を解く場合，これを忘れてまごつくことがあるから注意しよう.

[例 2]

もし

$$f(x) = \text{const} \qquad -\frac{L}{2} < x \le \frac{L}{2}$$

ならば

$$a_0 = 2 \ (\text{const})$$
$$a_n = b_n = 0 \qquad (n = 1, 2, \cdots)$$

[例 3]

$$f(x) = x \qquad -\frac{L}{2} < x < \frac{L}{2} \tag{2.10}$$

に対しては

$$a_n = 0$$

$$b_n = \frac{2}{L} \int_{-\frac{L}{2}}^{\frac{L}{2}} \mathrm{d}x \, x \sin\left(\frac{2\pi n}{L} x\right) = \frac{L}{\pi} (-1)^{n-1} \frac{1}{n}$$

$$\therefore \quad x = \frac{L}{\pi} \sum_{n=1}^{\infty} (-1)^{n-1} \frac{1}{n} \sin\left(\frac{2\pi n}{L} x\right)$$

$$= \frac{L}{\pi} \left\{ \sin\left(\frac{2\pi}{L} x\right) - \frac{1}{2} \sin\left(\frac{4\pi}{L} x\right) + \cdots \right\} \qquad \left(-\frac{L}{2} < x < \frac{L}{2} \right)$$

$$\tag{2.11}$$

となる. 領域を $\left(-\dfrac{L}{2}, \dfrac{L}{2} \right)$ から $(-\pi, \pi)$ に変えると

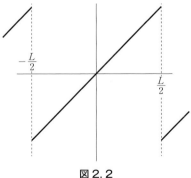

図2.2

$$\frac{1}{2}y = \left[\sin y - \frac{1}{2}\sin 2y + \frac{1}{3}\sin 3y + \cdots\right] \quad (-\pi < y < \pi)$$

となる.

［例　4］方形波（矩形波）

$$f(x) = \begin{cases} 1 & 0 < x < \dfrac{L}{2} \\ 0 & x = 0 \\ -1 & -\dfrac{L}{2} < x < 0 \end{cases} \tag{2.12}$$

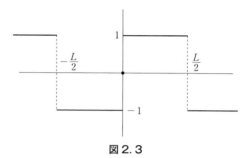

図 2.3

これは，奇関数だから，明らかに

$$a_n = 0$$

そして

$$b_n = \frac{2}{L}\int_{-\frac{L}{2}}^{\frac{L}{2}} \mathrm{d}x\, f(x)\sin\left(\frac{2\pi n}{L}x\right) = \{1+(-1)^{n+1}\}\frac{2}{n\pi}$$

したがって

$$f(x) = \sum_{n=1}^{\infty}\frac{2}{n\pi}\{1+(-1)^{n+1}\}\sin\left(\frac{2\pi n}{L}x\right)$$

$$= \frac{4}{\pi}\left\{\sin\left(\frac{2\pi}{L}x\right) + \frac{1}{3}\sin\left(\frac{6\pi}{L}x\right) + \frac{1}{5}\sin\left(\frac{10\pi}{L}x\right) + \cdots\right\} \tag{2.13}$$

$$\left(-\frac{L}{2} < x < \frac{L}{2}\right)$$

である.

[例 5] 階段関数

$$f(t) = \begin{cases} 1 & 0 < x < a < T \\ \dfrac{1}{2} & x = a \\ 0 & a < x < T \end{cases}$$

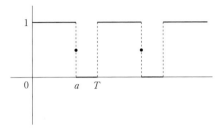

図2.4

これは，奇関数でも偶関数でもないから，a_n, b_n をいちいち計算しなければならない.

$$a_n = \frac{2}{T}\int_0^T \mathrm{d}t\, f(t)\cos\left(\frac{2\pi n}{T}t\right) = \frac{2}{T}\int_0^a \mathrm{d}t\, \cos\left(\frac{2\pi n}{T}t\right) = \frac{1}{\pi n}\sin\left(\frac{2\pi n}{T}a\right)$$

同様に

$$b_n = \frac{2}{T}\int_0^a \mathrm{d}t\, \sin\left(\frac{2\pi n}{T}t\right) = \frac{1}{\pi n}\left\{1-\cos\left(\frac{2\pi n}{T}a\right)\right\}$$

したがって

$$f(t) = \frac{a}{T} + \frac{1}{\pi}\sum_{n=1}^{\infty}\frac{1}{n}\left[\sin\left(\frac{2\pi n}{T}a\right)\cos\left(\frac{2\pi n}{T}t\right)\right.$$

$$\left. + \left\{1-\cos\left(\frac{2\pi n}{T}a\right)\right\}\sin\left(\frac{2\pi n}{T}t\right)\right]$$

$$= \frac{a}{T} + \frac{1}{\pi}\sum_{n=1}^{\infty}\frac{1}{n}\left[\sin\left(\frac{2\pi n}{T}t\right) + \sin\left\{\frac{2\pi n}{T}(a-t)\right\}\right]$$

$$= \frac{a}{T} + \frac{2}{\pi}\sum_{n=1}^{\infty}\frac{1}{n}\,\sin\left(\frac{\pi n a}{T}\right)\cos\left(\frac{2\pi n}{T}t - \frac{\pi n a}{T}\right) \tag{2.14}$$

[例　6] ピラミッド形の関数

$$f(x) = \begin{cases} \dfrac{L}{2}+x & -\dfrac{L}{2} < x < 0 \\[3mm] \dfrac{L}{2}-x & 0 < x < \dfrac{L}{2} \end{cases}$$

は，偶関数だから

$$b_n = 0$$

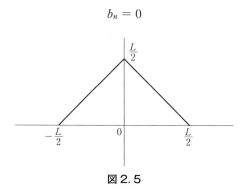

図2.5

そして

$$a_0 = \frac{2}{L}\int_{-\frac{L}{2}}^{\frac{L}{2}} dx\, f(x) = \frac{L}{2}$$

$$a_n = \frac{2}{L}\int_{-\frac{L}{2}}^{\frac{L}{2}} dx\, f(x)\cos\left(\frac{2\pi n}{L}x\right) = \frac{L}{\pi^2 n^2}\{1-(-1)^n\} \qquad (n \neq 0)$$

よって

$$f(x) = \frac{L}{4} + \frac{L}{\pi^2}\sum_{n=1}^{\infty}\frac{1}{n^2}\{1-(-1)^n\}\cos\left(\frac{2\pi n}{L}x\right)$$

$$= \frac{L}{4} + \frac{2L}{\pi^2}\left\{\frac{1}{1^2}\cos\left(\frac{2\pi}{L}x\right) + \frac{1}{3^2}\cos\left(\frac{6\pi}{L}x\right) + \cdots\right\} \qquad (2.15)$$

[例 7] のこぎりの歯形関数

$$f(t) = \begin{cases} \dfrac{2a}{T}t & 0 < t < \dfrac{T}{2} \\[2mm] \dfrac{2a}{T}t - a & \dfrac{T}{2} < t < T \end{cases}$$

では，計算はとばすが，

$$f(t) = \frac{a}{2} - \frac{a}{\pi} \sum_{n=1}^{\infty} \frac{1}{n} \sin \frac{2\pi n}{T} t \tag{2.16}$$

である．

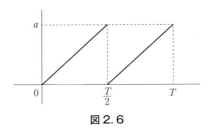

図2.6

[例 8] 三角波

$$f(t) = \begin{cases} -\dfrac{4A}{T}t + A & 0 < t < \dfrac{T}{2} \\[2mm] \dfrac{4A}{T}t - 3A & \dfrac{T}{2} < t < T \end{cases} \tag{2.17}$$

この場合，今までの例のように，Fourier 係数をいちいち計算するよりも例4

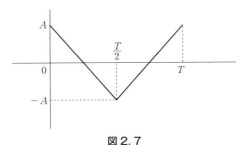

図2.7

を積分して求めたほうが簡単である．結果は

$$f(t) = \frac{8A}{\pi^2}\left\{\cos\omega t + \frac{1}{3^2}\cos 3\omega t + \frac{1}{5^2}\cos 5\omega t + \cdots\right\} \tag{2.18}$$

上のいろいろな例でみられるように，高調波の振幅は，一般にはだんだんと小さくなる．

[例 9]

図 2.8 のような 4 端子回路を考えよう．これに Kirchhoff の法則をあてはめ，はじめの電圧 ε_i と終わりの電圧 ε_f の比を求めると

$$\varepsilon_f = \frac{\dfrac{1}{in\omega C}}{R + \dfrac{1}{in\omega C}}\varepsilon_i = \frac{1}{1+in\omega RC}\varepsilon_i$$

となる．ただし，ここでは n 番目の高調波のみ取り出した．そこで，たとえば ε_i として方形波を考えると，ε_f としてはどのような波が出てくるであろうか？ 一般にはむずかしいから

$$\omega \gg \omega_0 \equiv \frac{1}{RC}$$

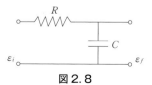

図 2.8

の領域を考えると

$$\varepsilon_f = -i\frac{\omega_0}{n\omega}\varepsilon_i$$

となる．方形波の高調波の振幅は式（2.13）により

$$\frac{4}{n\pi} \qquad (n = 1, 3, 5, \cdots)$$

だから

$$\varepsilon_f = -i \frac{\omega_0}{n\omega} \frac{4}{n\pi} = -i \frac{\omega_0 \pi}{2\omega} \frac{8}{\pi^2 n^2}$$

となる. これはまさに, 三角波の高調波の式 (2.18) である. すなわち, 方形波の入射電圧は三角波になって出てくる. $-i$ は, 出てくる電圧が入射電圧に対して位相が $\frac{\pi}{2}$ だけ遅れることを示している.

もう1つの極限

$$\omega \ll \omega_0$$

の場合には, 出てくる電圧の形は, 入ってくるものと同じだが, 時間

$$\tau = \frac{1}{\omega_0} = RC$$

だけ遅れる.

§3. 指数形の Fourier 級数

今までの Fourier 級数は, sine と cosine に関する展開だが, sine と cosine は指数関数の組み合わせで書くことができるから, Fourier 級数を指数関数の級数で与えることができる. 事実, そのほうが便利なことも多い.

$$\cos k_n x = \frac{1}{2} (e^{ik_n x} + e^{-ik_n x}) \tag{3.1a}$$

$$\sin k_n x = \frac{1}{2i} (e^{ik_n x} - e^{-ik_n x}) \tag{3.1b}$$

$$k_n \equiv \frac{2\pi}{L} n \tag{3.2}$$

を式 (2.5) に代入して, 整理すると

$$f(x) = \frac{1}{2} a_0 + \sum_{n=1}^{\infty} \left\{ \frac{1}{2} (a_n - ib_n) e^{ik_n x} + \frac{1}{2} (a_n + ib_n) e^{-ik_n x} \right\}$$

となる. これは

$$f(x) = \frac{1}{\sqrt{L}} \sum_{n=0, \pm 1, \cdots} f_n e^{ik_n x} \tag{3.3}$$

と書くことができる. ただし

$$f_n = \frac{\sqrt{L}}{2}(a_n - ib_n) = \frac{1}{\sqrt{L}} \int_{-\frac{L}{2}}^{\frac{L}{2}} \mathrm{d}x\, f(x) \mathrm{e}^{-ik_n x} \tag{3.4a}$$

$$f_{-n} = \frac{\sqrt{L}}{2}(a_n + ib_n) = \frac{1}{\sqrt{L}} \int_{-\frac{L}{2}}^{\frac{L}{2}} \mathrm{d}x\, f(x) \mathrm{e}^{ik_n x} \tag{3.4b}$$

である. $\sqrt{L}$ を取り出したのは便宜にすぎない. $f(x)$ か実関数ならば定義 (3.4) から

$$f_{-n} = f_n{}^*$$

である. 逆にこれは, $f(x)$ が実関数である条件である. この f_n を決める積分 (3.4a) は式 (2.2) や式 (2.9) に比べ, 容易なことが多い.

[例 10] 波動方程式

ここで, はじめの波動方程式 (1.2) に戻ろう. そして, この波動関数 $\phi(x, t)$ が調和振動子の集まりとして書くことができることを証明しよう. そのために, 波動関数 $\phi(x, t)$ を x に関して指数形の Fourier 級数に展開する:

$$\phi(x, t) = \frac{1}{\sqrt{L}} \sum_n q_n(t) \mathrm{e}^{ik_n x} \tag{3.5}$$

ただし, $\phi(x, t)$ は実だから

$$q_n(t) = q_{-n}{}^*(t) \tag{3.6}$$

である. 式 (3.5) を波動方程式 (1.2) に代入すると

$$\sum_n \left[\frac{\mathrm{d}^2}{\mathrm{d}t^2} q_n(t) + c^2 k_n{}^2 q_n(t) \right] \mathrm{e}^{ik_n x} = 0 \tag{3.7}$$

§2 の [例 1] の議論により, 式 (3.7) は

$$\frac{\mathrm{d}^2}{\mathrm{d}t^2} q_n(t) + c^2 k_n{}^2 q_n(t) = 0 \tag{3.8}$$

を意味する. これは, 角振動数

$$\omega_n = c|k_n| \tag{3.9}$$

の調和振動子の式にほかならない. n の数は無限大だから, 波動方程式を満たす $\phi(x, t)$ は, 無限個の調和振動子の線形結合 (3.5) である.

このことを用いると, 波動現象を取り扱うのに, 力学的変数を用いて La-

grangian や Hamiltonian を作ったりすることができる. たとえば, この系の
Hamiltonian は

$$H = \frac{1}{2} \sum_n \{ p_n{}^*(t) p_n(t) + \omega_n{}^2 q_n{}^*(t) q_n(t) \} \tag{3.10}$$

である. ただし, $p_n(t)$ は $q_n(t)$ の共役運動量で, 正準方程式により, $\dot{q}_n(t)$
と関係づけられる. また, Hamiltonian (3.10) を量子力学的なものとみなし,
交換関係

$$[p_n(t), q_m(t)] = -i\hbar \delta_{nm} \tag{3.11}$$

を仮定すると, よく知られているように, 式 (3.10) の固有値は

$$E\{N_1, N_2, \cdots\} = \sum_n \hbar\omega_n \left(N_n + \frac{1}{2} \right) \tag{3.12}$$

$$N_n = 0, 1, 2, \cdots \qquad (各 n について) \tag{3.13}$$

である. この固有値 (3.12) は, エネルギーの単位 $\hbar\omega_n$ の正整数倍になって
いる. したがって, この系はエネルギー量子 $\hbar\omega_n$ からできあがっていること
になる. この点は, V 章で議論しよう. この Hamiltonian (3.10) に統計力学
をあてはめると, うまいぐあいに Planck の分布が得られる. これも V 章で
議論するが, ここでは, Fourier 級数により, 場の問題を力学の問題として取
り扱うことができるようになったという点をみのがさないように.

§4. 多変数関数の Fourier 級数

指数形の Fourier 級数は, 多変数関数を Fourier 展開するとき, 特に便利
である. 3 個の変数 x_1, x_2, x_3 に依存する関数を簡単に $f(\boldsymbol{x})$ と書く. この関
数が, 領域

$$-\frac{L_i}{2} < x_i < \frac{L_i}{2} \qquad (i = 1, 2, 3) \tag{4.1}$$

で定義されているとしよう. いま

$$k_i \equiv \frac{2\pi}{L_i} n_i \qquad (i = 1, 2, 3) \tag{4.2}$$

$$n_i = 0, \pm 1, \pm 2, \cdots \tag{4.3}$$

を導入し

$$\frac{2\pi}{L_1}n_1 x_1 + \frac{2\pi}{L_2}n_2 x_2 + \frac{2\pi}{L_3}n_3 x_3 \equiv \boldsymbol{k}\boldsymbol{x}$$

とおく．そこで $f(\boldsymbol{x})$ の Fourier 係数を

$$f_k \equiv \frac{1}{\sqrt{V}}\int_V \mathrm{d}^3 x f(\boldsymbol{x})\mathrm{e}^{-ikx} \tag{4.4}$$

$$V \equiv L_1 L_2 L_3$$

と書くと，Fourier 級数は

$$f(\boldsymbol{x}) = \frac{1}{\sqrt{V}}\sum_k f_k \mathrm{e}^{ikx} \tag{4.5}$$

となる．1 変数の場合と同様に，$f(\boldsymbol{x})$ が実関数ならば

$$f_k = f_{-k}{}^* \tag{4.6}$$

である．同じく $\sqrt{V}$ は便宜にすぎない．

　例はあとで挙げる．

§5. 完全規格化直交関数系とデルタ関数

　Fourier 級数は完全規格化直交関数系による，一般関数の展開の典型的な例である．いま，規格化直交関数を

$$\phi_n(x) \qquad a < x < b \tag{5.1}$$

とする．**規格化直交**とは

$$\int_a^b \mathrm{d}x\, \phi_n{}^*(x)\phi_m(x) = \delta_{nm} \tag{5.2}$$

が成り立つということである．

　1 変数の Fourier 級数の場合には

$$\phi_n(x) \equiv \frac{1}{\sqrt{L}}\mathrm{e}^{ik_n x} \qquad (n = 0, \pm 1, \pm 2, \cdots) \tag{5.1'}$$

とすると，規格化直交条件

$$\int_{-\frac{L}{2}}^{\frac{L}{2}} \mathrm{d}x\, \phi_n{}^*(x)\phi_m(x) = \delta_{nm} \tag{5.2'}$$

が成り立つことがすぐわかる．

任意の関数 $f(x)$ が, ある規格化直交系で,

$$f(x) = \sum_n \phi_n(x) f_n \tag{5.3}$$

と展開できたとしよう. 展開係数 f_n を決めるためには, 式 (5.3) に $\phi_m{}^*(x)$ をかけて, x につき a から b まで積分するとよい. 式 (5.2) によって

$$\int_a^b dx\, \phi_m{}^*(x) f(x) = \sum_n \int_a^b dx\, \phi_m{}^*(x) \phi_n(x) f_n$$

$$= \sum_n \delta_{mn} f_n = f_m \tag{5.4}$$

となり, f_m (m は任意) が決まる.

ここでは, もちろん式 (5.3) という展開が可能であることを仮定した. 展開は可能ではないかもしれない. もし

$$S_N(x) \equiv \sum_{|n|<N} \phi_n(x) f_n \tag{5.5}$$

が, N を ∞ までもっていったとき, $f(x)$ に限りなく近づくならば (厳密には $\frac{1}{2}(f(x+0)+f(x-0))$ に近づくならば), $f(x)$ は $\phi_n(x)$ は**展開可能**という. 展開可能なら式 (5.3) が成り立ち, そのとき $\phi_n(x)$ は**完全である**とか**完全系をなす**という. そこで, 式 (5.4) を式 (5.3) に代入すると

$$f(x) = \sum_n \int_a^b dy\, \phi_n(x) \phi_n{}^*(y) f(y) \tag{5.6}$$

という恒等式が得られる. 式 (5.6) で, 和と積分が交換できるとしよう. そして

$$\sum_n \phi_n(x) \phi_n{}^*(y) = \delta(x-y) \tag{5.7}$$

とおくと, 式 (5.6) は, 任意の関数 $f(x)$ (といっても, 積分が収束するようなものに話を限って) に対して

$$\int_a^b dy\, \delta(x-y) f(y) = f(x) \qquad (a < x < b) \tag{5.8}$$

が成り立たなければならない. 任意の関数について式 (5.8) が成り立つような $\delta(x-y)$ を **Dirac のデルタ関数**とよぶ. 式 (5.8) をデルタ関数の定義と

する．ただし $f(y)$ は x でよく定義された値をもつと仮定しなければならない．

　式 (5.7) を**完全性**の条件とよぶ．デルタ関数については，次の章で詳しく考えるが，物理数学において，たいへん便利なものである．Fourier 級数 (5.1) の場合には

$$\delta(x-y) = \frac{1}{L}\sum_n \mathrm{e}^{ik_n(x-y)} \tag{5.9}$$

また，3 変数の場合には

$$\prod_{i=1}^{3} \delta(x_i-y_i) \equiv \delta(\boldsymbol{x}-\boldsymbol{y}) = \frac{1}{V}\sum_k \mathrm{e}^{i\boldsymbol{k}(\boldsymbol{x}-\boldsymbol{y})} \tag{5.10}$$

で，任意の関数 $f(\boldsymbol{x})$ につき

$$\int_V \mathrm{d}^3 y\,\delta(\boldsymbol{x}-\boldsymbol{y})f(\boldsymbol{y}) = f(\boldsymbol{x}) \tag{5.11}$$

が成り立つ．（$\boldsymbol{x}$ は V の中にあるとする．）

　式 (5.1') の指数関数以外に，いろいろと便利な完全規格化直交関数系のうちの 2，3 を挙げておく．

（i）Laguerre の多項式

$$L_n(x) = \frac{\mathrm{e}^x}{n!}\frac{\mathrm{d}^n}{\mathrm{d}x^n}(x^n\mathrm{e}^{-x}) \qquad (0 < x < \infty) \tag{5.12}$$

より

$$\phi_n(x) = \mathrm{e}^{-\frac{x}{2}}L_n(x) \tag{5.13}$$

を作ると，これが完全規格化直交関数系を作る．

（ii）Legendre の多項式

$$P_n(x) = \frac{1}{n!2^n}\frac{\mathrm{d}^n}{\mathrm{d}x^n}(x^2-1)^n \qquad (-1 \leq x \leq 1) \tag{5.14}$$

から

$$\phi_n(x) = \sqrt{\frac{2n+1}{2}}P_n(x) \tag{5.15}$$

によって，完全規格化直交関数系を作ることができる．

(iii) Tschebyscheff の多項式

$$T_n(x) = \frac{(-1)^n\sqrt{1-x^2}}{(2n-1)!!}\frac{\mathrm{d}^n}{\mathrm{d}x^n}(1-x^2)^{n-\frac{1}{2}} \qquad (|x| < 1) \qquad (5.16)$$

は, 完全規格化直交関数系

$$\phi_n(x) = \frac{2^n}{\sqrt{2\pi}\sqrt[4]{1-x^2}}T_n(x) \qquad (5.17)$$

を与える.

(iv) Hermite の多項式

$$H_n(x) = (-1)^n 2^{\frac{n}{2}}\mathrm{e}^{x^2}\frac{\mathrm{d}^n}{\mathrm{d}x^n}\mathrm{e}^{-x^2} \qquad (-\infty < x < \infty) \qquad (5.18)$$

から

$$\phi_n(x) = \frac{1}{\sqrt{n!}\sqrt{\pi}}\mathrm{e}^{-\frac{x^2}{2}}H_n(x) \qquad (5.19)$$

によって完全規格化直交関数系を作ることができる. このほか, まだまだ多くの完全規格化直交関数系が存在するが, それらについては, "応用数学"の教科書を参照されたい. 上に挙げた関数系は, 量子力学の固有値問題を解くとき出てくるから, 量子力学の教科書を参照されてもよい.

§6. Fourier 積分変換

今まで, 有限の領域 $\left(-\dfrac{L}{2}, \dfrac{L}{2}\right)$ や $(0, T)$ で定義されている関数を考えてきた. Fourier 級数でこれらを表現すると, $\left(-\dfrac{L}{2}, \dfrac{L}{2}\right)$ や $(0, T)$ を周期とする周期関数が得られる. では, いったい, 周期をもたない関数は Fourier 展開できないのかというと, そうではなく, 周期をもたない関数に議論を拡張しようと思ったら, $\left(-\dfrac{L}{2}, \dfrac{L}{2}\right)$ の L を無限大までのばしてやるとよい. そうすると, 式 (3.2) により, k_n と k_{n+1} との間隔はだんだんと短くなり, 結局, k を連続変数として取り扱うことができるようになる. そして, n に関する和は, k に関する積分になる. その $L \to \infty$ の極限では,

$$\sqrt{L}f_n \longrightarrow \sqrt{2\pi}\hat{f}(k)$$

$$\frac{1}{L}\sum_n \longrightarrow \frac{1}{2\pi}\int_{-\infty}^{\infty}\mathrm{d}k \qquad (6.1)$$

式 (3.3) は

$$f(x) = \frac{1}{\sqrt{2\pi}} \int_{-\infty}^{\infty} dk\, \hat{f}(k)\, e^{ikx} \tag{6.2}$$

係数 $\hat{f}(k)$ を決める式は

$$\hat{f}(k) = \frac{1}{\sqrt{2\pi}} \int_{-\infty}^{\infty} dx\, f(x)\, e^{-ikx} \tag{6.3}$$

となる.

　同様にして, 3 変数の場合は

$$f(\boldsymbol{x}) = \frac{1}{(2\pi)^{\frac{3}{2}}} \int_{-\infty}^{\infty} d^3k\, \hat{f}(\boldsymbol{k})\, e^{i\boldsymbol{kx}} \tag{6.4}$$

$$\hat{f}(\boldsymbol{k}) = \frac{1}{(2\pi)^{\frac{3}{2}}} \int_{-\infty}^{\infty} d^3x\, f(\boldsymbol{x})\, e^{-i\boldsymbol{kx}} \tag{6.5}$$

となる. これらの $\hat{f}(k)$ や $\hat{f}(\boldsymbol{k})$ をそれぞれ $f(x)$ や $f(\boldsymbol{x})$ の **Fourier 変換** とよぶ. Fourier 変換が意味をもつためには,

$$\int_{-\infty}^{\infty} dx\, |f(x)| < \infty \tag{6.6}$$

$$\int_{-\infty}^{\infty} d^3x\, |f(\boldsymbol{x})| < \infty \tag{6.7}$$

でなければならない.

[例　11]

　上の処方式 (6.1) により, デルタ関数は

$$\delta(x-y) = \frac{1}{2\pi} \int_{-\infty}^{\infty} dk\, e^{ik(x-y)} \tag{6.8}$$

$$\delta(\boldsymbol{x}-\boldsymbol{y}) = \frac{1}{(2\pi)^3} \int_{-\infty}^{\infty} d^3k\, e^{i\boldsymbol{k}(\boldsymbol{x}-\boldsymbol{y})} \tag{6.9}$$

である.

[例　12]

$$f(x) = e^{-a|x|} \qquad (a < 0) \tag{6.10}$$

この Fourier 変換は

$$\hat{f}(k) = \frac{1}{\sqrt{2\pi}} \int_{-\infty}^{\infty} \mathrm{d}x\, \mathrm{e}^{-a|x|}\mathrm{e}^{-ikx}$$

$$= \frac{1}{\sqrt{2\pi}} \left[\int_0^{\infty} \mathrm{d}x\, \mathrm{e}^{-(a+ik)x} + \int_0^{\infty} \mathrm{d}x\, \mathrm{e}^{-(a-ik)x} \right]$$

$$= \sqrt{\frac{2}{\pi}} \frac{a}{a^2+k^2} \tag{6.11}$$

したがって

$$\mathrm{e}^{-a|x|} = \frac{1}{\sqrt{2\pi}} \int_{-\infty}^{\infty} \mathrm{d}k \sqrt{\frac{2}{\pi}} \frac{a}{a^2+k^2} \mathrm{e}^{ikx} \tag{6.12a}$$

$$= \frac{2}{\pi} \int_0^{\infty} \mathrm{d}k \frac{a}{k^2+a^2} \cos kx \tag{6.12b}$$

この Fourier 表示を x で微分して a で割ると

$$\mathrm{e}^{-a|x|}\varepsilon(x) = \frac{2}{\pi} \int_0^{\infty} \mathrm{d}k \frac{k}{k^2+a^2} \sin kx \tag{6.12c}$$

が得られる. ただし, ここに, $\varepsilon(x)$ とは

$$\varepsilon(x) = \begin{cases} 1 & x > 0 \\ 0 & x = 0 \\ -1 & x < 0 \end{cases} \tag{6.13}$$

で, その Fourier 表示は, $a \to 0$ とおいて得られる. すなわち

$$\varepsilon(x) = -\frac{i}{\pi} \lim_{\varepsilon \to +0} \int_{-\infty}^{\infty} \mathrm{d}k \frac{k}{k^2+\varepsilon^2} \mathrm{e}^{ikx} \tag{6.13a}$$

$$= \frac{i}{\pi} \lim_{\varepsilon \to +0} \int_{-\infty}^{\infty} \mathrm{d}k \frac{k}{k^2+\varepsilon^2} \mathrm{e}^{-ikx} \tag{6.13b}$$

[例 13]

階段関数

$$\theta(x) = \begin{cases} 1 & x > 0 \\ \dfrac{1}{2} & x = 0 \\ 0 & x < 0 \end{cases} \tag{6.14}$$

については，Fourier 表示

$$\theta(x) = -\frac{i}{2\pi} \lim_{\varepsilon \to +0} \int_{-\infty}^{\infty} dk \frac{1}{k - i\varepsilon} e^{ikx} \tag{6.15a}$$

$$= \frac{i}{2\pi} \lim_{\varepsilon \to +0} \int_{-\infty}^{\infty} dk \frac{1}{k + i\varepsilon} e^{-ikx} \tag{6.15b}$$

が成り立つ．これを x で微分すると，デルタ関数の表示式 (6.8) が得られる．式 (6.15) を一般化すると

$$e^{-at}\theta(t) = \frac{i}{2\pi} \int_{-\infty}^{\infty} d\omega \frac{1}{\omega + i\alpha} e^{-i\omega t} \tag{6.15c}$$

$$(a > 0)$$

が得られる．

[例　14]

$$e^{-\frac{1}{2}ax^2} = \frac{1}{\sqrt{2\pi a}} \int_{-\infty}^{\infty} dk \, e^{-\frac{1}{2a}k^2} e^{ikx} \tag{6.16}$$

であり，Gauss の関数の Fourier 変換はやはり Gauss の関数である．

[例　15]

2, 3 の 3 次元の Fourier 変換を挙げておく．

$$\frac{e^{-\kappa r}}{r} = \frac{4\pi}{(2\pi)^3} \int d^3k \frac{1}{\boldsymbol{k}^2 + \kappa^2} e^{ikx} \qquad (\kappa > 0) \tag{6.17}$$

$$\frac{e^{\pm ilr}}{r} = \frac{4\pi}{(2\pi)^3} \int d^3k \frac{1}{\boldsymbol{k}^2 - l^2 \mp i\varepsilon} e^{ikx} \qquad (l > 0) \tag{6.18}$$

$$\frac{e^{-\kappa r}}{r^2} = \frac{2}{(2\pi)^3} \int d^3k \frac{1}{k} \left[\tan^{-1}\frac{\kappa}{k} - \frac{\pi}{2} \right] e^{ikx} \qquad (\kappa > 0) \tag{6.19}$$

ここで，積分は全部 $-\infty$ から ∞ まで行う．また $r \equiv |\boldsymbol{x}|$ である．

[例 16] 分散関係 (Dispersion relation)

物理学においては，原因が結果に先行することはないので，$t<0$ では恒等的に 0 となる，いわゆる**因果関数**

$$f(t) \equiv 0 \qquad t < 0 \tag{6.20}$$

が重要である．式 (6.20) をもう少し取り扱いやすくするには，階段関数 (6.14) を用いて

$$f(t) = \theta(t) f(t) \tag{6.21}$$

と書くとよい．いま，

$$f(t) = \frac{1}{\sqrt{2\pi}} \int_{-\infty}^{\infty} d\omega \, \hat{f}(\omega) e^{-i\omega t} \tag{6.22}$$

と Fourier 変換し，式 (6.21) と式 (6.15b) を用いると

$$
\begin{aligned}
f(t) &= \frac{1}{\sqrt{2\pi}} \int_{-\infty}^{\infty} d\omega \, \hat{f}(\omega) e^{-i\omega t} \\
&= \frac{i}{2\pi} \int_{-\infty}^{\infty} d\omega' \frac{1}{\omega' + i\varepsilon} e^{-i\omega' t} \frac{1}{\sqrt{2\pi}} \int_{-\infty}^{\infty} d\omega'' \, \hat{f}(\omega'') e^{-i\omega'' t} \\
&= \frac{1}{\sqrt{2\pi}} \int_{-\infty}^{\infty} d\omega \left[\frac{i}{2\pi} \int_{-\infty}^{\infty} d\omega' \frac{1}{\omega - \omega' + i\varepsilon} \hat{f}(\omega') \right] e^{-i\omega t} \tag{6.23}
\end{aligned}
$$

したがって

$$\hat{f}(\omega) = \frac{i}{2\pi} \int_{-\infty}^{\infty} d\omega' \frac{1}{\omega - \omega' + i\varepsilon} \hat{f}(\omega') \tag{6.24}$$

という関係が得られる．すなわち，式 (6.20) の性質をもった因果関数の Fourier 変換は式 (6.24) を満たしていなければならない．次の章で導くように

$$\lim_{\varepsilon \to +0} \int_{-\infty}^{\infty} d\omega' \frac{\hat{f}(\omega')}{\omega - \omega' + i\varepsilon} = P \int_{-\infty}^{\infty} d\omega' \frac{\hat{f}(\omega')}{\omega - \omega'} - i\pi \, \hat{f}(\omega) \tag{6.25}$$

が成り立つ．ただし P とは Cauchy の主値である．この式 (6.25) と式 (6.24) とを組み合わせると，$\hat{f}(\omega)$ の実部と虚部について

$$\mathrm{Re}\,\hat{f}(\omega) = -\frac{1}{\pi} P \int_{-\infty}^{\infty} d\omega' \frac{\mathrm{Im}\,\hat{f}(\omega')}{\omega - \omega'} \tag{6.26a}$$

$$\mathrm{Im}\,\hat{f}(\omega) = \frac{1}{\pi} P \int_{-\infty}^{\infty} d\omega' \frac{\mathrm{Re}\,\hat{f}(\omega')}{\omega - \omega'} \tag{6.26b}$$

が成り立つ. 因果関数に対して成立する関係 (6.26) を**分散関係式**という.
(Kramers-Kronig の分散関係式)

[例　17]

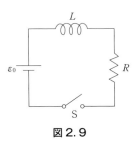

図2.9

　図 2.9 のような回路のスイッチ S を入れたとき, どのような電流が流れる
か？　微分方程式は

$$L \frac{\mathrm{d}I(t)}{\mathrm{d}t} + RI(t) = \varepsilon_0 \theta(t) \tag{6.27}$$

である. これを Fourier 積分を使って解いてみよう. 電流 $I(t)$ の Fourier
変換を $\hat{I}(\omega)$ とし, 右辺の $\theta(t)$ に式 (6.15b) を用いると式 (6.27) は代数方
程式

$$-i\omega L \hat{I}(\omega) + R \hat{I}(\omega) = \frac{i}{\sqrt{2\pi}} \frac{\varepsilon_0}{\omega + i\varepsilon} \tag{6.28}$$

になってしまうので, 直ちに

$$\hat{I}(\omega) = \frac{i}{\sqrt{2\pi}} \frac{1}{R - i\omega L} \frac{\varepsilon_0}{\omega + i\varepsilon}$$

$$= \frac{i}{\sqrt{2\pi}} \frac{\varepsilon_0}{L} \frac{1}{\frac{R}{L} - \varepsilon} \left[\frac{1}{\omega + i\varepsilon} - \frac{1}{\omega + i\frac{R}{L}} \right] \tag{6.29}$$

が得られる. これを Fourier 逆変換すれば

$$I(t) = \frac{1}{\sqrt{2\pi}} \int_{-\infty}^{\infty} d\omega \, \hat{I}(\omega) e^{-i\omega t} = \frac{\varepsilon_0}{R} [\theta(t) - e^{-tR/L}\theta(t)]$$

$$= \frac{\varepsilon_0}{R}(1 - e^{-tR/L}) \qquad t > 0 \tag{6.30}$$

となる．ただし，式 (6.15b) と (6.15c) を用いた．この電流はもちろん因果関数である．微分方程式 (6.27) は IV 章で議論する Green 関数法を用いると，もっと直接に積分できる．それまでのおたのしみ．

注 意

(1)　時間変数についての Fourier 変換には $e^{-ik_0 t}$ を用い，空間変数についての Fourier 変換には e^{ikx} を用いるのが普通である．したがって，空間時間の関数については

$$\psi(\boldsymbol{x}, t) = \frac{1}{(2\pi)^2} \int_{-\infty}^{\infty} d^3k \, dk_0 \, \hat{\psi}(\boldsymbol{k}, k_0) e^{i\boldsymbol{k}\boldsymbol{x} - ik_0 t}$$

となる．この指数の肩は，相対論的理論において特に便利である．

(2)　Fourier 変換に対する次の関係は重要である．いま

$$f(x) = \sum_n \hat{f}_n \phi_n(x)$$

$$g(x) = \sum_n \hat{g}_n \phi_n(x)$$

としよう．ここに $\phi_n(x)$ は完全規格化直交関数系で，式 (5.2) の条件を満たしているとすると

$$\int_a^b dx \, f(x) g^*(x) = \sum_n \hat{f}_n \hat{g}_n^* \tag{6.31}$$

が成り立つ．これを **Parseval の関係** とよぶ．

(3)　電場や磁場のようなベクトル場も Fourier 変換することができる．それには，まず

$$\boldsymbol{B}(\boldsymbol{x}) = \frac{1}{\sqrt{V}} \sum_k \boldsymbol{b}_k e^{i\boldsymbol{k}\boldsymbol{x}} \tag{6.32}$$

と変換する．$\boldsymbol{b}_k$ は，左辺と同じくベクトルである．そこで，3 個の互いに直交するベクトル $\boldsymbol{e}_k^{(1)}$, $\boldsymbol{e}_k^{(2)}$ と $\boldsymbol{e}_k^{(3)}$ を導入し，特に

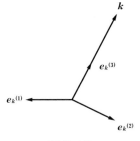

図 2. 10

$$\boldsymbol{e}_k{}^{(3)} = \boldsymbol{k}/|\boldsymbol{k}| \tag{6.33}$$

とする．すると，$\boldsymbol{e}_k{}^{(1)}$ と $\boldsymbol{e}_k{}^{(2)}$ とは，ベクトル $\boldsymbol{k}$ に直交している．これら 3 個のベクトルを用いて

$$\boldsymbol{b}_k = \sum_{r=1}^{3} \boldsymbol{e}_k{}^{(r)} b_k{}^{(r)} \tag{6.34}$$

と展開し，これを式（6.32）に代入すると

$$\boldsymbol{B}(\boldsymbol{x}) = \frac{1}{\sqrt{V}} \sum_{r=1}^{3} \sum_{k} \boldsymbol{e}_k{}^{(r)} \mathrm{e}^{i\boldsymbol{k}\boldsymbol{x}} b_k{}^{(r)} \tag{6.35}$$

となる．これがベクトル関数の展開である．いま

$$\boldsymbol{B}_L(\boldsymbol{x}) = \frac{1}{\sqrt{V}} \sum_{k} \boldsymbol{e}_k{}^{(3)} \mathrm{e}^{i\boldsymbol{k}\boldsymbol{x}} b_k{}^{(3)} \tag{6.36a}$$

$$\boldsymbol{B}_T(\boldsymbol{x}) = \frac{1}{\sqrt{V}} \sum_{r=1,2} \sum_{k} \boldsymbol{e}_k{}^{(r)} \mathrm{e}^{i\boldsymbol{k}\boldsymbol{x}} b_k{}^{(r)} \tag{6.36b}$$

を定義すると，これらはそれぞれ，式（6.33）により

$$\nabla \times \boldsymbol{B}_L(\boldsymbol{x}) = 0 \tag{6.37a}$$

$$\nabla \cdot \boldsymbol{B}_T(\boldsymbol{x}) = 0 \tag{6.37b}$$

を満たす．

　これら 3 個のベクトルに対しては

$$(\boldsymbol{e}_k{}^{(r)} \cdot \boldsymbol{e}_k{}^{(s)}) = \delta_{rs} \tag{6.38a}$$

$$\sum_{r=1}^{3} e_{ki}{}^{(r)} e_{kj}{}^{(r)} = \sum_{r=1,2} e_{ki}{}^{(r)} e_{kj}{}^{(r)} + \frac{1}{k^2} k_i k_j = \delta_{ij} \tag{6.38b}$$

が成り立つ．式（6.38a）のほうは，3 個のベクトルに対する規格化直交条

件であり，式（6.38b）のほうは，3個のベクトルの完全性条件である．これは

$$\sum_{r=1,2} e_{ki}{}^{(r)} e_{kj}{}^{(r)} = \delta_{ij} - \frac{1}{k^2} k_i k_j \tag{6.38c}$$

とも書くことができる．

§7. 固有ベクトルおよび固有値

ここで固有ベクトル（または固有関数）および固有値について少々復習しておく．量子力学に使う記号に慣れるよい機会である．

完全規格化直交関数系 $\phi_n(x)$ $(n=1,2,\cdots)$ を考えよう．この関数系は領域 (a,b) で定義されているとする．完全性とは，同じ領域で定義された任意の関数 $f(x)$ が

$$f(x) = \sum_n \phi_n(x) f_n \tag{7.1}$$

と展開できるという意味であり，展開係数 f_n は式（5.3）で与えられる．

完全規格化直交関数系 $\phi_n(x)$ で張られる空間を**関数空間**という．この空間の中の関数 $f(x)$ を，この空間に属するベクトルとよぶ．上の展開式（7.1）を**基底 $\phi_n(x)$ による展開**とよぶ．（3次元空間のベクトルを基底 e_1, e_2, e_3 で展開する式 $V = e_1 V_1 + e_2 V_2 + e_3 V_3$ を頭においておくとよい．）

さて，この関数空間における演算子を A としよう．（A は，x に関する微分演算子から成り立っている．）もし，この A をある 0 でない関数 $f(x)$ に演算したとき，これが $f(x)$ 自身に数をかけたものとなったとする．このときの関数を $f_a(x)$，これにかかる数を a としたとき

$$A f_a(x) = a f_a(x) \tag{7.2}$$

になったとする．このとき，$f_a(x)$ を演算子 A の**固有ベクトル**（または**固有関数**），a を A の**固有値**とよぶ．例はあとで挙げる．

2個のベクトル $f(x)$ と $g(x)$ について

$$\int_a^b \mathrm{d}x\, f^*(x) A g(x) = \left[\int_a^b \mathrm{d}x\, g^*(x) A f(x) \right]^*$$

が成り立つとき，演算子 A は**エルミート**であるという．エルミート演算子

には，固有関数が存在し，固有値は実数である．エルミートでない演算子には，固有ベクトルがあるという保証はない．

2 個のベクトル $f(x)$ と $g(x)$ について，**内積**（スカラー積）を

$$\int_a^b \mathrm{d}x\, f^*(x) g(x)$$

で定義する．これを

$$\int_a^b \mathrm{d}x\, f^*(x) g(x) \equiv \langle f | g \rangle$$

と表現することもある．もちろん

$$\langle f | g \rangle \equiv [\langle g | f \rangle]^*$$

である．内積の性質を挙げておくと：

　a)　任意の複素数 λ について

$$\langle f | \lambda g \rangle = \lambda \langle f | g \rangle$$

　b)

$$\langle f | g+h \rangle = \langle f | g \rangle + \langle f | h \rangle$$

　c)　Schwarz の不等式

$$\langle f | f \rangle \langle g | g \rangle \geq |\langle f | g \rangle|^2$$

$\sqrt{\langle f | f \rangle}$ を**ノルム**という．

$$\| | f \rangle \| \equiv \sqrt{\langle f | f \rangle}$$

と表す．また，2 個のベクトル $f(x)$ と $g(x)$ は

$$\langle f | g \rangle = 0$$

のとき，互いに**直交する**という．

$$\langle \phi_n | \phi_m \rangle = \delta_{nm}$$

のとき，$\phi_n(x)$ は規格化直交関数系である．もし，この系が

$$\sum_n | \phi_n \rangle \langle \phi_n | = 1 \quad \left(\sum_n \phi_n(x) \phi_n^*(x') = \delta(x-x') \right)$$

を満たすとき，任意のベクトル $f(x)$ は

$$| f \rangle = \sum_n | \phi_n \rangle f_n$$

と書くことができ

$$f_n = \langle \phi_n | f \rangle$$

である. f_n のことを, ベクトル $|f\rangle$ の**成分**とよぶことがある.

[例 18]

演算子

$$\boldsymbol{p} \equiv \frac{\hbar}{i} \nabla \tag{7.3}$$

の固有ベクトルは

$$\phi_k(\boldsymbol{x}) = \frac{1}{\sqrt{V}} e^{ikx} \qquad (\text{すべての実数の } \boldsymbol{k} \text{ について}) \tag{7.4}$$

である. すなわち

$$\boldsymbol{p}\phi_k(\boldsymbol{x}) = \hbar\boldsymbol{k}\phi_k(\boldsymbol{x}) \tag{7.5}$$

だから, 固有値は $\hbar\boldsymbol{k}$ である. 固有ベクトルに $1/\sqrt{V}$ がつくのは, 規格化条件を満たすためで, 事実

$$\langle \phi_k | \phi_{k'} \rangle = \delta_{k,k'}$$

$$\sum_k \phi_k(\boldsymbol{x})\phi_k{}^*(\boldsymbol{x}') = \delta(\boldsymbol{x}-\boldsymbol{x}')$$

という, 完全規格化直交条件が満たされている.

[例 19]

次に演算子

$$H_0 \equiv \frac{\hbar^2}{2m} \nabla^2 \tag{7.6}$$

を考えよう. 固有ベクトルは同じく式 (7.4) で

$$H_0\phi_k(\boldsymbol{x}) = \frac{(\hbar\boldsymbol{k})^2}{2m}\phi_k(x) \tag{7.7}$$

すなわち, 固有値は

$$\frac{(\hbar\boldsymbol{k})^2}{2m} \tag{7.8}$$

である.

注　意

　これらの演算子 $\boldsymbol{p}$ と H_0 とは，それぞれ量子力学的粒子の運動量，エネルギーの演算子である．いうまでもなく，$\hbar$ は量子力学に出てくる基本定数，m は粒子の質量である．

　上には，微分演算子のみを考えたが，それは必要なことではなく，

$$H_0 = -\frac{1}{2}\left(\frac{\mathrm{d}^2}{\mathrm{d}x^2} - \omega^2 x^2\right)$$

のようなものを考えてもよい．たとえば

$$\phi_0(x) = N\mathrm{e}^{-\omega x^2/2}$$

とすると，簡単な計算ののち

$$H_0\phi_0(x) = \frac{\omega}{2}\phi_0(x)$$

が成り立つことがわかる．この場合，$\phi_0(x)$ は固有ベクトル，その固有値は $\omega/2$ である．式 (5.19) を用いると，このほかの固有ベクトルも得られる．N は規格化条件によって決める．

　同じ考え方は，行列にもあてはまる．

[例　20]

　IV 章の式 (4.12) のうちの 1 つ

$$T_3 = \begin{bmatrix} 0 & -i & 0 \\ i & 0 & 0 \\ 0 & 0 & 0 \end{bmatrix} \tag{7.9}$$

を考える．これは，3 個の固有ベクトル

$$|1\rangle = \frac{1}{\sqrt{2}}\begin{bmatrix} 1 \\ i \\ 0 \end{bmatrix} \qquad |-1\rangle = \frac{1}{\sqrt{2}}\begin{bmatrix} 1 \\ -i \\ 0 \end{bmatrix} \qquad |0\rangle = \begin{bmatrix} 0 \\ 0 \\ 1 \end{bmatrix} \tag{7.10}$$

をもち，それぞれの固有値は，$1, -1, 0$ である．すなわち

$$T_3|1\rangle = |1\rangle, \quad T_3|-1\rangle = -|-1\rangle, \quad T_3|0\rangle = 0$$

が成り立つ．式 (7.10) は規格化されており，互いに直交している．たとえば

$$\langle 1|1\rangle = \frac{1}{2}[1 \quad -i \quad 0]\begin{bmatrix} 1 \\ i \\ 0 \end{bmatrix} = 1$$

$$\langle 1|-1\rangle = \frac{1}{2}[1 \quad -i \quad 0]\begin{bmatrix} 1 \\ -i \\ 0 \end{bmatrix} = 0$$

である.（$\langle 1|$ とは $|1\rangle$ のエルミート共役である.）

式（7.10）の 3 個のベクトルは完全系を張る.すなわち

$$|1\rangle\langle 1|+|-1\rangle\langle -1|+|0\rangle\langle 0|$$

$$= \frac{1}{2}\begin{bmatrix} 1 & -i & 0 \\ i & 1 & 0 \\ 0 & 0 & 0 \end{bmatrix} + \frac{1}{2}\begin{bmatrix} 1 & i & 0 \\ -i & 1 & 0 \\ 0 & 0 & 0 \end{bmatrix} + \begin{bmatrix} 0 & 0 & 0 \\ 0 & 0 & 0 \\ 0 & 0 & 1 \end{bmatrix} = \begin{bmatrix} 1 & 0 & 0 \\ 0 & 1 & 0 \\ 0 & 0 & 1 \end{bmatrix}$$

[例 21]

Pauli スピン行列の 1 つ

$$\sigma_1 = \begin{bmatrix} 0 & 1 \\ 1 & 0 \end{bmatrix}$$

について考えてみると，規格化直交固有ベクトルは

$$|1\rangle = \frac{1}{\sqrt{2}}\begin{bmatrix} 1 \\ 1 \end{bmatrix} \qquad |-1\rangle = \frac{1}{\sqrt{2}}\begin{bmatrix} 1 \\ -1 \end{bmatrix}$$

である.容易にわかるように

$$\sigma_1|1\rangle = |1\rangle \qquad \sigma_1|-1\rangle = -1|-1\rangle$$

が成り立つ.すなわち，固有値は ± 1 である.規格化直交条件および完全性の条件を試すのも容易で

$$\langle 1|1\rangle = 1, \qquad \langle -1|-1\rangle = 1, \qquad \langle 1|-1\rangle = 0$$

$$|1\rangle\langle 1|+|-1\rangle\langle -1| = \begin{bmatrix} 1 & 0 \\ 0 & 1 \end{bmatrix}$$

である.

これらの例で用いた記号は，量子力学でしばしば用いられるものである.いうまでもなく，量子力学では，物理的量（たとえば運動量とか角運動量と

か）は，すべて Hilbert 空間における演算子である．Hilbert 空間の一般のベクトルを $|\ \rangle$ で表し，これが物理的状態を表す．物理量に対応する演算子を A とすると，その固有ベクトル $|a\rangle$ は

$$A|a\rangle = a|a\rangle \tag{7.11}$$

を満たす．a が固有値で，状態 $|a\rangle$ で物理量 A を観測した場合，観測値 a が得られる．一般のベクトルは，$|a\rangle$ で展開できて

$$|\ \rangle = \sum_a |a\rangle\langle a|\ \rangle$$

である．

　ここで，1 つの重要な定理を述べておく．

　2 つのエルミート演算子 A, B が交換するならば，つまり

$$[A, B] = 0 \tag{7.12}$$

ならば，A と B は共通の固有ベクトルをもつ．証明は次のように行う．

　まず A の固有ベクトルが求まったとして

$$A|a\rangle = a|a\rangle \tag{7.13}$$

としよう．式 (7.12) のために

$$AB|a\rangle = BA|a\rangle = aB|a\rangle \tag{7.14}$$

　これは $B|a\rangle$ が，演算子 A の固有ベクトルであることを示している．そしてその固有値は a である．そこで，いま固有値問題 (7.13) で，固有値 a をもった固有ベクトルが 1 個しかないとする（これを縮退していない場合という）と，$B|a\rangle$ は $|a\rangle$ に比例していなければならず，その比例係数を b とすると

$$B|a\rangle = b|a\rangle \tag{7.15}$$

つまり，$|a\rangle$ は，固有値 b をもつ演算子 B の固有ベクトルである，ということになる．

　次に，縮退している場合を考える．この場合には，式 (7.13) の代わりに

$$A|a, \alpha\rangle = a|a, \alpha\rangle \tag{7.16}$$

と書いておくべきである．固有値 a をもつ固有ベクトルは，たった 1 個ではなく，いろいろとありうるという意味で，その"いろいろ"を α で区別するということである．すると式 (7.14) から $B|a, \alpha\rangle$ は，$|a, B\rangle$ のある線形結合でなければならない．それを B の固有ベクトルにするためには，$|a, \alpha\rangle$ の

ある線形結合をとる. するとその線形結合が B の固有ベクトルとなる. ここで, エルミートな演算子の性質を証明なしに並べておく.

(1) エルミート演算子の固有値はすべて実である.

(2) あるエルミート演算子の相異なった固有値に属する固有ベクトルは, 互いに直交する. すなわち

$A|a\rangle = a|a\rangle, A|a'\rangle = a'|a'\rangle$ で $a \neq a'$ ならば $\langle a'|a \rangle = 0$ である.

(3) 上のいろいろな例では, 1つのエルミート演算子のすべての固有ベクトルは完全系をなしていることをみたが, これは通常仮定することである. 量子力学では, エルミート演算子でその固有ベクトルが完全系をなすようなものを, "オブザーバブル"とよぶ. この言葉を用いると, 上の例の $\boldsymbol{p}$ や H_0 は, オブザーバブルである. そして, Fourier 級数とは, $\boldsymbol{p}$ の固有ベクトルによる展開であるということができる.

(4) ある演算子の固有値を決めることを, A を "対角化" するという.

演習問題 II

1. 正準方程式を用い, Hamiltonian (3.10) から, $p_n(t)$ を $\dot{q}_n(t)$ で表し, 次に, Fourier 級数 (3.5) を逆に解いて, $q_n(t)$ や $p_n(t)$ を波動関数 (とその時間微分) で表す. さらに, それらを用いて, Hamiltonian (3.10) を波動関数 $\phi(x, t)$ の時間および空間微分で表してみよ.

2. 式 (6.13) の階段関数を

$$\varepsilon(x) = \begin{cases} e^{-\varepsilon x} & x > 0 \\ & \quad (\varepsilon > 0) \\ -e^{\varepsilon x} & x < 0 \end{cases}$$

として Fourier 積分表示を求め, 式 (6.13) と比較してみよ.

3. 式 (6.16) を導け.

4. 式 (6.17), 式 (6.18), 式 (6.19) を導け.

5. 関数 (6.30) の Fourier 積分 (6.29) は分散関係式 (6.26) を満たしているか?

6. 磁場 $\boldsymbol{B}(\boldsymbol{x}, t)$ を空間変数について Fourier 積分で表してみよ.

デルタ関数とその応用

§1. はじめに

　まずはじめに Dirac がデルタ関数を導入したときの文章を引用させてもらう.

　「…このような無限大を取り扱うための正確な記号を作ろう. そのために, パラメーター x に依存する次のような性質をもつ関数 $\delta(x)$ を導入しよう. つまり,

$$\int_{-\infty}^{\infty} \delta(x)\mathrm{d}x = 1$$

$$\delta(x) = 0 \qquad x \neq 0$$

このような関数 $\delta(x)$ を頭にえがくために, $x=0$ の含む, 小さい, 長さ ε の領域だけで 0 でなく, それ以外のすべての点で 0 であるような関数を考えよう. 長さ ε の領域における関数の値の細いことは, それがあまり大きく振動したりしないかぎりどうでもよいが, この領域全体にわたる積分が 1 であるとする. つまり, この関数はだいたい $\dfrac{1}{\varepsilon}$ のオーダーであるとする. このとき, 積分を 1 に保ちながら $\varepsilon \to 0$ という極限をとったとき, この関数が $\delta(x)$ になると考えればよい.

　$\delta(x)$ は, 通常の数学的に定義された関数とは違う. 通常の関数は, ある領域中の各点で, 一定の値をとらなければならないが, この $\delta(x)$ は, そのようなものではなく, もっと一般的なもので, 通常の関数と区別するために

は，"improper function" とよぶのがよかろう．このように，$\delta(x)$ は，通常の数学的解析方法を勝手に使っていいといったものではなく，その使用にあたっては，明らかに矛盾の出ないような，比較的簡単な表現を取り扱う場合に限っておかなければならない.」

§2. デルタ関数の定義とその性質

まず，デルタ関数の定義だが，これは勝手な関数 $f(x)$（といっても少々制限があるが）をもってきて

$$\int_{-\infty}^{\infty} \mathrm{d}x\, f(x)\delta(x-a) = f(a) \tag{2.1}$$

で定義する．このとき，もちろん $f(a)$ が一定の値をもっていなければならない．しかし，このことにさえ注意すれば，デルタ関数をあたかも普通の関数のように取り扱ってもいっこうにかまわないことが多い.

II 章に述べたように，デルタ関数の表現として

$$\delta(x) = \frac{1}{2\pi}\int_{-\infty}^{\infty} \mathrm{d}k\, \mathrm{e}^{ikx} \tag{2.2}$$

を採用することがあるが，これは次のように理解する.

$$\begin{aligned}
\int_{-\infty}^{\infty} \mathrm{d}x\, f(x)\delta(x) &= \frac{1}{2\pi}\lim_{\varepsilon\to+0}\int_{-\infty}^{\infty} \mathrm{d}x\left[f(x)\int_{-\frac{1}{\varepsilon}}^{\frac{1}{\varepsilon}} \mathrm{d}k\, \mathrm{e}^{ikx}\right] \\
&= \frac{1}{\pi}\lim_{\varepsilon\to+0}\int_{-\infty}^{\infty} \mathrm{d}x\, f(x)\frac{\sin(x/\varepsilon)}{x} \\
&= \frac{1}{\pi}\lim_{\varepsilon\to+0}\int_{-\infty}^{\infty} \mathrm{d}y\, f(\varepsilon y)\frac{\sin y}{y} = f(0) \tag{2.3}
\end{aligned}$$

このような理解のもとに式（2.2）を

$$\delta(x) = \frac{1}{2\pi}\lim_{\varepsilon\to+0}\int_{-\frac{1}{\varepsilon}}^{\frac{1}{\varepsilon}} \mathrm{d}k\, \mathrm{e}^{ikx} = \frac{1}{\pi}\frac{\sin(x/\varepsilon)}{x} \tag{2.4}$$

と書くこともある．最後の表現では，積分のあとにいつでも $\varepsilon\to0$ の極限をとるということが了解されているわけである.

この表現式（2.4）や式（2.2）を用いると，デルタ関数について，次のような性質を証明することができる.

(ⅰ) $$\delta(x) = \delta(-x) \qquad (2.5)$$

(ⅱ) $$\delta(cx) = \frac{1}{|c|}\delta(x) \qquad (2.6)$$

(ⅲ) $$\delta((x-a)(x-b)) = \frac{1}{|a-b|}\{\delta(x-a)+\delta(x-b)\} \qquad (2.7)$$

デルタ関数の微分を定義するには式 (2.4) を用いて

$$\delta'(x) = \frac{1}{\pi}\left\{\frac{\cos(x/\varepsilon)}{\varepsilon x} - \frac{\sin(x/\varepsilon)}{x^2}\right\} \qquad (2.8)$$

とする. ただし, この意味は, 式 (2.1) と同じように

$$\int_{-\infty}^{\infty} dx\, f(x)\delta'(x) = -f'(0) \qquad (2.9)$$

ということである.

デルタ関数のほかに, これと似た関数

$$\zeta(x) \equiv -i\int_{0}^{1/\varepsilon} dx\, e^{ikx} = \frac{1-e^{ix/\varepsilon}}{x}$$

$$= \frac{1-\cos(x/\varepsilon)}{x} - i\frac{\sin(x/\varepsilon)}{x} \qquad (2.10a)$$

も重要である. 右辺の第 1 項は, いわゆる $1/x$ の "主要部" とよばれ, これは $x=0$ の点以外では, $1/x$ としてふるまい, $x=0$ では 0 であるような関数である. これを

$$P\frac{1}{x}$$

と表すことが多い. 第 2 項はいうまでもなく $-i\pi\delta(x)$ である. したがって

$$\zeta(x) = P\frac{1}{x} - i\pi\delta(x) \qquad (2.10b)$$

と書いてもよい. また $\zeta(x)$ を

$$\zeta(x) = i\lim_{\varepsilon\to 0}\int_{0}^{\infty} dk\, e^{ikx}e^{-k\varepsilon} = \lim_{\varepsilon\to +0}\frac{1}{x+i\varepsilon} \qquad (2.10c)$$

で定義することもある. したがって

$$\frac{1}{x+i\varepsilon} = P\frac{1}{x} - i\pi\delta(x) \tag{2.10d}$$

また

$$P\frac{1}{x} = \frac{x}{x^2+\varepsilon^2} \tag{2.11}$$

$$\delta(x) = \frac{1}{\pi}\frac{\varepsilon}{x^2+\varepsilon^2} \tag{2.12}$$

と書くこともある. これらの表現は度々用いられるが, すべて積分のあとで $\varepsilon\to+0$ をとることを意味する.

このほか, δ や ζ 関数には, いろいろな表現が存在する. たとえば, 量子力学の摂動論では

$$\delta(x) = \frac{1}{\pi}\varepsilon\frac{1-\cos(x/\varepsilon)}{x^2} \tag{2.13}$$

を用いる.

デルタ関数を 3 次元の空間に拡張するには

$$\delta(\boldsymbol{x}) \equiv \delta(x_1)\delta(x_2)\delta(x_3) = \frac{1}{(2\pi)^3}\int_{-\infty}^{\infty} \mathrm{d}^3k\, e^{ikx} \tag{2.14}$$

とする.

ある与えられた関数 $f(x)$ のデルタ関数は

$$\delta(f(x)) = \sum_i \frac{1}{|f'(x_i)|}\delta(x-x_i) \tag{2.15}$$

である. ただし, x_i $(i=1,2,\cdots)$ は,

$$f(x) = 0 \tag{2.16}$$

の実根である. 式 (2.16) が実根を 1 つももたなければ, $\delta(f(x))$ は恒等的に 0 となる.

§3. 点粒子

3 次元のデルタ関数は, 点粒子の物理量を空間に分布したものとして表現するのに便利である. たとえば, ある点粒子の時刻 t における位置ベクトルを $\zeta(t)$, その質量を m とするとき,

$$\rho(x) \equiv m\delta(\boldsymbol{x}-\boldsymbol{\zeta}(t)) \tag{3.1}$$

は，質量の空間分布を表す．つまり，$\boldsymbol{\zeta}(t)$ のところに集中した質量を表現する．粒子が動くに従って，質量の分布も動いていく．デルタ関数の定義により，式 (3.1) を全空間にわたって積分したものは，時間によらず常に m である．なお，左辺で x と書いたのは，空間座標 $\boldsymbol{x}$ と時刻 t を一緒にしたものである．この立場では $\boldsymbol{x}$ と t は全く独立な変数である．

式 (3.1) に対応する質量の流れは

$$\boldsymbol{J}_m(x) = m\dot{\boldsymbol{\zeta}}(t)\delta(\boldsymbol{x}-\boldsymbol{\zeta}(t)) \tag{3.2}$$

であって，式 (3.1) と式 (3.2) とは連続の方程式で結ばれている．というのは，

$$\partial_t \rho_m(x) = -m\dot{\boldsymbol{\zeta}}(t)\cdot\nabla\delta(\boldsymbol{x}-\boldsymbol{\zeta}(t)) \tag{3.3a}$$

$$\nabla\cdot\boldsymbol{J}_m(x) = m\dot{\boldsymbol{\zeta}}(t)\cdot\nabla\delta(\boldsymbol{x}-\boldsymbol{\zeta}(t)) \tag{3.3b}$$

であって辺々加え合わせると

$$\partial_t \rho_m(x) + \nabla\cdot\boldsymbol{J}_m(x) = 0 \tag{3.4}$$

だからである．この関係は，点粒子の運動方程式などと無関係に，質量が時間によって変化しないかぎり成立するものである．

この点粒子が電荷をもっているとすると，電荷密度と電流密度を上と同様に定義することができる．さらに，N 個の粒子系へ拡張することも容易で，たとえば，i 番目の粒子の位置ベクトルを $\boldsymbol{\zeta}_i(t)$，電荷を e_i とすると，電荷電流密度はそれぞれ

$$\rho(x) = \sum_{i=1}^{N} e_i\delta(\boldsymbol{x}-\boldsymbol{\zeta}_i(t)) \tag{3.5a}$$

$$\boldsymbol{J}(x) = \sum_{i=1}^{N} e_i\dot{\boldsymbol{\zeta}}_i(t)\delta(\boldsymbol{x}-\boldsymbol{\zeta}_i(t)) \tag{3.5b}$$

で定義される．これらが連続の方程式を満たすことの証明は容易であろう．

そのほか，粒子系のエネルギー密度，エネルギーの流れの密度についても同様に

$$\rho^{(e)}(x) = \sum_{i=1}^{N} \frac{1}{2}m_i\dot{\boldsymbol{\zeta}}_i{}^2(t)\delta(\boldsymbol{x}-\boldsymbol{\zeta}_i(t)) \tag{3.6a}$$

$$\boldsymbol{J}^{(e)}(x) = \sum_{i=1}^{N} \frac{1}{2} m_i \dot{\zeta}_i{}^2(t) \dot{\zeta}_i(t) \delta(\boldsymbol{x} - \zeta_i(t)) \tag{3.6b}$$

と定義すればよいが，今回は，

$$\partial_t \rho^{(e)}(x) + \nabla \cdot \boldsymbol{J}^{(e)}(x) = \sum_{i=1}^{N} m_i \dot{\zeta}_i(t) \ddot{\zeta}_i(t) \delta(\boldsymbol{x} - \zeta_i(t)) \tag{3.7}$$

となり，運動方程式を用いなければ，右辺が処理できない．外力が働いていなく，かつ，粒子相互の力が Newton の第 3 法則を満たすようなものであれば，右辺は 0 となる．自ら試みよ．

§4. 面積要素とデルタ関数

デルタ関数を用いて，空間における面 S を表現することを考えよう．いま，面 S が

$$f(\boldsymbol{x}) = c \tag{4.1}$$

で表現されているとしよう．これは，3 個の変数に対する 1 個の条件だから，変数 2 個だけ独立であって，たしかに面を表現する．この面がなめらかであると仮定する．この仮定を数学的に表現すると

$$\nabla f(\boldsymbol{x}) \neq 0 \tag{4.2}$$

である．よく知られているように $\nabla f(\boldsymbol{x})$ は，面 S 上の点 $\boldsymbol{x}$ における法線方向を向いている．式 (4.2) は，$\nabla f(\boldsymbol{x})$ が正規化できるということである．いま，空間の

$$f(\boldsymbol{x}) > c \tag{4.3}$$

を満たす部分を，面 S の正の側，また

$$f(\boldsymbol{x}) < c \tag{4.4}$$

を，面 S の負の側と約束すると，$\nabla f(\boldsymbol{x})$ は，面 S の正の側を向く．

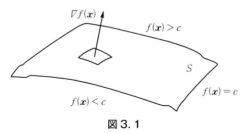

図 3.1

(1)　面積要素

さて，法線 ∇f をもつ面 S の面積要素をどのように表現したらよいだろうか？　結果は

$$\mathrm{d}\boldsymbol{S}(\boldsymbol{x}) = \nabla f(\boldsymbol{x})\delta(f(\boldsymbol{x})-c)\mathrm{d}^3x \tag{4.5}$$

となるが，これを証明するまえに式 (4.5) の意味をまず考えてみよう．右辺のデルタ関数は式 (4.1) で表される表面を取り出す．∇f は面要素の法線方向を表すが，その大きさは $|\nabla f|$ だから，それは，(単位ベクトル)×$|\nabla f|$ である．式 (4.5) の右辺の次元は

$$[\nabla f(\boldsymbol{x})][(f(\boldsymbol{x})-c)^{-1}][\mathrm{d}^3x] = L^2$$

であって，これはちょうど面積の次元である．

式 (4.5) は，面積の定義から直接証明することもできるが，ここでは，面と体積積分に関する Gauss の定理

$$\int_V \mathrm{d}^3x\,\nabla\,(\cdots) = \int_{\partial V}\mathrm{d}\boldsymbol{S}(\boldsymbol{x})\,(\cdots) \tag{4.6}$$

を用いた証明を紹介する．式 (4.6) の右辺の ∂V というのは，V の端のこと，つまりここでは V を囲む表面 S のことである．

表面 S の外を正の側に選ぶと，

$$\int_V \mathrm{d}^3x\,\nabla\,(\cdots) = \int_\infty \mathrm{d}^3x\,\theta(c-f(\boldsymbol{x}))\,\nabla\,(\cdots)$$

$$= -\int_\infty \mathrm{d}^3x\,\nabla\,\theta(c-f(\boldsymbol{x}))\cdot(\cdots)$$

$$= \int_\infty \mathrm{d}^3x\,\nabla f(\boldsymbol{x})\delta(f(\boldsymbol{x})-c)\,(\cdots)$$

$$= \int_{\partial V}\mathrm{d}\boldsymbol{S}(\boldsymbol{x})\,(\cdots) \tag{4.7}$$

体積は，全く勝手だから，したがって式 (4.5) が成り立つ．上の計算では，階段関数に対する

$$\frac{\mathrm{d}}{\mathrm{d}x}\theta(x) = \delta(x)$$

を用いた．

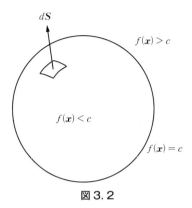

図3.2

なお，ついでに書いておくと，面上の点 $\boldsymbol{x}_s$ を通る切面は

$$(\boldsymbol{x}-\boldsymbol{x}_s)\cdot\nabla_s f(\boldsymbol{x}_s) = 0 \qquad (4.8)$$

と表される．$\nabla_s f(\boldsymbol{x}_s)$ が，法線方向だから，$\boldsymbol{x}-\boldsymbol{x}_s$ はそれに直角方向を向いていなければならないということにすぎない．

[例 1] 面分布している物理量

いま，

$$\nabla\cdot\boldsymbol{F}(\boldsymbol{x}) = \Theta(\boldsymbol{x}) \qquad (4.9)$$

という方程式を考える．$\Theta(\boldsymbol{x})$ が面の上に分布しているとき，$\boldsymbol{F}(\boldsymbol{x})$ を求めるという問題である．その面を

$$f(\boldsymbol{x}) = c \qquad (4.10)$$

とし，面密度を $\sigma(\boldsymbol{x})$ とすると

$$\Theta(\boldsymbol{x}) = \sigma(\boldsymbol{x})|\nabla f(\boldsymbol{x})|\delta(f(\boldsymbol{x})-c) \qquad (4.11)$$

そこで，

$$\boldsymbol{F}(\boldsymbol{x}) = \boldsymbol{F}_\mathrm{I}(\boldsymbol{x})\theta(f(\boldsymbol{x})-c)+\boldsymbol{F}_\mathrm{II}(\boldsymbol{x})\theta(c-f(\boldsymbol{x})) \qquad (4.12)$$

と仮定し，式 (4.8) に代入すると

$$\begin{aligned}\nabla\cdot\boldsymbol{F}(\boldsymbol{x}) = &(\boldsymbol{F}_\mathrm{I}(\boldsymbol{x})-\boldsymbol{F}_\mathrm{II}(\boldsymbol{x}))\cdot\nabla f(\boldsymbol{x})\delta(f(\boldsymbol{x})-c)\\ &+\nabla\cdot\boldsymbol{F}_\mathrm{I}(\boldsymbol{x})\theta(f(\boldsymbol{x})-c)+\nabla\cdot\boldsymbol{F}_\mathrm{II}(\boldsymbol{x})\theta(c-f(\boldsymbol{x}))\end{aligned} \qquad (4.13)$$

となるから，これと式 (4.11) を等しいとおくと

$$(\boldsymbol{F}_\mathrm{I}(\boldsymbol{x})-\boldsymbol{F}_\mathrm{II}(\boldsymbol{x}))\cdot\nabla f(\boldsymbol{x}) = \sigma(\boldsymbol{x})|\nabla f(\boldsymbol{x})| \qquad （面上で）\qquad (4.14)$$

$$\nabla \cdot \boldsymbol{F}_{\mathrm{I}}(\boldsymbol{x}) = \nabla \cdot \boldsymbol{F}_{\mathrm{II}}(\boldsymbol{x}) = 0 \qquad (面外で) \tag{4.15}$$

ということになる.

面上の点 $\boldsymbol{x}$ における単位法線を $\boldsymbol{n}(\boldsymbol{x})$ とすると

$$\boldsymbol{n}(\boldsymbol{x}) = \nabla f(\boldsymbol{x})/|\nabla f(\boldsymbol{x})| \tag{4.16}$$

したがって式 (4.14) は

$$(\boldsymbol{F}_{\mathrm{I}}(\boldsymbol{x}) - \boldsymbol{F}_{\mathrm{II}}(\boldsymbol{x})) \cdot \boldsymbol{n}(\boldsymbol{x}) = \sigma(\boldsymbol{x}) \qquad (面上で) \tag{4.17}$$

となる.

同様の議論は

$$\nabla \times \boldsymbol{G}(\boldsymbol{x}) = \boldsymbol{\omega}(\boldsymbol{x}) \tag{4.18}$$

に対しても成り立つ. $\boldsymbol{\omega}(\boldsymbol{x})$ が面密度 $\kappa(\boldsymbol{x})$ で分布しているとき

$$\boldsymbol{\omega}(\boldsymbol{x}) = \kappa(\boldsymbol{x})|\nabla f(\boldsymbol{x})|\delta(f(\boldsymbol{x}) - c) \tag{4.19}$$

とおき, 前と同様に考えていくと式 (4.17) の代わりに

$$\boldsymbol{n}(\boldsymbol{x}) \times (\boldsymbol{G}_{\mathrm{I}}(\boldsymbol{x}) - \boldsymbol{G}_{\mathrm{II}}(\boldsymbol{x})) = \kappa(\boldsymbol{x}) \qquad (面上で) \tag{4.20}$$

が得られる.

(2) 線要素

同様の考え方を, 空間中の曲線にあてはめることもできる. 空間曲線を表すためには, 2個の曲面

$$f(\boldsymbol{x}) = c \tag{4.21a}$$

$$g(\boldsymbol{x}) = d \tag{4.21b}$$

をとり, それらの交わりを求めればよい. 図の 3.3 をみよ. 曲線の線要素は

$$\mathrm{d}\boldsymbol{l}(\boldsymbol{x}) = (\nabla f(\boldsymbol{x}) \times \nabla g(\boldsymbol{x}))\delta(f(\boldsymbol{x}) - c)\delta(g(\boldsymbol{x}) - d)\mathrm{d}^3 x \tag{4.22}$$

ととるのが便利である. これがたしかに面要素を表していることを証明する

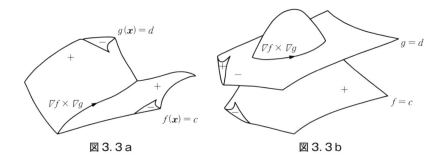

図3.3a   図3.3b

には，Stokes の定理を用い，式 (4.5) と同様にやればよい．

なお，注意しておくと，曲線上の点 $\boldsymbol{x}_0$ において曲線に接する平面の面要素は

$$\mathrm{d}\boldsymbol{s}(\boldsymbol{x}) = (\nabla_0 f(\boldsymbol{x}_0) \times \nabla_0 g(\boldsymbol{x}_0)) \delta((\boldsymbol{x} - \boldsymbol{x}_0) \cdot (\nabla_0 f(\boldsymbol{x}_0) \times \nabla_0 g(\boldsymbol{x}_0))) \mathrm{d}^3 x \tag{4.23}$$

となる．自ら試してみよ．

⑶ パラメーターによる微分

表面を表す関数 $f(\boldsymbol{x})$ は，一般にはいろいろなパラメーターを含んでいる．そのパラメーターの値により面の形が変わる．どのように変わるかを以下に考察しよう．いろいろなパラメーターを代表的に α とする．面上の点の座標を $\boldsymbol{x}_s$ とすると

$$f(\boldsymbol{x}_s, \alpha) = c \tag{4.24}$$

だから，$\boldsymbol{x}_s$ はこれを通して α で依存することになる．そこで式 (4.24) を α で微分すると

$$\frac{\mathrm{d}\boldsymbol{x}_s}{\mathrm{d}\alpha} \cdot \nabla f(\boldsymbol{x}_s, \alpha) + \frac{\partial}{\partial \alpha} f(\boldsymbol{x}_s, \alpha) = 0 \tag{4.25}$$

$$\therefore \quad \frac{\partial}{\partial \alpha} f(\boldsymbol{x}_s, \alpha) = -\frac{\mathrm{d}\boldsymbol{x}_s}{\mathrm{d}\alpha} \cdot \nabla f(\boldsymbol{x}_s, \alpha) \tag{4.26}$$

同様に，式 (4.21) で決まる曲線上の点の座標を $\boldsymbol{x}_l$ とすると

$$\frac{\partial}{\partial \alpha} f(x_l, \alpha) = -\frac{\mathrm{d}\boldsymbol{x}_l}{\mathrm{d}\alpha} \cdot \nabla f(x_l, \alpha) \tag{4.27}$$

$$\frac{\partial}{\partial \alpha} g(\boldsymbol{x}_l, \alpha) = -\frac{\mathrm{d}\boldsymbol{x}_l}{\mathrm{d}\alpha} \cdot \nabla g(\boldsymbol{x}_l, \alpha) \tag{4.28}$$

である．また，階段関数の定義により

$$\nabla \theta(d - g(\boldsymbol{x}, \alpha)) = -\nabla g(\boldsymbol{x}, \alpha) \delta(g(\boldsymbol{x}, \alpha) - d) \tag{4.29a}$$

$$\nabla \delta(f(\boldsymbol{x}, \alpha) - c) = \nabla f(\boldsymbol{x}, \alpha) \cdot \delta'(f(\boldsymbol{x}, \alpha) - c) \tag{4.29b}$$

したがって，

$$\frac{\mathrm{d}}{\mathrm{d}\alpha} \int_{V(\alpha)} \mathrm{d}^3 x (\cdots, \alpha)$$

$$= \frac{\mathrm{d}}{\mathrm{d}\alpha} \int_\infty \mathrm{d}^3 x\, \theta(c - f(\boldsymbol{x}, \alpha))(\cdots, \alpha)$$

$$= -\int_\infty \mathrm{d}^3 x \frac{\partial}{\partial \alpha} f(\boldsymbol{x}, \alpha) \delta(f(\boldsymbol{x}, \alpha) - c)(\cdots, \alpha)$$

$$+ \int_\infty \mathrm{d}^3 x\, \theta(c - f(\boldsymbol{x}, \alpha)) \frac{\partial}{\partial \alpha}(\cdots, \alpha)$$

$$= \int_\infty \mathrm{d}^3 x \frac{\mathrm{d}\boldsymbol{x}_s}{\mathrm{d}\alpha} \cdot \nabla f(\boldsymbol{x}_s, \alpha) \delta(f(\boldsymbol{x}, \alpha) - c)(\cdots, \alpha)$$

$$+ \int_\infty \mathrm{d}^3 x\, \theta(c - f(\boldsymbol{x}, \alpha)) \frac{\partial}{\partial \alpha}(\cdots, \alpha)$$

$$= \int_{\partial V(\alpha)} \mathrm{d}\boldsymbol{S}(\boldsymbol{x}_s) \cdot \frac{\mathrm{d}\boldsymbol{x}_s}{\mathrm{d}\alpha}(\cdots, \alpha) + \int_{V(\alpha)} \mathrm{d}^3 x \frac{\partial}{\partial \alpha}(\cdots, \alpha) \qquad (4.30)$$

が得られる. 全く同様にして,

$$\frac{\mathrm{d}}{\mathrm{d}\alpha} \int_{S(\alpha)} \mathrm{d}\boldsymbol{S}(\boldsymbol{x}_s)(\cdots, \alpha) = \int_{\partial S(\alpha)} \left[\mathrm{d}\boldsymbol{S}(\boldsymbol{x}_s) \cdot \frac{\mathrm{d}\boldsymbol{x}_s}{\mathrm{d}\alpha} \right] \nabla (\cdots, \alpha)$$

$$- \int_{\partial S(\alpha)} \mathrm{d}\boldsymbol{l}(\boldsymbol{x}_l) \times \frac{\mathrm{d}\boldsymbol{x}_l}{\mathrm{d}\alpha}(\cdots, \alpha) + \int_{S(\alpha)} \mathrm{d}\boldsymbol{S}(\boldsymbol{x}_s) \frac{\partial}{\partial \alpha}(\cdots, \alpha) \qquad (4.31)$$

も成り立つ. これらは, 動いている回路の中の起電力などを求めるのに便利である. 例は, あとで挙げる.

いま, α として時間 t をとると, 領域が時間的に移動している場合の, 全物理量などの時間的変化を調べることができる. たとえば, 式 (4.30) により

$$\frac{\mathrm{d}}{\mathrm{d}t} \int_{V(t)} \mathrm{d}^3 x\, \Gamma(\boldsymbol{x}, t) = \int_{\partial V(t)} \mathrm{d}\boldsymbol{S}(\boldsymbol{x}_s) \cdot \frac{\mathrm{d}\boldsymbol{x}_s}{\mathrm{d}t} \Gamma(\boldsymbol{x}, t)$$

$$+ \int_{V(t)} \mathrm{d}^3 x \frac{\partial}{\partial t} \Gamma(\boldsymbol{x}, t) \qquad (4.32)$$

いま, $\Gamma(\boldsymbol{x}, t)$ に対して, バランス方程式

$$\frac{\partial}{\partial t} \Gamma(\boldsymbol{x}, t) + \nabla \cdot \boldsymbol{\Sigma}(\boldsymbol{x}, t) = q(\boldsymbol{x}, t) \qquad (4.33)$$

が成り立つとすると, 式 (4.32) の最後の項に式 (4.33) を用い, Gauss の定理を用いて

$$\frac{\mathrm{d}}{\mathrm{d}t}\int_{V(t)}\mathrm{d}^3x\,\Gamma(\boldsymbol{x},t)=\int_{\partial V(t)}\mathrm{d}\boldsymbol{S}(\boldsymbol{x}_s)\cdot\left\{\frac{\mathrm{d}\boldsymbol{x}_s}{\mathrm{d}t}\Gamma(\boldsymbol{x}_s,t)-\boldsymbol{\Sigma}(\boldsymbol{x}_s,t)\right\}$$

$$+\int_{V(t)}\mathrm{d}^3x\,q(\boldsymbol{x},t) \tag{4.34}$$

が得られる．この関係式（4.34）の物理的な解釈は明らかであろう．積分領域が働いているための補正が，右辺第1項に表れている．

[例 2] Faraday の法則

いま，ある曲面 S を貫いている磁場を考える．曲面が動いているとすると面 S を通る磁束の時間的変化は，式（4.31）により

$$\frac{\mathrm{d}}{\mathrm{d}t}\int_{S(t)}\mathrm{d}\boldsymbol{S}\cdot\boldsymbol{B}(\boldsymbol{x},t)=\int_{S(t)}\left(\mathrm{d}\boldsymbol{S}\cdot\frac{\mathrm{d}\boldsymbol{x}_s}{\mathrm{d}t}\right)\nabla\cdot\boldsymbol{B}(\boldsymbol{x},t)$$

$$-\int_{\partial S(t)}\left(\mathrm{d}\boldsymbol{l}\times\frac{\mathrm{d}\boldsymbol{x}_l}{\mathrm{d}t}\right)\boldsymbol{B}(\boldsymbol{x},t)+\int_{S(t)}\mathrm{d}\boldsymbol{S}\cdot\frac{\partial}{\partial t}\boldsymbol{B}(\boldsymbol{x},t)$$

$$\tag{4.35}$$

Maxwell 方程式によって，右辺を書き換えると

$$\frac{\mathrm{d}}{\mathrm{d}t}\int_{S(t)}\mathrm{d}\boldsymbol{S}\cdot\boldsymbol{B}(\boldsymbol{x},t)=-\int_{\partial S(t)}\mathrm{d}\boldsymbol{l}\cdot\left(\frac{\mathrm{d}\boldsymbol{x}_l}{\mathrm{d}t}\times\boldsymbol{B}(\boldsymbol{x},t)\right)$$

$$-\int_{\partial S(t)}\mathrm{d}\boldsymbol{l}\cdot\boldsymbol{E}(\boldsymbol{x},t) \tag{4.36}$$

という，よく知られた関係が得られる．面 S が動いている効果が，右辺第1項に表れている．

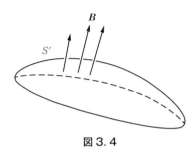

図 3.4

[例　3] 輪電流

半径 a の輪を流れる電流による磁場を計算してみよう．この輪の方向を単位ベクトル e で表す．いま $f(x)$ として r を，$g(x)$ として $-e \cdot x$ ととると

$$f(x) \equiv r = a \tag{4.37a}$$

$$g(x) \equiv -e \cdot x = 0 \tag{4.37b}$$

式 (4.37a) は，原点を中心とする球であり，式 (4.37b) のほうは，原点を通る e 方向を法線とする球面であって，この 2 つの面の交わるところが，ちょうど輪になる．この輪を流れる電流を I とすると，電流密度は

$$J(x) = I \frac{e \times x}{a} \delta(r-a) \delta(e \cdot x) \tag{4.38}$$

である．これによる磁場を求めるには，この輪から十分遠いところで

$$B(x) = \frac{\mu_0}{4\pi} \int \mathrm{d}^3 x' \nabla \frac{1}{|x-x'|} \times J(x')$$

$$= -\frac{\mu_0}{4\pi} \int \mathrm{d}^3 x' \frac{1}{r^2} \left\{ \frac{x}{r} - \frac{x'}{r} + 3\frac{x}{r^3}(x \cdot x') + \cdots \right\} \times J(x') \tag{4.39}$$

と展開する．次に

$$\int \mathrm{d}^3 x' x_i' \delta(r'-a) \delta(e \cdot x') = 0 \tag{4.40}$$

$$\int \mathrm{d}^3 x' x_i' x_j' \delta(r'-a) \delta(e \cdot x') = \pi a^3 (\delta_{ij} - e_i e_j) \tag{4.41}$$

を用いると

$$B(x') = \frac{\mu_0}{2} I \frac{a^2}{r^3} \left\{ e - \frac{3}{r^2} x(e \cdot x) + \cdots \right\} \tag{4.42}$$

が得られる．なお，この輪電流は，磁気能率

図 3.5

$$\mu \equiv \frac{1}{2}\int \mathrm{d}^3x\, \boldsymbol{x}\times\boldsymbol{J}(\boldsymbol{x}) = \pi Ia^2\boldsymbol{e} \tag{4.43}$$

をもっている.

[例 4] 微分形式による E の決定

　静的な電荷分布による電場を計算する場合, 通常は系の対称性を利用し, Gauss の法則（積分形）を用いて計算することが多い. もちろん, こうしてもいっこうにかまわないが, デルタ関数を用いると, 積分形に頼らず微分形のまま電場を求めることができる. その例を2, 3挙げておく.

　(i) 直線上の一定の電荷分布による電場

　直線を z 軸にとり, 電荷分布を σ とすると, 円筒座標を用いると, Maxwell の方程式は

$$\frac{\partial E_r}{\partial r} + \frac{1}{r}E_r = \frac{\sigma}{\varepsilon_0}\delta(x)\delta(y) = \frac{\sigma}{\varepsilon_0}\frac{1}{2\pi r}\delta(r)$$

$$E_z = E_\theta = 0$$

となる. したがって, 容易に確かめられるように

$$E_r = \frac{\sigma}{2\pi\varepsilon_0}\frac{1}{r}\theta(r) = \frac{\sigma}{2\pi\varepsilon_0}\frac{1}{r}$$

が得られる.

　(ii) 平面上の, 一定の電荷分布による電場

　平面を x-y 面にとり, 電荷分布を ρ_p とすると

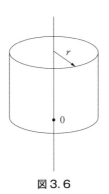

図3.6

$$\rho(\boldsymbol{x}) = \rho_p \delta(z)$$

微分方程式は，やはり円筒座標をとると

$$\frac{\partial E_r}{\partial r} + \frac{1}{r} E_r + \frac{1}{r} \frac{\partial E_\phi}{\partial \phi} + \frac{\partial E_z}{\partial z} = \frac{\rho_p}{\varepsilon_0} \delta(z)$$

したがって

$$E_z = \frac{\rho_p}{2\varepsilon_0} \varepsilon(z)$$

$$E_r = E_\phi = 0$$

となる.

(iii)　球殻上の電荷分布による電場

この場合には，球面座標をとり，微分方程式

$$\frac{\partial E_r}{\partial r} + \frac{2}{r} E_r = \frac{\rho_S}{\varepsilon_0} \delta(r-a)$$

$$E_\theta = E_\phi = 0$$

を解けばよい. ただし ρ_s は球殻上の電荷密度, a はその半径である. 答えは明らかに

$$E_r = \frac{Q}{4\pi r^2} \theta(r-a)$$

で，球殻の外では Coulomb の法則が成り立っている. これらの例は，すべてよく知られたものである.

§5.　面の接線

デルタ関数を用いて，面を表現する方法を練習したついでに，面の接線について考えておこう. （これは，デルタ関数とは一応関係はないが.）

面が

$$f(\boldsymbol{x}) = c \tag{5.1}$$

で与えられているとき，これから，3×3 の行列

$$D_{ij} = \delta_{ij} - \frac{1}{(\nabla f \cdot \nabla f)} \partial_i f \, \partial_j f \tag{5.2}$$

を作る. 容易にわかるように

$$D_{ij}\partial_j f = 0 \tag{5.3}$$

$$D_{ij}\partial_i f = 0 \tag{5.4}$$

である．また，このために

$$D_{ij}D_{jk} = D_{ik} \tag{5.5}$$

が成り立つ．D_{ij} は対称行列だから，直交変換 S で対角化できるが，式 (5.5) のために D の固有値は，1 か 0 に限られる．D の位数を 2 と仮定すると，2 個の固有値 1，1 個の固有値 0 があるはずで，

$$D_{ij} = S_{ik}d_k S_{kj}{}^{-1} \tag{5.6}$$

$$d_k = \begin{cases} 1 & k = 1, 2 \\ 0 & k = 0 \end{cases} \tag{5.7}$$

と書くことができる．

そこで

$$t_i^{(1)} \equiv S_{i1} = S_{1i}{}^{-1} \tag{5.8}$$

$$t_i^{(2)} \equiv S_{i2} = S_{2i}{}^{-1} \tag{5.9}$$

とおくと，これらがまさに，$\boldsymbol{x}$ 点における，2 個の接線方向の単位ベクトルになっている．それをみるには，これらが，法線方向の単位ベクトル

$$\boldsymbol{n}(\boldsymbol{x}) = \nabla f(\boldsymbol{x})/|\nabla f(\boldsymbol{x})| \tag{5.10}$$

と直角であり，$\boldsymbol{t}^{(1)}, \boldsymbol{t}^{(2)}$ どうしが直交することをみればよいが，それは変換 S の直交性から明らかであろう．式 (5.6) は $\boldsymbol{t}^{(1)}, \boldsymbol{t}^{(2)}, \boldsymbol{n}$ の完全性にすぎない．

§6. 定数係数の常微分方程式

デルタ関数がいろいろと便利に使われる例として，次に，簡単な常微分方程式を考察するが，これには，"デルタ関数と微分方程式"（並木美喜夫，岩波書店）があるから，詳しいことは，それを参照されたい．

まず，もっとも簡単な，実定数係数の同次常微分方程式

$$\left[\frac{\mathrm{d}}{\mathrm{d}t} + b\right] f_0(t) = 0 \tag{6.1}$$

を考えよう．これは，時間について 1 階の微分方程式だから，$f_0(t)$ の初期値 $f_0(t_0)$ が与えられると解は唯一に決まる．そこで $t=t_0$ で 1 になるような式 (6.1) の解を $G_0(t-t_0)$ とすると，

$$f_0(t) = G_0(t-t_0)f_0(t_0) \tag{6.2}$$

と書くことができる．このような $G_0(t-t_0)$ が求まったとし，次に非同次実常微分方程式

$$\left[\frac{\mathrm{d}}{\mathrm{d}t}+b\right]f(t) = \rho(t) \tag{6.3}$$

を考える．ここで $\rho(t)$ は，与えられた時間の関数とする．この非同次方程式を解くには，まず同次常微分方程式の解 $G_0(t-t_0)$ を用い

$$G(t-t_0) \equiv \theta(t-t_0)G_0(t-t_0) \tag{6.4}$$

を定義する．ここで，$\theta(t-t_0)$ は例の階段関数で，II 章の式 (6.15) で定義されたものである．G_0 は初期条件

$$G_0(0) = 1 \tag{6.5}$$

を満たすから，階段関数の性質

$$\frac{\mathrm{d}}{\mathrm{d}t}\theta(t-t_0) = \delta(t-t_0) \tag{6.6}$$

を用いると，容易に

$$\left[\frac{\mathrm{d}}{\mathrm{d}t}+b\right]G(t-t_0) = \delta(t-t_0) \tag{6.7}$$

が得られる．したがって，初期値

$$f(t_0) = f_0(t_0) \tag{6.8}$$

をもつ式 (6.3) の解は

$$f(t) = f_0(t)+\int_{t_0}^{\infty}\mathrm{d}t' G(t-t')\rho(t') \tag{6.9a}$$

$$= f_0(t)+\int_{t_0}^{t}\mathrm{d}t' G_0(t-t')\rho(t') \tag{6.9b}$$

となる．これが，式 (6.3) と初期条件 (6.8) をもつことの証明は，自ら試してほしい．式 (6.4) で定義した関数 G は式 (6.7) を満たす．式 (6.7) を満たす関数を一般に方程式 (6.3) の **Green 関数** とよぶ．上の例で，$G_0(t-t_0)$ はすぐわかるように

$$G_0(t-t_0) = \mathrm{e}^{-b(t-t_0)}$$

である．したがって，$b>0$ とすると II 章 (6.15c) により

$$G(t-t_0) = \mathrm{e}^{-b(t-t_0)}\theta(t-t_0) = \frac{i}{2\pi}\int_{-\infty}^{\infty}\mathrm{d}\omega\,\frac{1}{\omega+ib}\mathrm{e}^{-i\omega(t-t_0)} \tag{6.7'}$$

となる.

次に, 2次の微分方程式 (b, c ともに実数)

$$\left[\frac{\mathrm{d}^2}{\mathrm{d}t^2}+b\frac{\mathrm{d}}{\mathrm{d}t}+c\right]f_0(t) = 0 \tag{6.10}$$

を考えよう. 初期条件

$$f_0(t_0),\ f_0{}'(t_0) \tag{6.11}$$

を満たすような解を求めるためには

$$\left[\frac{\mathrm{d}^2}{\mathrm{d}t^2}+b\frac{\mathrm{d}}{\mathrm{d}t}+c\right]G_0(t-t_0) = 0 \tag{6.12}$$

の解で

$$G_0(0) = 0 \tag{6.13a}$$

$$\left.\frac{\mathrm{d}}{\mathrm{d}t}G_0(t-t_0)\right|_{t=t_0} = 1 \tag{6.13b}$$

を満たすような解を求め

$$f_0(t) = G_0(t-t_0)\frac{\mathrm{d}}{\mathrm{d}t_0}f_0(t_0) + \frac{\mathrm{d}}{\mathrm{d}t}G_0(t-t_0)f_0(t_0) \tag{6.14}$$

とすればよい. 式 (6.13) のために, 初期条件 (6.11) は自動的に満たされている.

次に, 非同次常微分方程式

$$\left[\frac{\mathrm{d}^2}{\mathrm{d}t^2}+b\frac{\mathrm{d}}{\mathrm{d}t}+c\right]f(t) = \rho(t) \tag{6.15}$$

の解を求めるには, 前の場合と全く同様にして, まず Green 関数

$$G(t-t_0) \equiv \theta(t-t_0)G_0(t-t_0) \tag{6.16}$$

を作る. 容易にわかるように, 条件 (6.13) により, これは

$$\left[\frac{\mathrm{d}^2}{\mathrm{d}t^2}+b\frac{\mathrm{d}}{\mathrm{d}t}+c\right]G(t-t_0) = \delta(t-t_0) \tag{6.17}$$

を満たすから, 式 (6.15) の解は

$$f(t) = f_0(t) + \int_{t_0}^{\infty} dt' \, G(t-t')\rho(t') \tag{6.18a}$$

$$= f_0(t) + \int_{t_0}^{t} dt' \, G_0(t-t')\rho(t') \tag{6.18b}$$

で与えられる. これが式 (6.15) の解であり, かつ初期条件 (6.11) を満たすことはすぐわかると思う. 自ら確かめよ.

なお, 上の G_0 や G が

$$G_0(t-t_0) = \frac{1}{2i\sqrt{4c-b^2}} e^{-\frac{b}{2}(t-t_0)} \times \{e^{-i\frac{\sqrt{4c-b^2}}{2}(t-t_0)} - e^{i\frac{\sqrt{4c-b^2}}{2}(t-t_0)}\}$$

$$G(t-t_0) = -\frac{1}{2\pi} \int_{-\infty}^{\infty} d\omega \frac{1}{\omega^2 - c + ib\omega} e^{-i\omega(t-t_0)} \tag{6.17'}$$

で与えられることも, 自ら試してほしい. ただし,

$$b > 0 \qquad 4c - b^2 > 0$$

を仮定した.

注　意

上では, まず, 同次常微分方程式の解 G_0 を求め, それから, Green 関数 G を求めるという遠道をとったが, これは, 実は不必要なことで, 直ちに Fourier 積分

$$G(t-t_0) = \frac{1}{2\pi} \int_{-\infty}^{\infty} d\omega \, \widehat{G}(\omega) e^{-i\omega(t-t_0)}$$

を仮定し, 方程式 (6.7) か (6.17) に代入すると

$$[-i\omega + b]\widehat{G}(\omega) = 1$$

$$[-\omega^2 - ib\omega + c]\widehat{G}(\omega) = 1$$

という代数方程式が得られるから, それぞれ

$$\widehat{G}(\omega) = \frac{i}{\omega + ib}$$

$$\widehat{G}(\omega) = -\frac{1}{\omega^2 - c + ib\omega}$$

となり, 式 (6.7') や式 (6.17') が得られる. $b>0$ とか $4c-b^2>0$ とかは, Fourier 展開可能性の条件である.

§7. 定数係数の偏微分方程式

　§6のやり方は，偏微分方程式の場合に，容易に拡張することができる．ここでは，2, 3の例をやってみるにとどめる．

[例　5] 拡散方程式

　物質の質量密度，およびその流れを，それぞれ $\rho(x), \boldsymbol{J}(x)$ としよう．これらに対しては，連続の方程式

$$\partial_t \rho(x) + \nabla \cdot \boldsymbol{J}(x) = 0 \tag{7.1}$$

が成り立つ．これに対し，物質を放置すると，質量密度は，だんだんと一様になっていくという条件，たとえば

$$\boldsymbol{J}(x) = -\kappa^2 \nabla \rho(x) \tag{7.2}$$

という条件をつけ，式 (7.1) と連立させると

$$\partial_t \rho(x) = \kappa^2 \nabla^2 \rho(x) \tag{7.3}$$

という方程式が得られる．（式 (7.2) のような式を**構成方程式**とよぶことがある．）式 (7.3) が**拡散方程式**とよばれるものである．

　方程式 (7.3) の Green 関数を求めるには，

$$[\partial_t - \kappa^2 \nabla^2] G(x - x_0) = \delta(t - t_0) \delta(\boldsymbol{x} - \boldsymbol{x}_0) \tag{7.4}$$

を解けばよい．例によって，Fourier 展開

$$G(x - x_0) = \frac{1}{(2\pi)^4} \int_{-\infty}^{\infty} d^3k \, d\omega \, \widehat{G}(\boldsymbol{k}, \omega) e^{ik(x-x_0)} e^{-i\omega(t-t_0)} \tag{7.5}$$

を仮定し，式 (7.4) に代入すると

$$[-i\omega + \kappa^2 \boldsymbol{k}^2] \widehat{G}(\boldsymbol{k}, \omega) = 1 \tag{7.6}$$

したがって，II 章の式 (6.15c)，式 (6.16) により

$$G(x - x_0) = \frac{i}{(2\pi)^4} \int_{-\infty}^{\infty} d^3k \, d\omega \frac{1}{\omega + i\kappa^2 \boldsymbol{k}^2} e^{ik(x-x_0)} e^{-i\omega(t-t_0)}$$

$$= \frac{1}{(2\pi)^3} \int_{-\infty}^{\infty} d^3k \, e^{-\kappa^2 k^2 (t-t_0)} e^{ik(x-x_0)} \theta(t-t_0)$$

$$= \frac{1}{[4\pi\kappa^2 (t-t_0)]^{\frac{3}{2}}} e^{-\frac{(x-x_0)^2}{2\kappa^2(t-t_0)}} \theta(t-t_0) \tag{7.7}$$

となる.

　この場合, $t \to t_0$ の極限は注意してとらなければならない. この極限で, 指数関数の幅はだんだん小さくなり, 指数関数の前の係数はだんだん大きくなるから, 極限ではデルタ関数になる. 自分で注意深く極限をとって調べてみるとよい.

[例　6] 波動方程式

　流体力学によると, 質量の流れ

$$\boldsymbol{J}(x) = \rho(x)\boldsymbol{v}(x) \tag{7.8}$$

に対して, 連続の方程式 (7.1) が成り立つ. ここで $\boldsymbol{v}(x)$ は, 点 $\boldsymbol{x}$, 時刻 t における質量の速度である. このほか, Euler の方程式

$$\rho(x)\{\partial_t\boldsymbol{v}(x) + (\boldsymbol{v}(x)\cdot\nabla)\boldsymbol{v}(x)\} = -\nabla P(x) \tag{7.9}$$

が成り立っていなければならない. 右辺の $P(x)$ とは, 点 $\boldsymbol{x}$, 時刻 t における圧力である. またここでは簡単のため, 外力は働いていないとした. 式 (7.1), 式 (7.9) は非線形方程式で, このままでは解けないから, 密度と圧力が定数から少しだけずれているとして

$$\rho(x) = \rho_0 + \Delta\rho(x) \tag{7.10a}$$

$$P(x) = P_0 + \frac{1}{\kappa\rho_0}\Delta\rho(x) \tag{7.10b}$$

とおき, ずれ $\Delta\rho$ が小さいとして, その 2 次以上の項を省略すると, 線形の連立方程式

$$\partial_t(\Delta\rho(x)) + \rho_0\nabla\cdot\boldsymbol{v}(x) = 0 \tag{7.11a}$$

$$\rho_0\partial_t\boldsymbol{v}(x) = -\frac{1}{\kappa\rho_0}\nabla(\Delta\rho(x)) \tag{7.11b}$$

が得られる. これらから $\boldsymbol{v}(x)$ を消去すると

$$[\partial_t{}^2 - c_s{}^2\nabla^2](\Delta\rho(x)) = 0 \tag{7.12}$$

という波動方程式が得られる. ただし

$$c_s{}^2 \equiv \frac{1}{\kappa\rho_0} \tag{7.13}$$

で, これは音速の 2 乗を表す. 式 (7.12) は, 質量密度の定数からのずれが速

度 c_s の波として伝わっていくことを示している.

ここでは,式 (7.12) を少々一般化して

$$[\partial_t^2 - c^2(\nabla^2 - \kappa^2)]\phi(x) = 0 \tag{7.14}$$

を考えよう. これは,**Klein-Gordon 方程式**として知られているもので,$\kappa = 0$ とおくと,式 (7.12) が再現される. この Klein-Gordon 方程式の解は,§8で詳しく考えるが,ここで,また Fourier 展開

$$G(x - x_0) = \frac{1}{(2\pi)^4} \int d^3k \, d\omega \, \widehat{G}(\boldsymbol{k}, \omega) e^{ik(x-x_0)} e^{-i\omega(t-t_0)} \tag{7.15}$$

を仮定すると,式 (7.14) の Green 関数は

$$[-\omega^2 + c^2(\boldsymbol{k}^2 + \kappa^2)]\widehat{G}(\boldsymbol{k}, \omega) = 1 \tag{7.16}$$

を満たすようなものでなければならないことがわかる.

[⋯] の中の量は,

$$\omega_k \equiv C\sqrt{\boldsymbol{k}^2 + \kappa^2} \tag{7.17}$$

とおいたとき

$$\omega = \pm \omega_k \tag{7.18}$$

で 0 になることがわかる. (式 (7.6) では,ω が実のところで同様なことは起こらなかった.) すると式 (7.16) の右辺が常に 1 であるためには,$\widehat{G}(\boldsymbol{k}, \omega)$ は $\omega = \pm \omega_k$ で発散していなければならない. この発散項の取り扱い方によって,いろいろと異なった Green 関数が考えられるが,このことは次の §8 で考えることにし,ここでは §6 の式 (6.17′) の表示で b を ε とおきかえ,$\varepsilon \to 0$ の極限をとってみよう. すると

$$G(x - x_0) = -\frac{1}{(2\pi)^4} \int_{-\infty}^{\infty} d^3k \, d\omega \frac{1}{\omega^2 - \omega_k^2 + i\varepsilon\omega} e^{ik(x-x_0)} e^{-i\omega(t-t_0)}$$

$$\tag{7.19a}$$

$$= -\frac{1}{(2\pi)^4} \int_{-\infty}^{\infty} d^3k \, d\omega \frac{1}{(\omega + i\varepsilon)^2 - \omega_k^2} e^{ik(x-x_0)} e^{-i\omega(t-t_0)}$$

$$\tag{7.19b}$$

となる. 積分のあとで $\varepsilon \to 0$ の極限をとる.

この Green 関数が,$t - t_0 < 0$ のとき,恒等的に 0 となるということは,径路積分に関する少しの知識があれば証明できるが,これは演習問題にしてお

く. ω を $i\varepsilon$ だけずらした結果，ω の複素平面では，上半分に極がないということを利用すればよい．式 (7.19) の Green 関数を，**Retarded Green 関数**という．

[例　7] Helmholtz の方程式

波動方程式 (7.12) に戻り，時間変数を分離して

$$\Delta\rho(x) \equiv \mathrm{e}^{-i\omega t} u(\boldsymbol{x}) \tag{7.20}$$

とおくと，$u(\boldsymbol{x})$ は

$$\left[\nabla^2 + \frac{\omega^2}{c_{s^2}}\right] u(\boldsymbol{x}) = 0 \tag{7.21}$$

を満たさなければならない．これを **Helmholtz の方程式**という．この方程式を解くためには，II 章の式 (6.18)

$$\frac{1}{4\pi}\frac{\mathrm{e}^{\pm ilr}}{r} = \frac{1}{(2\pi)^3}\int_{-\infty}^{\infty}\mathrm{d}^3 k\left[P\frac{1}{k^2-l^2}\pm i\pi\delta(k^2-l^2)\right]\mathrm{e}^{ikx} \tag{7.22}$$

を利用する．ここで，式 (2.10) を用いた．式 (7.22) により

$$\frac{1}{4\pi}\frac{\cos lr}{r} = \frac{1}{(2\pi)^3}\int_{-\infty}^{\infty}\mathrm{d}^3 k\, P\frac{1}{k^2-l^2}\mathrm{e}^{ikx} \tag{7.23}$$

$$\frac{1}{4\pi}\frac{\sin lr}{r} = -\frac{\pi}{(2\pi)^3}\int_{-\infty}^{\infty}\mathrm{d}^3 k\,\delta(k^2-l^2)\mathrm{e}^{ikx} \tag{7.24}$$

である．したがって，式 (7.21) の Green 関数は

$$G(\boldsymbol{x}-\boldsymbol{x}_0) = -\frac{1}{4\pi}\frac{\cos\left\{\dfrac{\omega}{c_S}|\boldsymbol{x}-\boldsymbol{x}_0|\right\}}{|\boldsymbol{x}-\boldsymbol{x}_0|} \tag{7.25a}$$

である．式 (7.23) から容易にわかるように

$$\left[\nabla^2 + \frac{\omega^2}{c_S{}^2}\right]G(\boldsymbol{x}-\boldsymbol{x}_0) = \delta(\boldsymbol{x}-\boldsymbol{x}_0) \tag{7.25b}$$

が成り立つからである．

なお，

$$G_0(\boldsymbol{x}-\boldsymbol{x}_0) = -\frac{1}{4\pi}\frac{\sin\left\{\dfrac{\omega}{c_s}(\boldsymbol{x}-\boldsymbol{x}_0)\right\}}{|\boldsymbol{x}-\boldsymbol{x}_0|} \tag{7.26a}$$

は，同次方程式を満たす．つまり

$$\left[\nabla^2+\frac{\omega^2}{c_s{}^2}\right]G_0(\boldsymbol{x}-\boldsymbol{x}_0) = 0 \tag{7.26b}$$

である．

いうまでもなく，一般に

$$G(\boldsymbol{x}-\boldsymbol{x}_0)+aG_0(\boldsymbol{x}-\boldsymbol{x}_0) \tag{7.27}$$

は，非同次方程式 (7.25b) を満たすから，やはり Green 関数である．物理的に重要なのは $a=i$ の場合，つまり

$$G^{(+)}(\boldsymbol{x}-\boldsymbol{x}_0) = -\frac{1}{4\pi}\frac{\exp\left\{i\dfrac{\omega}{c_s}|\boldsymbol{x}-\boldsymbol{x}_0|\right\}}{|\boldsymbol{x}-\boldsymbol{x}_0|} \tag{7.28}$$

で，これは，散乱中心 $\boldsymbol{x}_0$ からずっと遠方における外向散乱波を表している．$a=-i$ とすると

$$G^{(-)}(\boldsymbol{x}-\boldsymbol{x}_0) = -\frac{1}{4\pi}\frac{\exp\left\{-i\dfrac{\omega}{c_s}|\boldsymbol{x}-\boldsymbol{x}_0|\right\}}{|\boldsymbol{x}-\boldsymbol{x}_0|} \tag{7.29}$$

が得られ，これは，内向散乱波である．

[例 8] 静的湯川方程式

方程式 (7.14) の，時間微分の項を落とすと，静的な方程式

$$(\nabla^2-\kappa^2)\phi_s(\boldsymbol{x}) = 0 \tag{7.30}$$

が得られる．Helmholtz の方程式とは，κ^2 の前の符号が異なっている．

Green 関数を求めるために

$$[\nabla^2-\kappa^2]G(\boldsymbol{x}-\boldsymbol{x}_0) = \delta(\boldsymbol{x}-\boldsymbol{x}_0) \tag{7.31}$$

に Fourier 積分

$$G(\boldsymbol{x}-\boldsymbol{x}_0) = \frac{1}{(2\pi)^3}\int \mathrm{d}^3k\,\widehat{G}(\boldsymbol{k})\mathrm{e}^{ik(x-x_0)} \tag{7.32}$$

を入れると

$$[\boldsymbol{k}^2 + \kappa^2]\widehat{G}(\boldsymbol{k}) = -1 \tag{7.33a}$$

$$\therefore \quad \widehat{G}(\boldsymbol{k}) = -\frac{1}{\boldsymbol{k}^2 + \kappa^2} \tag{7.33b}$$

したがって

$$G(\boldsymbol{x} - \boldsymbol{x}_0) = -\frac{1}{(2\pi)^3} \int \mathrm{d}^3 k \frac{1}{\boldsymbol{k}^2 + \kappa^2} \mathrm{e}^{ik(\boldsymbol{x} - \boldsymbol{x}_0)} \tag{7.34a}$$

$$= -\frac{1}{4\pi} \frac{\mathrm{e}^{-\kappa|\boldsymbol{x} - \boldsymbol{x}_0|}}{|\boldsymbol{x} - \boldsymbol{x}_0|} \quad (\kappa > 0) \tag{7.34b}$$

となる．ここでは，式 (7.34a) から式 (7.34b) へいくときに，II 章の式 (6.17) を用いたが，球面座標を用いて直接計算することもできる．

§8. Klein-Gordon 方程式とその解

Klein-Gordon 方程式

$$\left(\nabla^2 - \frac{1}{c^2}\partial_t^2 - \kappa^2\right)f(x) \equiv (\square - \kappa^2)f(x) = 0 \tag{8.1}$$

は，相対論的場の理論の基本的な方程式だからここで少し詳しく調べておく．

式 (8.1) に

$$f(x) \sim \mathrm{e}^{ikx} \tag{8.2}$$

を代入する．ただし

$$kx \equiv \boldsymbol{k}\boldsymbol{x} - k_0 x_0$$
$$= \boldsymbol{k}\boldsymbol{x} - ck_0 t \tag{8.3}$$

を意味する．すると，4 次元のベクトル k_μ $(k_4 = ik_0)$ は

$$k_\mu k_\mu + \kappa^2 = \boldsymbol{k}^2 - k_0^2 + \kappa^2 = 0 \tag{8.4}$$

を満たさなければならない．つまり

$$k_0 = \pm\sqrt{\boldsymbol{k}^2 + \kappa^2} \equiv \pm\frac{1}{c}\omega_k \tag{8.5}$$

でなければならない．したがって式 (8.1) の独立な解として

$$f_k^{(+)}(x) = \frac{1}{(2\pi)^3}\frac{c}{2\omega_k}\delta\left(k_0 - \frac{1}{c}\omega_k\right)\mathrm{e}^{ikx} \tag{8.6a}$$

$$= \frac{1}{(2\pi)^3}\theta(k_0)\delta(k^2+\kappa^2)e^{ikx} \tag{8.6b}$$

および

$$f_k^{(-)}(x) = \frac{1}{(2\pi)^3}\frac{c}{2\omega_k}\delta(k_0+\frac{1}{c}\omega_k)e^{ikx} \tag{8.7a}$$

$$= \frac{1}{(2\pi)^3}\theta(-k_0)\delta(k^2+\kappa^2)e^{ikx} \tag{8.7b}$$

が得られる. 式 (8.6a) から式 (8.6b), 式 (8.7a) から式 (8.7b) へいくには, デルタ関数の性質式 (2.6) を用いて得られる

$$\delta(k^2+\kappa^2) = \delta\{(k_0-\frac{1}{c}\omega_k)(k_0+\frac{1}{c}\omega_k)\}$$

$$= \frac{c}{2\omega_k}\left\{\delta\left(k_0-\frac{1}{c}\omega_k\right)+\delta\left(k_0+\frac{1}{c}\omega_k\right)\right\}$$

を使った. θ は例によって階段関数である.

解 $f_k^{(\pm)}(x)$ は, 式 (8.1) を満たし, それぞれ正と負の振動数のみを含んでいる. これら2個の解を組み合わせて, いろいろと物理的に便利な解を作ることができる. たとえば

$$\Delta(x) \equiv -i\int_{-\infty}^{\infty}\mathrm{d}^4k\{f_k^{(+)}(x)-f_k^{(-)}(x)\}$$

$$= -\frac{i}{(2\pi)^3}\int_{-\infty}^{\infty}\mathrm{d}^4k\,\varepsilon(k_0)\delta(k^2+\kappa^2)e^{ikx} \tag{8.8}$$

$$\Delta^{(1)}(x) \equiv \int\mathrm{d}^4k\{f_k^{(+)}(x)+f_k^{(-)}(x)\} \tag{8.9}$$

ただし, $\varepsilon(x)$ は II 章の式 (6.13) で定義した階段関数である. これらの Fourier 積分は, あとで詳しく実行する. そのまえに関数 (8.8) の性質を調べておくと:

(i) $$\Delta(x)|_{t=0} = 0 \tag{8.10}$$

これは, 式 (8.8) から明らかであろう.

(ii) $$\dot{\Delta}(x)|_{t=0} = -c\delta(\boldsymbol{x}) \tag{8.11}$$

これも, 式 (8.8) の表現を用いると容易に導くことができる.

これら 2 個の関係により

$$\bar{\Delta}(x) = \frac{1}{2}\varepsilon(x_0)\Delta(x) \tag{8.12}$$

が，Klein-Gordon 方程式の Green 関数になっていることが，すぐわかる．すなわち

$$\frac{\mathrm{d}}{\mathrm{d}x_0}\varepsilon(x_0) = 2\delta(x_0) \tag{8.13}$$

を用いて，たんねんに計算すると

$$(\Box - \kappa^2)\bar{\Delta}(x) = \delta(x_0)\delta(\boldsymbol{x}) \equiv \delta^{(4)}(x) \tag{8.14}$$

が証明できる．$\bar{\Delta}(x)$ の Fourier 積分表示は

$$\bar{\Delta}(x) = -\frac{1}{(2\pi)^4}\int \mathrm{d}^4k\, P\frac{1}{k^2+\kappa^2}\mathrm{e}^{ikx} \tag{8.15}$$

である．P はいうまでもなく，Cauchy の主値を意味する．（§2 参照）

　物理的に重要な Green 関数は，まえにも考えた（式 (7.19) 参照）Retarded Green 関数

$$\Delta^{(r)}(x) = \theta(x_0)\Delta(x)$$

$$= -\frac{1}{(2\pi)^4}\int \mathrm{d}^4k\frac{1}{\boldsymbol{k}^2+\kappa^2-(k_0+i\varepsilon)^2}\mathrm{e}^{ikx} \tag{8.16}$$

と，因果 Green 関数とよばれる

$$\Delta_c(x) = \theta(x_0)\Delta^{(+)}(x) - \theta(-x_0)\Delta^{(-)}(x)$$

$$= -\frac{1}{(2\pi)^4}\int_{-\infty}^{\infty}\mathrm{d}^4k\frac{1}{k^2+\kappa^2-i\varepsilon}\mathrm{e}^{ikx} \tag{8.17}$$

である．ただし

$$\Delta^{(\pm)}(x) \equiv \mp i\int_{-\infty}^{\infty}\mathrm{d}^4k\, f_k^{(\pm)}(x) \tag{8.18}$$

である．

　これらの関数 (8.16)，(8.17) も $\bar{\Delta}(x)$ と同様に式 (8.14) を満たしている．ただし，これらの関係を扱うとき

$$\varepsilon(x_0) = \frac{1}{i\pi}\int_{-\infty}^{\infty}\mathrm{d}\tau\, P\frac{1}{\tau}\mathrm{e}^{i\tau x_0} \tag{8.19}$$

$$\theta(x_0) = \frac{1}{2\pi i} \int_{-\infty}^{\infty} d\tau \frac{1}{\tau - i\varepsilon} e^{i\tau x_0} \tag{8.20}$$

を用いた.

いま, 微分方程式

$$(\square - \kappa^2)\phi(x) = \eta(x) \tag{8.21}$$

が与えられたとき, 式 (8.16) を用いると

$$\phi(x) = \phi^{in}(x) + \int_{-\infty}^{\infty} d^4x' \Delta^{(r)}(x-x')\eta(x') \tag{8.22}$$

が得られる. ただし, $\phi^{in}(x)$ とは, 同次方程式の解で, つまり

$$(\square - \kappa^2)\phi^{in}(x) = 0 \tag{8.23a}$$

であり, 初期条件

$$\lim_{t \to -\infty} [\phi(x) - \phi^{in}(x)] = 0 \tag{8.23b}$$

が満たされているようなものである. 式 (8.22) が式 (8.21) を満たすことを示すには, 左から $(\square - \kappa^2)$ をかけてみればよい.

式 (8.22) は Yang-Feldman 方程式といわれる. これをみると, Retarded Green 関数 $\Delta^{(r)}$ は過去における源 $\eta(x')$ の効果を集積するものであることがわかる. それは, 定義 (8.16) により $x_0 - x_0' > 0$ だけが効いてくるからである.

因果 Green 関数 (8.17) のほうは, 量子場の理論, 特に Feynman-Dyson の理論で活躍する.

そこで, Δ の Fourier 積分 (8.8) を実行したいが, その代わりまず $\bar{\Delta}$ のそれ (8.15) を実行し

$$\Delta(x) = 2\varepsilon(x_0)\bar{\Delta}(x) \tag{8.24}$$

を用いて, $\Delta(x)$ の性質をみていくのが普通である. そのために

$$P\frac{1}{\tau} = \frac{1}{2i} \int_{-\infty}^{\infty} da\, \varepsilon(a) e^{ia\tau} \tag{8.25}$$

$$\int_{-\infty}^{\infty} d^4k\, e^{i(ak^2+kx)} = \int_{-\infty}^{\infty} d^4k\, e^{iak^2} e^{-ix^2/4a}$$

$$= i\frac{\pi^2}{a^2}\varepsilon(a) e^{-ix^2/4a} \tag{8.26}$$

に注意すると，

$$\bar{\Delta}(x) = -\frac{1}{(2\pi)^4}\int \mathrm{d}^4k\, P\frac{1}{k^2+\kappa^2}\mathrm{e}^{ikx}$$

$$= -\frac{1}{2(2\pi)^4}\int_{-\infty}^{\infty}\mathrm{d}a\,\varepsilon(a)\int_{-\infty}^{\infty}\mathrm{d}^4k\,\mathrm{e}^{i(ak^2+kx)}\mathrm{e}^{ia\kappa^2}$$

$$= -\frac{1}{32\pi^2}\int_{-\infty}^{\infty}\mathrm{d}a\frac{1}{a^2}\mathrm{e}^{-ix^2/4a}\mathrm{e}^{ia\kappa^2} \tag{8.27}$$

が得られる．そこで，

$$\alpha = \frac{1}{4a} \tag{8.28}$$

とすると

$$\bar{\Delta}(x) = -\frac{1}{8\pi^2}\int_{-\infty}^{\infty}\mathrm{d}\alpha\,\mathrm{e}^{iax^2-i\kappa^2/4\alpha}$$

$$= -\frac{1}{4\pi^2}\int_{0}^{\infty}\mathrm{d}\alpha\cos\left(-\alpha x^2+\frac{\kappa^2}{4\alpha}\right)$$

$$= \frac{1}{4\pi^2}\frac{\partial}{\partial x^2}\int_{0}^{\infty}\mathrm{d}\alpha\sin\left(-\alpha x^2+\frac{\kappa^2}{4\alpha}\right)\frac{1}{\alpha} \tag{8.29}$$

となる．このままでは，まだそのふるまいがわからない．そこで，次に

$$\alpha = \frac{\kappa}{2|x^2|^{\frac{1}{2}}}\mathrm{e}^{\zeta} \tag{8.30}$$

という，めんどうな変数変換をすると

$$\int_{0}^{\infty}\mathrm{d}\alpha\sin\left(-\alpha x^2+\frac{\kappa^2}{4\alpha}\right)\frac{1}{\alpha}$$

$$= \int_{-\infty}^{\infty}\mathrm{d}\zeta\sin\left[\frac{\kappa|x^2|^{\frac{1}{2}}}{2}\left\{-\frac{x^2}{|x^2|}\mathrm{e}^{\zeta}+\mathrm{e}^{-\zeta}\right\}\right]$$

$$= \begin{cases} \displaystyle\int_{-\infty}^{\infty}\mathrm{d}\zeta\sin\{\kappa(-x^2)^{\frac{1}{2}}\cosh\zeta\} & x^2<0 \quad (\text{時間的})\\[2mm] \displaystyle-\int_{-\infty}^{\infty}\mathrm{d}\zeta\sin\{\kappa(x^2)^{\frac{1}{2}}\sinh\zeta\} & x^2>0 \quad (\text{空間的}) \end{cases} \tag{8.31}$$

であって，これは，Bessel 関数で表され

$$= \begin{cases} \pi J_0(\kappa\sqrt{-x^2}) & x^2 < 0 \quad (\text{時間的}) \\ 0 & x^2 > 0 \quad (\text{空間的}) \end{cases} \tag{8.32}$$

となる．したがって，式 (8.29) は，最終的に

$$\bar{\Delta}(x) = -\frac{1}{4\pi}\delta(x^2) - \frac{\kappa^2}{8\pi} \begin{cases} \dfrac{\pi J_1(\kappa\sqrt{-x^2})}{\kappa\sqrt{-x^2}} & x^2 < 0 \quad (\text{時間的}) \\ 0 & x^2 > 0 \quad (\text{空間的}) \end{cases} \tag{8.33}$$

となる．これをみれば明らかなように，$\bar{\Delta}$ は，時間的な方向に有限，空間的方向には 0，光円錐上では，デルタ関数的な無限大をとっている．式 (8.24) によって $\Delta(x)$ に直すと

$$\Delta(x) = -\frac{1}{2\pi}\varepsilon(x_0)\delta(x^2) - \frac{\kappa^2}{4\pi}\varepsilon(x_0) \begin{cases} \dfrac{\pi J_1(\kappa\sqrt{-x^2})}{\kappa\sqrt{-x^2}} & x^2 < 0 \quad (\text{時間的}) \\ 0 & x^2 > 0 \quad (\text{空間的}) \end{cases} \tag{8.34}$$

となる．光円錐の外側（空間的方向）では 0 となっているから，相対論的粒子の運動を論じる場合，この関数が重要なのである．

ついでに，電磁気学のとき重要であった Retarded 関数は，式 (8.16) で $\kappa=0$ とすると

$$D^R(x-x_0) = -\frac{1}{4\pi c}\frac{\delta\left(t-t_0-\dfrac{1}{c}|\boldsymbol{x}-\boldsymbol{x}_0|\right)}{|\boldsymbol{x}-\boldsymbol{x}_0|} \tag{8.35}$$

となる．これは

$$\left[\nabla^2 - \frac{1}{c^2}\partial_t^2\right]D^R(x-x_0) = \delta(\boldsymbol{x}-\boldsymbol{x}_0)\delta(c(t-t_0)) \tag{8.36}$$

を満たしている．

演 習 問 題 III

1. デルタ関数についての性質

$$\delta(ax) = \frac{1}{|a|}\delta(x)$$

95

を証明せよ.

2. $$\delta((x-a)(x-b)) = \frac{1}{|a-b|}\{\delta(x-a)+\delta(x-b)\}$$

を導け. ただし $a \neq b$.

3. $$\delta(x^2-a^2) = ?$$

4. $$\delta(f(x)) = \sum_i \frac{1}{|f'(x_i)|}\delta(x-x_i)$$

を証明せよ. ただし, x_i は $f(x)=0$ の実根で, すべて相異なるとする.

5. 線要素の式 (4.22) が正しいことを Stokes の式を用いて証明せよ.

6. 式 (4.36) の物理的意味を考えよ.

7. Maxwell の方程式の 1 つ

$$\nabla \times \boldsymbol{B}(x) = \mu_0 \boldsymbol{J}(x) + \varepsilon_0 \mu_0 \partial_t \boldsymbol{E}(x)$$

より, 動いているある面を貫く電束を求めよ.

8. 積分式 (4.40), (4.41) を確認せよ.

9. 半径 a の球内を一様な密度で分布している電荷による電場を, 微分形式により計算せよ.

10. 式 (6.9) が微分方程式 (6.3) を満たすこと, および初期条件 (6.8) を満たすことを確認せよ.

11. 前問と同様のことを, 式 (6.18) により試してみよ.

12. Green 関数 (7.19) が $t-t_0<0$ で 0 になることを証明せよ.

13. 式 (7.34a) から式 (7.34b) を導け.

14. 式 (8.7) を確認せよ.

第IV章

回転と回転する座標系

§1. はじめに

　回転については，日本では，山内恭彦先生の名著"回転群およびその表現論"がある．回転といっても，ここでは主に，3次元空間における回転を考える．これを考えることにより，物理量をその回転に対する変換性から，スカラー，ベクトル，テンソルなどと分類することができる．これよりももう少し抽象的な量として，スピノールというものが出てくる．回転というものを全体としてながめるとき，数学的には，回転全体が群をなしているので，抽象的な群論の具体的な例として，これを勉強しておくことは重要である．

　実用的な面としては，3次元空間におけるベクトル方程式を，これと同等なスピノール方程式に書き直すと，取り扱いが簡単になり，ある種の問題では正確に解けるようになる．

　スピノールというのは，ベクトルに比べるとやや抽象的だが，ベクトルは3成分をもつのに対しスピノールは2成分だから，方程式を解くための操作が，慣れればかえって簡単なのである．

　これらのことを以下簡単に考えていこう．数学的にあまり厳密なことはいえないし，群論もここでは使わない．群論的な面は上に挙げた山内の著書を参照されたい．

§2. 2次元空間の回転

　3 次元空間の一般の回転を考えるまえに，まず，2 次元回転に慣れておこう．2 次元空間の点 P のある直交座標系での座標を (x, y) とする．この座標系と原点 0 を共有するもう 1 つの直交座標系で，同じ点 P は座標 (x', y') をもつとする．このとき (x', y') と (x, y) とは，よく知られているように

$$\left.\begin{array}{l} x' = x \cos\theta + y \sin\theta \\ y' = -x \sin\theta + y \cos\theta \end{array}\right\} \tag{2.1}$$

で結ばれている．ただし，θ とは x' 軸の x 軸となす角で，**反時計方向を正に**とる．

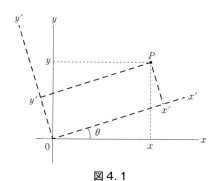

図 4. 1

　式 (2.1) を，3 次元に拡張する準備として次のように書き直すと便利である．すなわち式 (2.1) を

$$\left.\begin{array}{l} x'_1 = a_{11} x_1 + a_{12} x_2 \\ x'_2 = a_{21} x_1 + a_{22} x_2 \end{array}\right\} \tag{2.2}$$

と書く．ここで

$$\left.\begin{array}{ll} a_{11} = \cos\theta & a_{12} = \sin\theta \\ a_{21} = -\sin\theta & a_{22} = \cos\theta \end{array}\right\} \tag{2.3}$$

および

$$x_1 = x \qquad x_2 = y \tag{2.4a}$$

$$x'_1 = x' \qquad x'_2 = y' \tag{2.4b}$$

である．すぐわかるように

$$a_{11}a_{11}+a_{21}a_{21} = 1 \qquad (2.5\text{a})$$

$$a_{11}a_{12}+a_{21}a_{22} = 0 \qquad (2.5\text{b})$$

$$a_{12}a_{12}+a_{22}a_{22} = 1 \qquad (2.5\text{c})$$

が成り立っている。この3個の式は，1つにまとめて

$$a_{ij}a_{ik} = \delta_{jk} \qquad (2.6)$$

と書くことができる。ただし，例によって2個の同じ添字が現れたら，それらについて1から2までの和をとるという Einstein の便法を用いた。また容易に確かめられるように

$$\det(a_{ij}) = a_{11}a_{22}-a_{12}a_{21} = 1 \qquad (2.7)$$

である。

上では同じ点を2個の異なった直交座標系で記述した。次に，ただ1個の直交座標系を考え，この座標系でのベクトル A_j ($j=1,2$) に変換

$$A_i' = a_{ij}A_j \qquad (2.8)$$

を施してみる。このときベクトル A_i' は同じ座標系で，図4.2のように，**時計の回る方向**に角 θ だけ回したベクトル A' に移る。

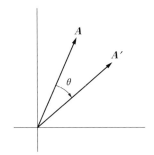

図4.2

関係式 (2.6) と (2.7) とは，回転の特徴で，i, j などを1から n まで走らせると n 次元の回転になる。式 (2.6) を満たす量 a_{ij} を行列と考え，これを**直交行列**ということがある。

§3. 3次元空間の回転

次に，一般に n 次元の空間の回転を頭において，3次元空間における座標変換を考える。

3 次元空間の中の点 P を考え，Descartes 座標系でのこの点の座標を (x_1, x_2, x_3) としよう．この点 P の座標系の原点からの距離の 2 乗は，いうまでもなく

$$D^2 = x_i x_i \tag{3.1}$$

で与えられる．そこで，この座標系と原点を共有するもう 1 つの座標系を考え，同じ点 P のこの新しい座標系での座標を (x_1', x_2', x_3') とすると，この新しい座標系で，P 点と原点との距離の 2 乗は

$$D'^2 = x_i' x_i' \tag{3.2}$$

である．

この座標変換で，距離が変わらないという条件 $D' = D$ が成り立つための条件を求めてみよう．このような変換を**等長変換**（isometric transformation）という．この変換が 1 次変換で

$$x_i' = a_{ij} x_j \tag{3.3}$$

という形をしていることを仮定し，これを式 (3.2) に代入して，式 (3.1) と比較すると，条件

$$a_{ij} a_{ik} = \delta_{jk} \tag{3.4}$$

が得られる．これはまさに §2 の式 (2.6) である．いま，a_{ij} を，i 行 j 列とする 3 行 3 列の行列を A とすると，式 (3.4) は

$$A^{\mathrm{T}} A = I \tag{3.5}$$

と書くことができる．A^{T} とは A の転置行列で，これは，式 (3.5) により A の逆行列 A^{-1} と同じである．つまり

$$A^{\mathrm{T}} = A^{-1} \tag{3.5'}$$

式 (3.5) か式 (3.5') を満たす行列を**直交行列**または**直交変換**とよぶ．式 (3.5') から明らかなように式 (3.5) が成り立つと，

$$AA^{\mathrm{T}} = I \tag{3.6}$$

も成り立つ．これは詳しく書くと

$$a_{ji} a_{ki} = \delta_{jk} \tag{3.7}$$

ということである．

次に，式 (3.5) の両辺の行列式をとると

$$\det(A)\det(A^{\mathrm{T}}) = [\det(A)]^2 = 1 \tag{3.8a}$$

すなわち

$$\det(A) = \pm 1 \tag{3.8b}$$

という条件が得られる．この関係は，式 (3.4) の結論であって，独立な条件
ではない．式 (3.8b) の ± 1 を

$$\det(A) = \begin{cases} +1 & \text{回転} \\ -1 & \text{反転} \end{cases} \tag{3.9}$$

と分類する．以下，$\det(A) = 1$ の回転のほうだけを問題にしよう．

　これまでの議論では，実はわれわれが 3 次元空間を考えているということ
を全然使ってないので，一般に n 次元空間でも成り立つことばかりである．
そこで，条件 (3.4) が，一般の n 次元空間で n^2 個の量 a_{ij} をどれだけ制限し
ているかを調べてみよう．式 (3.4) は，j と k に対して対称な関係だから，
独立な制限は

$$(\text{対角項の数}) + \frac{1}{2}(\text{非対角項の数}) = n + \frac{1}{2}(n \times n - n) = \frac{n(n+1)}{2}$$

$$\tag{3.10}$$

個ということになる．n^2 個の量 a_{ij} に対して式 (3.10) 個の制限があるわけ
だから，a_{ij} のうち独立にとれる量は

$$(a_{ij}\,\text{の総数}) - (\text{条件の数}) = n^2 - \frac{n(n+1)}{2} = \frac{n(n-1)}{2} \tag{3.11}$$

となる．つまり，独立な a_{ij} の数は

$$2\,\text{次元}\,(n = 2) \qquad 1$$
$$3\,\text{次元}\,(n = 3) \qquad 3$$
$$4\,\text{次元}\,(n = 4) \qquad 6$$

となる．§2 の 2 次元回転では，回転角 θ だけが勝手に与えられる．3 次元
の回転では 3 個のパラメーターを与えれば回転が決まるわけで，この 3 個の
パラメーターとしてよく使われるのが，いわゆる Euler の角である．Euler
の角というのは，筆者には抽象的でわかりにくい．それよりも回転の軸（こ
れを与えるのに，2 個のパラメーターが必要である）と，その軸の回りの回転
角という 3 個をとるほうが直観的でわかりやすい．これら 3 個のパラメータ
ーで，a_{ij} を表すことはあとで行う．

§4. Levi-Civita の全反対称テンソル

3次元の回転と取り扱うためには，次のように定義される．Levi-Civita の全反対称テンソルを導入しておくと大変便利である．

$$\varepsilon_{ijk} = \begin{cases} 1 & i, j, k \text{ が } 1, 2, 3 \text{ の偶置換であるとき} \\ -1 & i, j, k \text{ が } 1, 2, 3 \text{ の奇置換であるとき} \\ 0 & \text{それ以外} \end{cases} \tag{4.1}$$

この定義により

$$\varepsilon_{123} = 1 \tag{4.2a}$$

であり，

$$\varepsilon_{ijk} = -\varepsilon_{jik} = -\varepsilon_{ikj} = \varepsilon_{jki} = \varepsilon_{kij} = -\varepsilon_{kji} \tag{4.2b}$$

である．また

$$\varepsilon_{ijk}\varepsilon_{klm} = \delta_{il}\delta_{jm} - \delta_{im}\delta_{jl} \tag{4.3}$$

$$\varepsilon_{ijk}\varepsilon_{jkl} = 2!\,\delta_{il} \tag{4.4}$$

が成り立つ．

この記号を使うと，たとえば，2個のベクトル A と B のベクトル積の i 成分は

$$[A \times B]_i = \varepsilon_{ijk}A_j B_k \tag{4.5}$$

と書かれる．自ら試してほしい．また3個のベクトル A, B, C については，式 (4.3) を用いて

$$\begin{aligned}[A \times [B \times C]]_i &= \varepsilon_{ijk}A_j(\varepsilon_{klm}B_l C_m) \\ &= (\delta_{il}\delta_{jm} - \delta_{im}\delta_{jl})A_j B_l C_m \\ &= B_i(A \cdot C) - C_i(A \cdot B) \end{aligned} \tag{4.6a}$$

つまり

$$A \times [B \times C] = B(A \cdot C) - C(A \cdot B) \tag{4.6b}$$

という，ベクトル解析における公式が得られる．このほか

$$\nabla \times (\nabla \times A) = \nabla(\nabla \cdot A) - \nabla^2 A \tag{4.7a}$$

や

$$[A \times B] \cdot [C \times D] = (A \cdot C)(B \cdot D) - (A \cdot D)(B \cdot C) \tag{4.7b}$$

を導くのも容易であろう．

さて，この Levi-Civita の記号を用いると，3 次元の空間において，単位ベクトル e の回りの回転 θ は

$$a_{ij} = (\delta_{ij} - e_i e_j)\cos\theta + e_i e_j + \varepsilon_{ijk} e_k \sin\theta \tag{4.8}$$

となる．これをみるには，まず，ベクトル e がこの変換で不変であること，つまり e が回転の軸であることを証明する．

$$e_i' = a_{ij} e_j = e_i(e_j e_j) + \varepsilon_{ijk} e_j e_k \sin\theta = e_i \tag{4.9}$$

となり，e は不変である．ここで用いたことは，e は単位ベクトルで $e_j e_j = 1$ ということと，ε_{ijk} が全反対称であるということだけである．

次に，e を z 方向にとって，つまり $e = (0, 0, 1)$ として式 (4.8) を書いてみると

$$A = \begin{bmatrix} \cos\theta & \sin\theta & 0 \\ -\sin\theta & \cos\theta & 0 \\ 0 & 0 & 1 \end{bmatrix} \tag{4.10}$$

となるが，これは正に z 軸の回りに角 θ だけ回転するということである．したがって，式 (4.8) は軸 e の回りの回転 θ を表していることになる．

Levi-Civita の全反対称テンソルから，3 個の 3 行 3 列の行列

$$(T_i)_{jk} = -i\varepsilon_{ijk} \tag{4.11}$$

を定義しておくと，便利なこともある．式 (4.11) をはっきり書き出しておくと，

$$T_1 = \begin{bmatrix} 0 & 0 & 0 \\ 0 & 0 & -i \\ 0 & i & 0 \end{bmatrix} \quad T_2 = \begin{bmatrix} 0 & 0 & i \\ 0 & 0 & 0 \\ -i & 0 & 0 \end{bmatrix} \quad T_3 = \begin{bmatrix} 0 & -i & 0 \\ i & 0 & 0 \\ 0 & 0 & 0 \end{bmatrix} \tag{4.12}$$

で，全部エルミートである．これらの行列は定義式 (4.11) と関係式 (4.3) から，交換関係

$$[T_i, T_j] = i\varepsilon_{ijk} T_k \tag{4.13}$$

を満たす．（自ら導いてみよ．）さらに，

$$[(\boldsymbol{T}\cdot\boldsymbol{e})^2]_{ij} = \delta_{ij} - e_i e_j \tag{4.14a}$$

$$[(\boldsymbol{T}\cdot\boldsymbol{e})^3]_{ij} = [\boldsymbol{T}\cdot\boldsymbol{e}]_{ij} = -i\varepsilon_{ijk} e_k \tag{4.14b}$$

を導くこともできる．これらを用いると，式 (4.8) は簡単に

$$a_{ij}(\boldsymbol{e}, \theta) = [e^{iT\theta}]_{ij} \tag{4.15}$$

と書くこともできる．右辺の指数は，もちろん展開で定義する．したがって

$$[e^{iT\theta}]_{ij} = \delta_{ij} + i\theta[\boldsymbol{T \cdot e}]_{ij} + \frac{1}{2!}(i\theta)^2[(\boldsymbol{T \cdot e})^2]_{ij} + \frac{1}{3!}(i\theta)^3[(\boldsymbol{T \cdot e})^3]_{ij} + \cdots$$

$$= \delta_{ij} + i\theta(\boldsymbol{T \cdot e})_{ij} + \frac{1}{3!}(i\theta)^3(\boldsymbol{T \cdot e})_{ij} + \cdots$$

$$+ \frac{1}{2!}(i\theta)^2(\delta_{ij} - e_i e_j) + \frac{1}{4!}(i\theta)^4(\delta_{ij} - e_i e_j) + \cdots$$

$$= \delta_{ij}\cos\theta - e_i e_j(\cos\theta - 1) + \varepsilon_{ijk}e_k\sin\theta \tag{4.16}$$

となって，式 (4.8) と一致する．

　この議論を用いて，3 行 3 列の行列 $A(\boldsymbol{e}, \theta)$ を

$$A(\boldsymbol{e}, \theta) = \exp[i\boldsymbol{T \cdot e}\theta]$$

$$= I + i\boldsymbol{T \cdot e}\sin\theta + (\boldsymbol{T \cdot e})^2(\cos\theta - 1) \tag{4.17}$$

と書くこともできる．式 (4.8) や式 (4.17) を回転の**ベクトル表現**とよんでおく．

　なお，Levi-Civita の記号と，a_{ij} の組み合わせに関して成り立つ関係式

$$a_{il}a_{jm}a_{kn}\varepsilon_{lmn} = \varepsilon_{ijk}\det(A) \tag{4.18}$$

も時々使われる．（回転だけ考えるなら，$\det(A) = 1$）たとえば，これを用いると

$$a_{ij}(\boldsymbol{e}, \theta)T_j = A^{-1}(\boldsymbol{e}, \theta)T_i A(\boldsymbol{e}, \theta) \tag{4.19}$$

という関係が得られるが，この関係式 (4.19) はあとで使うこともないので，ここでは証明しない．ファイトがあれば，自ら試してみるとよい．式 (4.19) のような形に書くことができるということは，あとで，スピノールを導入したときに出てくる関係式と比較すると，なかなかおもしろい．

　最後に，式 (4.17) は微分式

$$i\frac{\mathrm{d}}{\mathrm{d}\theta}A(\boldsymbol{e}, \theta) + \boldsymbol{T \cdot e}A(\boldsymbol{e}, \theta) = 0 \tag{4.20}$$

を満たしていることを注意しておく．

　次にスピノールという量を導入する．

§5. 回転のスピノール表現

今まで，3次元の回転を表現するのに，6個の条件（3.4）のついた9個の量 a_{ij} を用いてきた．その結果，回転に関する3個の独立なパラメーター（e と θ）でそれを表現すると式（4.8）のようなやや複雑なものになる．たとえば，相異なった軸と角について，回転を2度行うには，3行3列の行列を2個かけ合わせなければならない．このような計算は不可能ではないが，なかなかしんどいものである．

回転を表現するためには，要は，回転軸と回転角の3個を指定すればよいはずで，3行3列の行列でなくても，もっと簡単な表現がありそうなものである．事実，そのようなものは存在する．それがスピノール表現で，回転のスピノール表現は，2行2列の行列であり，計算が3行3列のときよりもうんと簡単になる．

回転軸 e と回転角 θ を含む，次のような複素量を導入しよう．すなわち

$$\alpha \equiv \cos \frac{\theta}{2} + ie_3 \sin \frac{\theta}{2} \tag{5.1a}$$

$$\beta \equiv i(e_i - ie_2)\sin \frac{\theta}{2} \tag{5.1b}$$

これからすぐわかることは

$$|\alpha|^2 + |\beta|^2 = 1 \tag{5.2}$$

ということである．α と β を用い

$$S = \begin{bmatrix} \alpha & \beta \\ -\beta^* & \alpha^* \end{bmatrix} \tag{5.3}$$

という2行2列の行列を作ると，式（5.2）のおかげで，この S はユニタリーである．かつ，式（5.3）の行列式はやはり式（5.2）のために1である

$$\det[S] = |\alpha|^2 + |\beta|^2 = 1 \tag{5.4}$$

ユニタリー性をみるには，式（5.3）のエルミート共役をまず作る

$$S^\dagger = \begin{bmatrix} a^* & -\beta \\ \beta^* & \alpha \end{bmatrix} \tag{5.5}$$

すると

$$S^\dagger S = SS^\dagger = \begin{bmatrix} |\alpha|^2 + |\beta|^2 & 0 \\ 0 & |\alpha|^2 + |\beta|^2 \end{bmatrix} = I \tag{5.6}$$

が得られるから

$$S^\dagger = S^{-1} \tag{5.7}$$

つまり，S はユニタリーである．式 (5.4)，(5.7) を満たす行列を，**単模ユニタリー行列**（unimodular unitary matrix）という．S を表すパラメーター α，β を，**Cayley-Klein パラメーター**とよぶ．

S をもう一度，式 (5.1) を使って書き出してみると

$$
\begin{aligned}
S &= \begin{bmatrix} \cos\dfrac{\theta}{2} + ie_3\sin\dfrac{\theta}{2} & i(e_1 - ie_2)\sin\dfrac{\theta}{2} \\[2mm] i(e_1 + ie_2)\sin\dfrac{\theta}{2} & \cos\dfrac{\theta}{2} - ie_3\sin\dfrac{\theta}{2} \end{bmatrix} \\[3mm]
&= \begin{bmatrix} 1 & 0 \\ 0 & 1 \end{bmatrix}\cos\dfrac{\theta}{2} + i\begin{bmatrix} 0 & 1 \\ 1 & 0 \end{bmatrix}e_1\sin\dfrac{\theta}{2} \\[3mm]
&\quad + i\begin{bmatrix} 0 & -i \\ i & 0 \end{bmatrix}e_2\sin\dfrac{\theta}{2} + i\begin{bmatrix} 1 & 0 \\ 0 & -1 \end{bmatrix}e_3\sin\dfrac{\theta}{2} \\[3mm]
&= I\cos\dfrac{\theta}{2} + i\boldsymbol{\sigma}\cdot\boldsymbol{e}\sin\dfrac{\theta}{2}
\end{aligned} \tag{5.8}
$$

となる．ただし，$\boldsymbol{\sigma} = (\sigma_1, \sigma_2, \sigma_3)$ は，Pauli スピン行列

$$\sigma_1 = \begin{bmatrix} 0 & 1 \\ 1 & 0 \end{bmatrix} \qquad \sigma_2 = \begin{bmatrix} 0 & -i \\ i & 0 \end{bmatrix} \qquad \sigma_3 = \begin{bmatrix} 1 & 0 \\ 0 & -1 \end{bmatrix} \tag{5.9}$$

である．このような S を与えると，回転は唯一に決まるから，a_{ij} の代わりに，2 行 2 列の単模ユニタリー行列 S で回転を代表させてもよいことになる．では，S から a_{ij} が作ることができるか？　距離を不変にするということと，S はどう関係しているか？

これらの議論をするためには，Pauli スピン行列に関する代数を少々勉強しなければならない．Pauli スピン行列の代数は付録 A にまとめておいたが，ここで必要なことだけ簡単に復習しておくと

(1)　Pauli スピン行列 (5.9) は交換関係

$$[\sigma_i, \sigma_j] = 2i\,\varepsilon_{ijk}\sigma_k \tag{5.10}$$

と，反交換関係

$$\{\sigma_i, \sigma_j\} = 2\delta_{ij} \tag{5.11}$$

を満たす．したがって

$$\sigma_i\sigma_j = \delta_{ij} + i\varepsilon_{ijk}\sigma_k \tag{5.12}$$

(2) あるベクトル A, B をとると，式 (5.12) により

$$(\boldsymbol{\sigma}\cdot\boldsymbol{A})(\boldsymbol{\sigma}\cdot\boldsymbol{B}) = (\boldsymbol{A}\cdot\boldsymbol{B}) + i\boldsymbol{\sigma}\cdot(\boldsymbol{A}\times\boldsymbol{B}) \tag{5.13a}$$

$$\therefore \quad (\boldsymbol{\sigma}\cdot\boldsymbol{A})^2 = (\boldsymbol{A}\cdot\boldsymbol{A}) \tag{5.13b}$$

(3) $$[\sigma_i, \boldsymbol{\sigma}\cdot\boldsymbol{A}] = 2i\varepsilon_{ijk}A_j\sigma_k = 2i(\boldsymbol{A}\times\boldsymbol{\sigma})_i \tag{5.14}$$

(4) 任意の 2 行 2 列の行列 X は，3 個の Pauli スピン行列と単位行列 I で展開できる．すなわち

$$X = \frac{1}{2}Tr[X\sigma_i]\sigma_i + \frac{1}{2}Tr[X]I \tag{5.15}$$

これは，Pauli スピン行列に関する性質

$$Tr[\sigma_i\sigma_j] = 2\delta_{ij} \tag{5.16a}$$

$$Tr[\sigma_i] = 0 \tag{5.16b}$$

から出てくる．

これらの性質を用いると，たとえば，単位ベクトル $\boldsymbol{e}$ について

$$(\boldsymbol{\sigma}\cdot\boldsymbol{e})^2 = 1 \tag{5.17a}$$

$$(\boldsymbol{\sigma}\cdot\boldsymbol{e})^3 = (\boldsymbol{\sigma}\cdot\boldsymbol{e}) \tag{5.17b}$$

これらの関係が，§4 の式 (4.14) より格段と簡単であることに注意したい．したがって，式 (5.8) は，簡単に

$$S = \exp\left[\frac{1}{2}i\boldsymbol{\sigma}\cdot\boldsymbol{e}\theta\right] \tag{5.18}$$

となる．（右辺を展開して，式 (5.17) を用いると式 (5.8) がすぐ出てくる．）

次に，$S^{-1}\sigma_i S$ を計算してみると

$$S^{-1}\sigma_i S = \left[I\cos\frac{\theta}{2} - i(\boldsymbol{\sigma}\cdot\boldsymbol{e})\sin\frac{\theta}{2}\right]\sigma_i\left[I\cos\frac{\theta}{2} + i(\boldsymbol{\sigma}\cdot\boldsymbol{e})\sin\frac{\theta}{2}\right]$$

$$= \cos^2\frac{\theta}{2}\sigma_i + i\sin\frac{\theta}{2}\cos\frac{\theta}{2}[\sigma_i, (\boldsymbol{\sigma}\cdot\boldsymbol{e})] + \sin^2\frac{\theta}{2}(\boldsymbol{\sigma}\cdot\boldsymbol{e})\sigma_i(\boldsymbol{\sigma}\cdot\boldsymbol{e})$$

$$= \cos^2 \frac{\theta}{2}\sigma_i - 2\sin\frac{\theta}{2}\cos\frac{\theta}{2}\varepsilon_{ijk}e_j\sigma_k + \sin^2\frac{\theta}{2}(2e_i\boldsymbol{\sigma}\cdot\boldsymbol{e}-\sigma_i)$$

$$= \cos\theta\,\sigma_i + (1-\cos\theta)e_i\boldsymbol{\sigma}\cdot\boldsymbol{e} + \sin\theta\,\varepsilon_{ijk}e_k\sigma_j$$

$$= [\cos\theta\,\delta_{ik} + (1-\cos\theta)e_ie_k + \sin\theta\cdot\varepsilon_{ilk}e_l]\sigma_k$$

$$= a_{ik}\sigma_k \tag{5.19}$$

という簡単なものになる．実は，a_{ij} が先に与えられたとき，式 (5.19) という関係によって S を定義するのが普通だが，ここでは，ヘソ曲りに反対の道をたどったわけである．なお，式 (5.19) と式 (4.19) を比べて見よ．

さて，式 (5.19) という関係があると，これは先に述べた第 1 の疑問 "S から a_{ij} が作れるか"ということに対する解答が直ちに得られる．それには，式 (5.19) に σ_j をかけて，トレース（対角和）をとると，式 (5.16a) により，左辺は

$$Tr[\sigma_j S^{-1}\sigma_i S] = Tr[\sigma_i S\sigma_j S^{-1}]$$

右辺は

$$a_{ik}Tr[\sigma_j\sigma_k] = 2a_{ik}\delta_{jk} = 2a_{ij}$$

したがって，

$$a_{ij} = \frac{1}{2}Tr[\sigma_i S\sigma_j S^{-1}] \tag{5.20}$$

となる．つまり S が与えられると，右辺の演算をすることによって，a_{ij} が得られるわけである．

次に，第 2 の問題 "距離を不変にするということと，S はどのように関係しているのか"に答えるためには，やはり式 (5.19) を利用する．式 (5.19) を S と S^{-1} ではさむと

$$\sigma_i = a_{ik}S\sigma_k S^{-1} \tag{5.21}$$

これに，a_{ij} をかけて，i について加えると，条件 (3.4) により

$$\sigma_i a_{ij} = S\sigma_j S^{-1} \tag{5.22}$$

となる．次に x_j をかけて j について加え合わせると

$$\sigma_i a_{ij}x_j = \sigma_i x_j{}'$$
$$= S\sigma_j x_j S^{-1} \tag{5.23}$$

前の距離の 2 乗は，式 (5.16a) により

$$D'^2 = x_i' x_i' = \frac{1}{2} Tr[(\boldsymbol{\sigma} \cdot \boldsymbol{x}')^2]$$

と書くことができるが，この式の右辺に式（5.23）を代入すると

$$D'^2 = \frac{1}{2} Tr[S(\boldsymbol{\sigma} \cdot \boldsymbol{x})^2 S^{-1}] = \frac{1}{2} Tr[(\boldsymbol{\sigma} \cdot \boldsymbol{x})^2] = D^2 \tag{5.24}$$

であることがわかる．これで証明終わりである．

念のために書いておくと，式（5.23）の式は

$$\boldsymbol{\sigma} \cdot \boldsymbol{x} = \begin{bmatrix} x_3 & x_1 - ix_2 \\ x_1 + ix_2 & -x_3 \end{bmatrix} \tag{5.25a}$$

$$\boldsymbol{\sigma} \cdot \boldsymbol{x}' = \begin{bmatrix} x_3' & x_1' - ix_2' \\ x_1' + ix_2' & -x_3' \end{bmatrix} \tag{5.25b}$$

で，これらが，単模ユニタリー変換 S で結ばれているということである．

このユニタリー変換を使うと，たとえば，回転を2回続けて行う場合，
$S(\boldsymbol{e}^{(2)}, \theta^{(2)}) S(\boldsymbol{e}^{(1)}, \theta^{(1)})$

$$= \left[\cos \frac{\theta^{(2)}}{2} + i\boldsymbol{\sigma} \cdot \boldsymbol{e}^{(2)} \sin \frac{\theta^{(2)}}{2} \right] \left[\cos \frac{\theta^{(1)}}{2} + i\boldsymbol{\sigma} \cdot \boldsymbol{e}^{(1)} \sin \frac{\theta^{(1)}}{2} \right]$$

$$= \cos \frac{\theta^{(2)}}{2} \cos \frac{\theta^{(1)}}{2} + i\boldsymbol{\sigma} \cdot \left(\boldsymbol{e}^{(1)} \sin \frac{\theta^{(1)}}{2} \cos \frac{\theta^{(2)}}{2} + \boldsymbol{e}^{(2)} \sin \frac{\theta^{(2)}}{2} \cos \frac{\theta^{(1)}}{2} \right)$$

$$- ((\boldsymbol{e}^{(1)} \cdot \boldsymbol{e}^{(2)}) + i\boldsymbol{\sigma} \cdot (\boldsymbol{e}^{(2)} \times \boldsymbol{e}^{(1)})) \sin \frac{\theta^{(1)}}{2} \sin \frac{\theta^{(2)}}{2}$$

$$= \left[\cos \frac{\theta^{(2)}}{2} \cos \frac{\theta^{(1)}}{2} - (\boldsymbol{e}^{(1)} \cdot \boldsymbol{e}^{(2)}) \sin \frac{\theta^{(1)}}{2} \sin \frac{\theta^{(2)}}{2} \right]$$

$$+ i\boldsymbol{\sigma} \cdot \left[\boldsymbol{e}^{(1)} \sin \frac{\theta^{(1)}}{2} \cos \frac{\theta^{(2)}}{2} + \boldsymbol{e}^{(2)} \sin \frac{\theta^{(2)}}{2} \cos \frac{\theta^{(1)}}{2} \right.$$

$$\left. - (\boldsymbol{e}^{(2)} \times \boldsymbol{e}^{(1)}) \sin \frac{\theta^{(1)}}{2} \sin \frac{\theta^{(2)}}{2} \right] \tag{5.26}$$

のように，比較的簡単になる．$a_{ij}(\boldsymbol{e}^{(2)}, \theta^{(2)}) a_{jk}(\boldsymbol{e}^{(1)}, \theta^{(1)})$ の計算をやってみて，その複雑さを納得されるとよい．

最後に，直交行列と単模ユニタリー行列について2つだけ注意しておく．任意の2つの直交行列をかけ合わせると，結果はまた直交行列になる．同様

に，任意の 2 つの単模ユニタリー行列をかけ合わせても，やはり単模ユニタリーという性質は保たれる．証明はやさしい．これが回転群論の基礎になる．

また，式 (5.8) を用いると，$S(\boldsymbol{e}, \theta)$ に関する微分方程式

$$i\frac{\mathrm{d}}{\mathrm{d}\theta}S(\boldsymbol{e}, \theta) + \frac{1}{2}(\boldsymbol{\sigma}\cdot\boldsymbol{e})S(\boldsymbol{e}\cdot\theta) = 0 \tag{5.27}$$

が得られる．これが，直交行列に対する微分方程式 (4.20) に対応するものである．

§6. ベクトル，テンソル，スピノールなど

今まで，軸 $\boldsymbol{e}$ の回りの回転 θ を表現するのに，

$$x_i' = a_{ij}(\boldsymbol{e}, \theta)x_j \tag{6.1}$$

で定義される a_{ij}，すなわちベクトル表現と，

$$\boldsymbol{\sigma}\cdot\boldsymbol{x}' = S(\boldsymbol{e}, \theta)\boldsymbol{\sigma}\cdot\boldsymbol{x}S^{-1}(\boldsymbol{e}, \theta) \tag{6.2}$$

で定義されるスピノール表現 $S(\boldsymbol{e}, \theta)$ とを考えてきた．これは，互いに式 (5.20) で結ばれていて，実は同等なものである．

これらを用いると，物理的な場を次のように分類することができる．

(1)　スカラー場

力学に出てくるポテンシャルのように，1 成分の場で，座標系を式 (6.1) のように変換したとき

$$\phi(\boldsymbol{x}) \longrightarrow \phi'(\boldsymbol{x}') = \phi(\boldsymbol{x}) \tag{6.3}$$

となるものを，**スカラー場**という．

(2)　ベクトル場

電磁気学に出てくる電場や磁場のように，3 成分をもち，式 (6.1) に対して

$$V_i(\boldsymbol{x}) \longrightarrow V_i'(\boldsymbol{x}') = a_{ij}V_j(\boldsymbol{x}) \tag{6.4}$$

と変換する量を**ベクトル場**とよぶ．空間反転はここでは考えないから，電場も磁場も同様に式 (6.4) のように変換する．

(3)　テンソル場

物質の中の歪や圧力などのように，一般に 9 個の成分をもち，式 (6.1) に対して

$$T_{ij}(\boldsymbol{x}) \longrightarrow T_{ij}'(\boldsymbol{x}') = a_{ik}a_{jl}T_{kl}(\boldsymbol{x}) \tag{6.5}$$

と変換するものを，（2階の）**テンソル場**という．もっと高い階数のテンソル場も考えられる．

（4）　スピノール場

2個の成分をもつ場 $\phi_\alpha(\boldsymbol{x})$ $(\alpha=1,2)$ で，それが式 (6.2) に対して

$$\phi_a(\boldsymbol{x}) \longrightarrow \phi_{\alpha}'(\boldsymbol{x}') = S_{\alpha\beta}\phi_{\beta}(\boldsymbol{x}) \tag{6.6}$$

と変換するとき，ϕ_α を**スピノール場**という．量子力学で，スピン $\frac{1}{2}$ をもった粒子の場を表すとき，これが用いられる．このほか，1, 2 をとるスピノールの足を2個もつ場とか，スピノールの足とベクトルの足を両方もった場とか，いろいろなものが考えられる．

おもしろいのは，スピノール場 $\phi(\boldsymbol{x})$ があるとき，

$$\phi^\dagger(\boldsymbol{x})\boldsymbol{\sigma}\phi(\boldsymbol{x}) \tag{6.7}$$

というものを作ると $(\phi^\dagger(\boldsymbol{x})\boldsymbol{\sigma}\phi(\boldsymbol{x})=\phi_a{}^*(\boldsymbol{x})(\boldsymbol{\sigma})_{\alpha\beta}\phi_{\beta}(\boldsymbol{x})$ の意味），これは，ベクトルとして変換する．なぜなら，式 (5.22) により

$$\phi^{\dagger\prime}(\boldsymbol{x}')\sigma_i\phi'(\boldsymbol{x}') = \phi^\dagger(\boldsymbol{x})S^{-1}\sigma_i S\phi(\boldsymbol{x})$$
$$= a_{ij}\phi^\dagger(\boldsymbol{x})\sigma_j\phi(\boldsymbol{x}) \tag{6.8}$$

だからである．つまり，スピノールからベクトルが作られる．スピノールからスカラーを作るのも容易であろう．

この逆は可能だろうか？　つまり，スカラーやベクトルから，スピノールを作ることは可能であろうか．答えはイエスだが，事は少々複雑になるから，ここでは議論しないが，このようなことが可能であるということは頭においてもよいと思う．

スピノールがスピン $\frac{1}{2}$ の粒子の場なら，スカラーやベクトルの場のスピンは何だろうか？　§4 で回転を表現するのに3個の行列 $\boldsymbol{T}$ というものを導入した．この $\boldsymbol{T}$ は，ちょうど，角運動量の交換関係式 (4.13) を満たしている．なんだかスピンと関係しているらしい．次のような計算をやってみよう．

$$T_1^2+T_2^2+T_3^2 = 2\begin{bmatrix} 1 & 0 & 0 \\ 0 & 1 & 0 \\ 0 & 0 & 1 \end{bmatrix} \tag{6.9}$$

　量子力学を思い出すと，角運動量の 2 乗は固有値 s(s+1) をもつ．式 (6.9) の場合は

$$s(s+1) = 2 \qquad \therefore \quad s = 1 \qquad (6.10)$$

　この場合は，スピン 1 に関係している．スピン s の第 3 成分の固有値の数は

$$2s+1 \qquad (6.11)$$

であるから，s=1 に対しては 2s+1=3 となり，ちょうどベクトル成分の数である．

[2s+1 法則]

　以上のことから，2s+1 法則を用いると，いろいろな場に属するスピンの数は，表 4.1 のようになる．

表 4.1

2s+1	場	s
1	スカラー場	0
3	ベクトル場	1
3	反対称テンソル場	1
5	トレース 0 の対称テンソル場	2
2	スピノール場	$\frac{1}{2}$

最後に，$\boldsymbol{\sigma}\cdot\boldsymbol{e}$ と S の 2, 3 の例を挙げておく．

(1) $\qquad \boldsymbol{e} = (\sin\gamma\cos\phi, \sin\gamma\sin\phi, \cos\gamma)$

$$\boldsymbol{\sigma}\cdot\boldsymbol{e} = \sigma_1\sin\gamma\cos\phi + \sigma_2\sin\gamma\sin\phi + \sigma_3\cos\gamma$$

$$= \begin{bmatrix} \cos\gamma & \mathrm{e}^{-i\phi}\sin\gamma \\ \mathrm{e}^{i\phi}\sin\gamma & -\cos\gamma \end{bmatrix} \qquad (6.12)$$

$$\therefore \quad S(\boldsymbol{e},\theta) = \cos\frac{\theta}{2} + i\boldsymbol{\sigma}\cdot\boldsymbol{e}\sin\frac{\theta}{2}$$

$$= \begin{bmatrix} \cos\frac{\theta}{2} + i\cos\gamma\sin\frac{\theta}{2} & i\mathrm{e}^{-i\phi}\sin\gamma\sin\frac{\theta}{2} \\ i\mathrm{e}^{i\phi}\sin\gamma\sin\frac{\theta}{2} & \cos\frac{\theta}{2} - i\cos\gamma\sin\frac{\theta}{2} \end{bmatrix} \qquad (6.13)$$

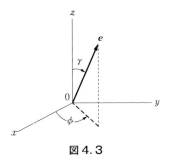

図4.3

(2) $$\boldsymbol{e} = (0, 0, 1)$$

$$\therefore \quad \phi = \gamma = 0$$

$$\boldsymbol{\sigma} \cdot \boldsymbol{e} = \sigma_3 = \begin{bmatrix} 1 & 0 \\ 0 & -1 \end{bmatrix} \tag{6.14}$$

$$S(\boldsymbol{e}, \theta) = \begin{bmatrix} \mathrm{e}^{i\frac{1}{2}\theta} & 0 \\ 0 & \mathrm{e}^{-i\frac{1}{2}\theta} \end{bmatrix} \tag{6.15}$$

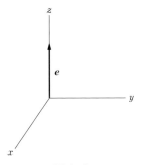

図4.4

$$\boldsymbol{e} = (\cos\phi, \sin\phi, 0)$$

$$\gamma = \frac{\pi}{2}$$

$$\boldsymbol{\sigma} \cdot \boldsymbol{e} = \begin{bmatrix} 0 & \mathrm{e}^{-i\phi} \\ \mathrm{e}^{i\phi} & 0 \end{bmatrix} \tag{6.16}$$

113

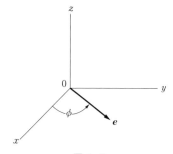

図 4.5

$$S(\boldsymbol{e}, \theta) = \begin{bmatrix} \cos\dfrac{\theta}{2} & i\mathrm{e}^{-i\phi}\sin\dfrac{\theta}{2} \\ i\mathrm{e}^{i\phi}\sin\dfrac{\theta}{2} & \cos\dfrac{\theta}{2} \end{bmatrix} \tag{6.17}$$

§7. 回転中の座標系

次に回転中の座標系を考えよう．座標系の運動は，いわゆる"みかけの力"を生ずるが，以下，特に，回転中の座標系を問題にする．ある座標系から，それに対してある軸の回りを，ある速度（一定でなくてもよい）で回転する座標系に移すには，a_{ij} として時間に依存するものを考えればよい．時間に依存する $a_{ij}(t)$ でも，それが回転であるかぎり，直交条件（2.6）が成り立っていなければならない．

一般に時間に依存する軸方向 $\boldsymbol{e}(t)$ の回りを，時間に依存する角 $\theta(t)$ だけ回転する座標系は，もとのものと

$$a_{ij}(t) = (\delta_{ij} - e_i(t)e_j(t))\cos\theta(t) + e_i(t)e_j(t) + \varepsilon_{ijk}e_k(t)\sin\theta(t) \tag{7.1}$$

で結ばれていると考えてよい．特に，$\boldsymbol{e}$ が一定で，$\theta(t)$ が一定の角速度 ω で回転している場合には，式（7.1）は簡単になって

$$a_{ij}(t) = (\delta_{ij} - e_i e_j)\cos\omega t + e_i e_j + \varepsilon_{ijk}e_k\sin\omega t \tag{7.2}$$

で与えられる．

以下，しばらく，行列の記号を用いることにする．ある座標系における，点粒子の座標を $x(t)$

$$x(t) = \begin{bmatrix} x_1(t) \\ x_2(t) \\ x_3(t) \end{bmatrix}$$

と書き，これに対して回転している座標系での同一点粒子の座標を

$$x'(t) = \begin{bmatrix} x_1'(t) \\ x_2'(t) \\ x_3'(t) \end{bmatrix}$$

と書くと，両者は（7.1）の行列を用いて

$$x'(t) = A(t)x(t) \tag{7.3}$$

で結ばれる．いま，**角速度行列**を

$$\frac{\mathrm{d}A(t)}{\mathrm{d}t}A^{-1}(t) \equiv -\Omega(t) \tag{7.4}$$

で定義すると，式（7.3）より

$$\frac{\mathrm{d}x'}{\mathrm{d}t} = A\frac{\mathrm{d}x}{\mathrm{d}t} + \frac{\mathrm{d}A}{\mathrm{d}t}x$$

$$= A\frac{\mathrm{d}x}{\mathrm{d}t} + \frac{\mathrm{d}A}{\mathrm{d}t}A^{-1}Ax$$

$$= A\frac{\mathrm{d}x}{\mathrm{d}t} - \Omega x' \tag{7.5}$$

となる．すなわち

$$\left[\frac{\mathrm{d}}{\mathrm{d}t} + \Omega(t)\right]x'(t) = A(t)\frac{\mathrm{d}x(t)}{\mathrm{d}t} \tag{7.5'}$$

これが，両座標系における同一粒子の速度の関係を与える．A の時間依存性のために，$\Omega(t)$ という項が現われる点に注意されたい．次に式（7.5）をもう一度時間微分すると，加速度の関係が得られる．

$$\frac{\mathrm{d}^2 x'}{\mathrm{d}t^2} = A\frac{\mathrm{d}^2 x}{\mathrm{d}t^2} + \frac{\mathrm{d}A}{\mathrm{d}t}A^{-1}\left[\frac{\mathrm{d}x'}{\mathrm{d}t} + \Omega x'\right] - \frac{\mathrm{d}\Omega}{\mathrm{d}t}x' - \Omega\frac{\mathrm{d}x'}{\mathrm{d}t}$$

$$= A\frac{\mathrm{d}^2 x}{\mathrm{d}t^2} - 2\Omega\frac{\mathrm{d}x'}{\mathrm{d}t} - \left[\frac{\mathrm{d}\Omega}{\mathrm{d}t} + \Omega\Omega\right]x' \tag{7.6}$$

すなわち，A の時間依存性から，2項だけ余分な項が出てきた．ここで

$$\frac{\mathrm{d}^2 A}{\mathrm{d}t^2} A^{-1} = -\frac{\mathrm{d}\Omega}{\mathrm{d}t} + \Omega\Omega$$

であることに注意したい．これは，式 (7.4) の帰結である．式 (7.6) を書き
直すと

$$\left[\frac{\mathrm{d}}{\mathrm{d}t} + \Omega(t)\right]\left[\frac{\mathrm{d}}{\mathrm{d}t} + \Omega(t)\right] x'(t) = A\frac{\mathrm{d}}{\mathrm{d}t}\frac{\mathrm{d}}{\mathrm{d}t} x(t) \tag{7.6′}$$

と書くことができる．

[定　理]

$$\Omega(t) \equiv -\frac{\mathrm{d}A(t)}{\mathrm{d}t} A^{-1}(t) = A(t)\frac{\mathrm{d}A^{-1}(t)}{\mathrm{d}t} \tag{7.7}$$

は，反対称行列である．

証明：行列を逆にすると，直交変換に対しては

$$\Omega^T(t) = -\left[\frac{\mathrm{d}A}{\mathrm{d}t} A^{-1}\right]^T$$

$$= -(A^{-1})^T \frac{\mathrm{d}}{\mathrm{d}t} A^T$$

$$= -A\frac{\mathrm{d}}{\mathrm{d}t} A^{-1} = \frac{\mathrm{d}A}{\mathrm{d}t} A^{-1} = -\Omega(t)$$

となる．したがって $\Omega(t)$ は反対称行列である．　　　　（証明終わり）

なお，同様のことが，

$$\widehat{\Omega}(t) \equiv \frac{\mathrm{d}A^{-1}}{\mathrm{d}t} A = -A^{-1}\frac{\mathrm{d}A}{\mathrm{d}t} = A^{-1}\Omega A \tag{7.8}$$

についても成り立つ．

ここまでは，全く一般的な回転の話である．次に固定した軸 $\boldsymbol{e}$ の回りを，
一定の角速度 ω で回転している座標系を考える．すると式 (7.2) から

$$\Omega_{ij} = -\omega\varepsilon_{ijk}e_k = -\varepsilon_{ijk}\omega_k$$

となって，これはもう時間によらない．ただし

$$\omega_k \equiv e_k\omega \tag{7.9}$$

また

$$[\Omega x']_i = [\boldsymbol{\omega} \times \boldsymbol{x}']_i \tag{7.10}$$

である. 式 (7.6) によると, この場合

$$\frac{\mathrm{d}^2 x_i'}{\mathrm{d}t^2} + 2\left[\boldsymbol{\omega} \times \frac{\mathrm{d}\boldsymbol{x}'}{\mathrm{d}t}\right]_i + [\boldsymbol{\omega} \times (\boldsymbol{\omega} \times \boldsymbol{x}')]_i = a_{ij}\frac{\mathrm{d}^2 x_j}{\mathrm{d}t^2} \tag{7.11}$$

である. 左辺は, 回転中の座標系における加速と, 第 2 項の Coriolis の力による項と, 最後の遠心力の項から成り立っている. これらの和が, 座標系の回転を無視した加速度に等しいということである. 速度は, いうまでもなく

$$\frac{\mathrm{d}x_i'}{\mathrm{d}t} + [\boldsymbol{\omega} \times \boldsymbol{x}']_i = a_{ij}\frac{\mathrm{d}x_j}{\mathrm{d}t} \tag{7.12}$$

である. 物理的意味は明らかであろう.

§8. 一般の場合の角速度行列

一般の場合の角速度行列を求めるのは, 少々やっかいだが, 元気を出して計算してみると：式 (7.1) から

$$\begin{aligned}
\frac{\mathrm{d}a_{ji}}{\mathrm{d}t} = &-\dot{\theta}\{(\delta_{ji} - e_j e_i)\sin\theta - \varepsilon_{jim}e_m \cos\theta\} \\
&+ \varepsilon_{jim}\dot{e}_m \sin\theta - (e_j\dot{e}_i + \dot{e}_j e_i)(\cos\theta - 1)
\end{aligned} \tag{8.1}$$

そして定義 (7.4) により

$$\Omega_{jk}(t) = -\left[\frac{\mathrm{d}A(t)}{\mathrm{d}t}A^{-1}(t)\right]_{jk} = -\frac{\mathrm{d}a_{ji}(t)}{\mathrm{d}t}a_{ki}(t) \tag{8.2}$$

を

$$a_{ki}(t) = \delta_{ki}\cos\theta + e_k e_i(1 - \cos\theta) + \varepsilon_{kil}e_l \sin\theta \tag{8.3}$$

を用いて計算すると

$$\begin{aligned}
\Omega_{jk}(t) = &-\varepsilon_{jkl}\{e_l\dot{\theta} + \dot{e}_l \sin\theta\cos\theta\} + (e_j\dot{e}_k - \dot{e}_j e_k)(1 - \cos\theta) \\
&+ \{e_j(\boldsymbol{e}\times\dot{\boldsymbol{e}})_k - e_k(\boldsymbol{e}\times\dot{\boldsymbol{e}})_j\}\sin\theta(1 - \cos\theta)
\end{aligned} \tag{8.4}$$

$$\begin{aligned}
= &-\varepsilon_{jkl}\{e_l\dot{\theta} + \dot{e}_l \sin\theta\cos\theta - (\boldsymbol{e}\times\dot{\boldsymbol{e}})_l(1 - \cos\theta) \\
&- (\boldsymbol{e}\times(\boldsymbol{e}\times\dot{\boldsymbol{e}}))_l \sin\theta(1 - \cos\theta)
\end{aligned} \tag{8.5}$$

そこで

$$\boldsymbol{e}\times(\boldsymbol{e}\times\dot{\boldsymbol{e}}) = -\dot{\boldsymbol{e}}$$

を用いると, 結局

$$\Omega_{jk}(t) = -\varepsilon_{jkl}\omega_l(t) \tag{8.6}$$

となる. ただし

$$\omega_l(t) \equiv e_l(t)\dot{\theta}(t) + \dot{e}_l(t)\sin\theta(t) - \{e(t)\times\dot{e}(t)\}_l\{1-\cos\theta(t)\} \tag{8.7}$$

である. e は単位ベクトルだから, $e, \dot{e}$ と $e\times\dot{e}$ とは, 右手系を作る互いに直角なベクトル系である. よって定義 (8.2) により, $A(t)$ は微分方程式

$$\frac{\mathrm{d}A(t)}{\mathrm{d}t} + \Omega(t)A(t) = 0 \tag{8.8}$$

を満たすということになる.

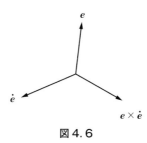

図4.6

　では, $\Omega(t)$ が与えられたとき, 微分方程式 (8.8) の解は式 (8.3) に限られるかというと, そうはいかない. 微分方程式 (8.8) を解くには, $A(t)$ の初期条件が要るからである. 初期条件を入れるには式 (8.8) の右から $A^{-1}(t_0)$ をかけ

$$R_0(t, t_0) \equiv A(t)A^{-1}(t_0) \tag{8.9}$$

とおくと, 初期条件は

$$R_0(t_0, t_0) = A(t_0)A^{-1}(t_0) = 1 \tag{8.10}$$

となるから

$$\frac{\mathrm{d}}{\mathrm{d}t}R_0(t, t_0) + \Omega(t)R_0(t, t_0) = 0 \tag{8.11}$$

を解くと,

$$A(t) = R(t, t_0)A(t_0) \tag{8.12}$$

が必要な解となる. この $R(t, t_0)$ は, III 章 §6 で考察した $G_0(t, t_0)$ にあたる. これから式 (8.11) の Green 関数を作るのは, 容易であろう.

　式 (8.3) を用いて, 量 (8.9) を計算するのはなかなかしんどい. この計算

をあとまわしにし，ここでスピノール表現を利用しよう．

[スピノール表現]

方程式 (8.8) と等価なものとしてスピノール方程式

$$i\frac{\mathrm{d}}{\mathrm{d}t}S(t)+\beta(t)S(t) = 0 \tag{8.13}$$

を導入する．ただし

$$\beta(t) = \frac{1}{2}\boldsymbol{\sigma}\cdot\boldsymbol{\omega}(t) \tag{8.14}$$

で，この $\boldsymbol{\omega}(t)$ は，式 (8.7) で与えられる．すると

$$S(t) = \cos\frac{1}{2}\theta(t)+i\boldsymbol{\sigma}\cdot\boldsymbol{e}(t)\sin\frac{1}{2}\theta(t) \tag{8.15}$$

はもちろん式 (8.13) の解である．

一般の解を求めるには，式 (8.9) と同じく

$$S(t, t_0) = S(t)S^{-1}(t_0) \tag{8.16}$$

を定義するとよい．この量は初期条件

$$S(t_0, t_0) = I \tag{8.17}$$

を満たすから，式 (8.13) の一般解は式 (8.16) から容易に作ることができる．さらに，式 (5.20) と同様の考察から，$S(t, t_0)$ から $R(t_1, t_0)$ を

$$R_{ij}(t, t_0) = \frac{1}{2}Tr[\sigma_i S(t, t_0)\sigma_j S^{-1}(t, t_0)] \tag{8.18}$$

によって求めることができる．

ここでついでに式 (8.15) から式 (8.16) を計算してみると，R のときほどやっかいではなく，

$$S(t, t_0) = S(t)S^{-1}(t_0)$$

$$= \cos\frac{1}{2}\theta\cos\frac{1}{2}\theta_0+(\boldsymbol{e}\cdot\boldsymbol{e}_0)\sin\frac{1}{2}\theta\sin\frac{1}{2}\theta_0$$

$$+i\boldsymbol{\sigma}\cdot\left\{\boldsymbol{e}\sin\frac{1}{2}\theta\cos\frac{1}{2}\theta_0-\boldsymbol{e}_0\sin\frac{1}{2}\theta_0\cos\frac{1}{2}\theta+(\boldsymbol{e}\times\boldsymbol{e}_0)\sin\frac{1}{2}\theta\sin\frac{1}{2}\theta_0\right\}$$

$$\tag{8.19}$$

ただし

$$\left.\begin{array}{ll}\theta \equiv \theta(t), & \theta_0 \equiv \theta(t_0) \\ \boldsymbol{e} \equiv \boldsymbol{e}(t), & \boldsymbol{e}_0 \equiv \boldsymbol{e}(t_0)\end{array}\right\} \tag{8.20}$$

と略記した.

式 (8.19) から式 (8.18) を用いて R_{ij} を作ると，(この計算は自らやってほしい) 次のようになる.

$$R_{ij}(t, t_0) = \delta_{ij}(C^2 - \boldsymbol{D}^2) + 2D_i D_j + \varepsilon_{ijk} D_k C \tag{8.21}$$

ただし

$$C \equiv \cos \frac{1}{2}\theta \cos \frac{1}{2}\theta_0 + (\boldsymbol{e}\cdot\boldsymbol{e}_0)\sin \frac{1}{2}\theta \sin \frac{1}{2}\theta_0$$

$$\boldsymbol{D} \equiv \boldsymbol{e} \sin \frac{1}{2}\theta \cos \frac{1}{2}\theta_0 - \boldsymbol{e}_0 \sin \frac{1}{2}\theta_0 \cos \frac{1}{2}\theta$$

$$+ (\boldsymbol{e}\times\boldsymbol{e}_0)\sin \frac{1}{2}\theta \sin \frac{1}{2}\theta_0 \tag{8.22}$$

上の計算では

$$Tr[\sigma_i] = 0 \tag{8.23a}$$

$$Tr[\sigma_i \sigma_j] = 2\delta_{ij} \tag{8.23b}$$

$$Tr[\sigma_i \sigma_j \sigma_k] = 2i\,\varepsilon_{ijk} \tag{8.23c}$$

$$Tr[\sigma_i \sigma_j \sigma_k \sigma_l] = 2(\delta_{ij}\delta_{kl} - \delta_{ik}\delta_{il} + \delta_{il}\delta_{jk}) \tag{8.23d}$$

を用いた. S のユニタリー性から，上の C, $\boldsymbol{D}$ は

$$C^2 + \boldsymbol{D}^2 = 1 \tag{8.24}$$

を満たしている.

§9. 応用問題

今までに考察してきた，回転の技巧が使える例として

$$\frac{\mathrm{d}}{\mathrm{d}t}R(t, t_0) + \{B_0 + B(t)\}R(t, t_0) = 0 \tag{9.1}$$

の形の微分方程式を考える. ただし，$R, B_0, B(t)$ は 3 行 3 列の行列で，B_0 と $B(t)$ が与えられているとする. これは，III 章で考えた微分方程式を 3 行 3 列に拡張したものである. なお B_0 と $B(t)$ は**反対称行列**で, R が初期条件

$$R(t_0, t_0) = I \quad (3\,\text{行}\,3\,\text{列}) \tag{9.2}$$

を満たしているとしよう.

まず，時間に依存しない反対称行列 B_0 を表面から消すのは容易である．それには

$$R(t-t_0) = e^{-B_0(t-t_0)} R_1(t-t_0) \tag{9.3}$$

とおいて，式 (9.1) に代入すると

$$\frac{\mathrm{d}R}{\mathrm{d}t} = -B_0 e^{-B_0(t-t_0)} R_1 + e^{-B_0(t-t_0)} \frac{\mathrm{d}R_1}{\mathrm{d}t}$$

$$= \{B_0 + B(t)\} e^{-B_0(t-t_0)} R_1 \tag{9.4}$$

左から $e^{B_0(t-t_0)}$ をかけると

$$\frac{\mathrm{d}}{\mathrm{d}t} R_1(t, t_0) + \widehat{B}(t) R_1(t, t_0) = 0 \tag{9.5}$$

となる．ただし

$$\widehat{B}(t) \equiv e^{B_0(t-t_0)} B(t) e^{-B_0(t-t_0)} \tag{9.6}$$

とした．B_0 と $B(t)$ とは，行列であって，一般には交換可能でないから，式 (9.6) の指数関数はこのままにしておかなければならない．$B(t)$ と B_0 が反対称なので，$\widehat{B}(t)$ も反対称である．（証明はやさしい．）

さて，R から R_1 への変換 (9.3) は，1 つの回転である．それをみるためには，まず

$$B_{0k} = -\frac{1}{2} \varepsilon_{ijk} (B_0)_{ij} \tag{9.7}$$

で，定数ベクトルを定義する．次に，Levi-Civita の全反対称テンソルの性質，式 (4.4) および (4.11) で導入した 3 個の 3 行 3 列の行列 $\boldsymbol{T}$ を用いて式 (9.7) を逆に解くと

$$B_0 = -i\boldsymbol{T} \cdot \boldsymbol{B}_0 \tag{9.7$'$}$$

となる．したがって，

$$e^{-B_0(t-t_0)} = e^{i\boldsymbol{T} \cdot \boldsymbol{B}_0(t-t_0)} \tag{9.7$''$}$$

である．これは，式 (4.15) と比較するとすぐわかるように，軸 $\boldsymbol{B}_0$ の回りに，角速度 $|\boldsymbol{B}_0|$ で回っている一様な回転である．

このように，式 (9.1) の形の微分方程式があると，定数反対称行列の項 B_0

はいつでも角速度 $|\boldsymbol{B}_0|$ の一様な回転座標系へ移ることによって消してしまうことができる．この変換はユニタリー変換である．

さて，方程式 (9.5) に戻る．これは $\widehat{B}(t)$ が時間に依存しているので，その解を指数関数にまとめることはできないが，$\widehat{B}(t)$ の級数展開の形で解が与えられる．そのためにまず式 (9.5) を

$$R_1(t, t_0) = I - \int_{t_0}^{t} \mathrm{d}t_1 \, \widehat{B}(t_1) R_1(t_1, t_0) \tag{9.8}$$

という積分方程式に書き直す．これを逐次的に解いていくと

$$R_1(t, t_0) = I - \int_{t_0}^{t} \mathrm{d}t_1 \, \widehat{B}(t_1) + \int_{t_0}^{t} \mathrm{d}t_1 \int_{t_0}^{t_1} \mathrm{d}t_2 \, \widehat{B}(t_1) \widehat{B}(t_2) R_1(t_2, t_0)$$

$$= \sum_{n=0}^{\infty} (-1)^n \int_{t_0}^{t} \mathrm{d}t_1 \int_{t_0}^{t_1} \mathrm{d}t_2 \cdots \int_{t_0}^{t_{n-1}} \mathrm{d}t_n \, \widehat{B}(t_1) \widehat{B}(t_2) \cdots \widehat{B}(t_n) \tag{9.9}$$

という無限級数の形に書くことができる．$\widehat{B}$ は 3 行 3 列の行列だから，式 (9.9) の被積分項の中で，$\widehat{B}(t_1) \cdots \widehat{B}(t_n)$ の順序を勝手に変えられない．したがって，一般の $\widehat{B}(t)$ に対して式 (9.9) を計算していくのはたいへんなことである．

そこで式 (9.5) の方程式を直接解こうとしないで，スピノールに変換して取り扱ったら，計算が少々簡単になる．このことはあとで考える．

次に，非同次の方程式

$$\frac{\mathrm{d}}{\mathrm{d}t} M_i(t) + \widehat{B}_{ij}(t) M_j(t) = A_i(t) \tag{9.10}$$

について簡単に考えておこう．B_{ij} は 3 行 3 列の行列，$A_i(t)$ は与えられたベクトルとする．この方程式 (9.10) は，例によって Green 関数によって取り扱うことができる．話は，III 章の微分方程式と全く同じである．式 (9.10) に対して，もし，同次方程式 (9.5) が解けたとすると，式 (9.10) の解は，

$$M(t) = R_1(t, t_0) M(t_0) + \int_{t_0}^{t} \mathrm{d}t' \, R_1(t, t') A(t') \tag{9.11}$$

となる．これを試すには，左から

$$\frac{\mathrm{d}}{\mathrm{d}t} + \widehat{B}(t) \tag{9.12}$$

をかけて，式 (9.5) を用いさえすればよい．初期値が $M(t_0)$ になることも，R_1 の初期条件

$$R_1(t_0, t_0) = I \tag{9.13}$$

を用いれば，すぐわかる．

§10. 磁場の中での磁気双極子の運動

磁気能率 $\boldsymbol{M}(t)$ をもった磁気双極子に，磁場 $\boldsymbol{B}(t)$ をかけると，それにはトルク $\boldsymbol{M}(t) \times \boldsymbol{B}(t)$ が働く．したがって，その時間的変化は

$$\frac{\mathrm{d}}{\mathrm{d}t}\boldsymbol{M}(t) + \gamma\boldsymbol{B}(t) \times \boldsymbol{M}(t) = 0 \tag{10.1}$$

に従うというのが，Bloch 方程式である．ここに γ は，ある定数である．この Bloch 方程式を取り扱うことを考えよう．

まず，この方程式が，§9 で考えた方程式の形になることを確認しよう．それには，式 (10.1) のベクトル積を Levi-Civita の記号で書いてみると

$$\frac{\mathrm{d}}{\mathrm{d}t}M_i(t) + \gamma\varepsilon_{ijk}B_j(t)M_k(t) = 0 \tag{10.1'}$$

となることがわかる．反対称の行列

$$-\gamma\varepsilon_{ijk}B_k(t) \equiv B_{ij}(t) \tag{10.2}$$

を定義すると，式 (10.1′) は

$$\frac{\mathrm{d}}{\mathrm{d}t}M_i(t) + B_{ij}(t)M_j(t) = 0 \tag{10.1''}$$

となるから，一般の場合には，式 (9.9) のような無限級数の形で解が得られる．ただし前にも注意したように，この無限級数の各項を求めることも，無限級数の全項を加え合わせることも，並大抵のことでは実行できない．

ここでは，式 (10.1) を，それと等価なスピノール方程式に変換して話を進める．1 つの 2 成分スピノール $\psi(t)$ を導入し，方程式

$$i\frac{\mathrm{d}}{\mathrm{d}t}\psi(t) + \beta(t)\psi(t) = 0 \tag{10.3}$$

を作る．ただし

$$\beta(t) \equiv \frac{1}{2}\gamma\boldsymbol{\sigma}\cdot\boldsymbol{B}(t) \tag{10.4a}$$

$$= \frac{1}{2}\gamma\begin{bmatrix} B_3(t) & B_1(t)-iB_2(t) \\ B_1(t)+iB_2(t) & -B_3(t) \end{bmatrix} \tag{10.4b}$$

であって，$\boldsymbol{\sigma}$ は 3 個の Pauli スピン（5.9）で，交換関係（5.10）と反交換関係（5.11）を満たす．

　そこで，まず式（10.3）の解が知れると，式（10.1）の解が作られることを示す．まず式（10.3）の左から $\phi^\dagger(t)\sigma_i$ をかけると

$$i\phi^\dagger(t)\sigma_i\frac{\mathrm{d}}{\mathrm{d}t}\phi(t)+\phi^\dagger(t)\sigma_i\beta(t)\phi(t)=0 \tag{10.5a}$$

一方，式（10.3）のエルミート共役をとって，右から σ_i, $\phi(t)$ をかけると

$$-i\frac{\mathrm{d}}{\mathrm{d}t}\phi^\dagger(t)\sigma_i\phi(t)+\phi^\dagger(t)\beta(t)\sigma_i\phi(t)=0 \tag{10.5b}$$

式（10.5a）から式（10.5b）を引くと，σ の交換関係（5.10）のために

$$i\frac{\mathrm{d}}{\mathrm{d}t}(\phi^\dagger(t)\sigma_i\phi(t))+i\gamma\varepsilon_{ijk}\phi^\dagger(t)B_j(t)\sigma_k\phi(t)=0 \tag{10.6a}$$

すなわち，ベクトル記号で

$$\frac{\mathrm{d}}{\mathrm{d}t}(\phi^\dagger(t)\boldsymbol{\sigma}\phi(t))+\gamma\boldsymbol{B}(t)\times(\phi^\dagger(t)\boldsymbol{\sigma}\phi(t))=0 \tag{10.6b}$$

となる．これは式（10.1）と全く同形だから

$$\boldsymbol{M}(t)=\phi^\dagger(t)\boldsymbol{\sigma}\phi(t) \tag{10.7}$$

ととればよいことがわかる．2 成分の方程式（10.3）のほうが，数学的に取り扱いやすいのである．物理的には $\phi(t)$ は抽象的でわかりにくいかもしれないが，この点は慣れるしかない．

注　意

　上では，天下りに式（10.3）を与え，それから式（10.7）とすればよいことを示したが，実は式（10.6）を得るためだけなら，式（10.3）よりもう少し一般的な式

$$i\frac{\mathrm{d}}{\mathrm{d}t}\phi(t)+\{\beta(t)+\eta(t)\}\phi(t)=0 \tag{10.8}$$

をとってもよい. ただし, $\eta(t)$ は Pauli スピン行列を含まないとする. すると, 上の式 (10.6) に至る計算はすべて成立し, やはり式 (10.6) に到達する. この不定性 $\eta(t)$ は, あとで利用するかもしれないが, 当分のあいだ 0 とおいておく.

そこで, スピノール方程式 (10.3) に戻る. 式 (10.3) とそのエルミート共役式を組み合わせると

$$i\frac{\mathrm{d}}{\mathrm{d}t}(\phi^\dagger(t)\phi(t)) = 0 \tag{10.9}$$

が得られるから, $\phi^\dagger(t)\phi(t)$ という量は保存する. したがって, $\phi(t)$ にユニタリー変換をほどこすのが有用な技巧であることがわかる. たとえば, $\phi(t)$ にユニタリー変換 $S(t,t_0)$ をほどこして, $t=t_0$ におけるスピノールに直すことができる. というのは

$$\phi(t) \equiv S(t,t_0)\phi(t_0) \tag{10.10}$$

とすると, S のユニタリー性によって

$$(\phi^\dagger(t)\phi(t)) = (\phi^\dagger(t_0)S^\dagger(t,t_0)S(t,t_0)\phi(t_0))$$
$$= \phi^\dagger(t_0)\phi(t_0) \tag{10.11}$$

となり, $\phi^\dagger(t)\phi(t)$ が時間によらないことは, 一目瞭然だからである.

いま, $\phi(t)$ に, ユニタリー変換 $S_n(t)$ をほどこし

$$\phi(t) = S_n(t)\phi_n(t) \tag{10.12}$$

として, 式 (10.3) に代入すると

$$i\frac{\mathrm{d}}{\mathrm{d}t}\phi(t) = i\frac{\mathrm{d}S_n(t)}{\mathrm{d}t}\phi_n(t) + S_n(t)i\frac{\mathrm{d}}{\mathrm{d}t}\phi_n(t)$$
$$= -\beta(t)S_n(t)\phi_n(t) \tag{10.13}$$

したがって, $\phi_n(t)$ は

$$i\frac{\mathrm{d}}{\mathrm{d}t}\phi_n(t) + \left\{iS_n^{-1}(t)\frac{\mathrm{d}}{\mathrm{d}t}S_n(t) + S_n^{-1}(t)\beta(t)S_n(t)\right\}\phi_n(t) = 0 \tag{10.14}$$

を満たさなければならない. $S_n(t)$ を適当に選ぶと, { } の中が簡単になることがある.

[例　1]

$$\beta(t) = \frac{1}{2}\gamma\boldsymbol{\sigma}\cdot\boldsymbol{B}_0 \equiv \beta_0 \tag{10.15}$$

の場合を考えると

$$S_n(t) = \cos\frac{1}{2}\omega_0 t + i\boldsymbol{\sigma}\cdot\boldsymbol{e}_0\sin\frac{1}{2}\omega_0 t \tag{10.16}$$

$$\boldsymbol{e}_0 \equiv \boldsymbol{B}_0/|\boldsymbol{B}_0| \tag{10.17a}$$

$$\omega_0 \equiv r|\boldsymbol{B}_0| \tag{10.17b}$$

ととったとき，明らかに（式 (5.27) を見よ）

$$i\frac{\mathrm{d}}{\mathrm{d}t}S_n(t) + \beta_0 S_n(t) = 0 \tag{10.18}$$

となり，$\{\cdots\}=0$，すなわち，$\psi_n(t)$ は時間によらないスピノールとなる．$\boldsymbol{M}(t)$ を計算するには式 (10.7) を使う．

$$M_i(t) = \psi^\dagger(t)\sigma_i\psi(t) = \psi_n^\dagger(0)S_n^{-1}\sigma_i S_n\psi_n(0) \tag{10.19}$$

$S_n^{-1}\sigma_i S_n$

$$= \left(\cos\frac{1}{2}\omega_0 t - i\boldsymbol{\sigma}\cdot\boldsymbol{e}_0\sin\frac{1}{2}\omega_0 t\right)\sigma_i\left(\cos\frac{1}{2}\omega_0 t + i\boldsymbol{\sigma}\cdot\boldsymbol{e}_0\sin\frac{1}{2}\omega_0 t\right)$$

$$= \sigma_i\cos^2\frac{1}{2}\omega_0 t + i[\sigma_i, \boldsymbol{\sigma}\cdot\boldsymbol{e}_0]\sin\frac{1}{2}\omega_0 t\cos\frac{1}{2}\omega_0 t + (\boldsymbol{\sigma}\cdot\boldsymbol{e}_0\,\sigma_i\,\boldsymbol{\sigma}\cdot\boldsymbol{e}_0)\sin^2\frac{1}{2}\omega_0 t$$

$$= \sigma_i\left\{\cos^2\frac{1}{2}\omega_0 t - \sin^2\frac{1}{2}\omega_0 t\right\}2\varepsilon_{ikl}\sigma_i e_{0k}\sin\frac{1}{2}\omega_0 t\cos\frac{1}{2}\omega_0 t$$

$$+ 2e_i(\boldsymbol{\sigma}\cdot\boldsymbol{e}_0)\sin^2\frac{1}{2}\omega_0 t \tag{10.20}$$

これを式 (10.19) の右辺に代入すると

$$M_i(t) = M_i(0)\cos\omega_0 t + (\boldsymbol{e}_0\times\boldsymbol{M}(0))_i\sin\omega_0 t$$
$$+ e_{0i}(\boldsymbol{M}(0)\cdot\boldsymbol{e}_0)(1-\cos\omega_0 t) \tag{10.21}$$

となる．ただし

$$M_i(0) \equiv \psi_n^\dagger(0)\sigma_i\psi_n(0) \tag{10.22}$$

とおいた．式 (10.21) は $\boldsymbol{M}(t)$ が，$\boldsymbol{e}_0$ 軸の回りと反時計方向に角速度 ω_0 で回転しているということである．

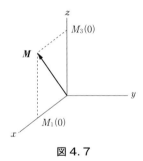

図 4.7

特に
$$\boldsymbol{B}_0 = (0, 0, B_0)$$
ととり，初期条件として
$$M_2(0) = 0$$
ととると，式（10.21）より
$$M_3(t) = M_3(0)\cos \omega_0 t + M_3(0)(1-\cos \omega_0 t)$$
$$= M_3(0)$$
となり，第3成分は変化しない．また
$$\left.\begin{array}{l} M_1(t) = M_1(0)\cos \omega_0 t \\ M_2(t) = M_1(0)\sin \omega_0 t \end{array}\right\} \tag{10.23}$$
となる．これから，反時計方向の回転であることは明らかであろう．（$\gamma > 0$ としての話）

［例　2］
$$B(t) = (B_1 \cos \omega t, B_1 \sin \omega t, B_0) \tag{10.24}$$
のときを考えよう．前の例ではスピノールを使うありがたさがあまり明らかではなかったが，今度はベクトルの計算より，かなりわかりやすいはずである．まず，式（10.24）の場は z 軸の回りに反時計方向に回転している磁場だから，それといっしょに動く座標系に移ってみる．それには
$$\phi(t) = S_1(t)\phi_1(t) \tag{10.25}$$
なる変換をほどこす．すると $\phi_1(t)$ は式（10.14）を満たすが，S_1 として $\{\cdots\}$ が簡単になるように選ぶ．

127

$$S_1(t) = \cos \frac{1}{2}\omega t - i\sigma_3 \sin \frac{1}{2}\omega t \tag{10.26}$$

と選ぶと，これは時計方向の回転であり，（したがって，$\phi_1(t)$ は $\phi_1(t) = S_1^{-1}(t)\phi(t)$ だからである．）反時計方向の回転座標系でのスピノールとなる．

$$i\frac{\mathrm{d}}{\mathrm{d}t}S_1(t) = \frac{1}{2}\sigma_3\omega S_1(t) \tag{10.27a}$$

$$S_1^{-1}(t)\sigma_1 S_1(t) = \sigma_1\cos\omega t - \sigma_2\sin\omega t \tag{10.27b}$$

$$S_1^{-1}(t)\sigma_2 S_1(t) = \sigma_1\sin\omega t + \sigma_2\cos\omega t \tag{10.27c}$$

のために

$$S_1^{-1}(t)\left[i\frac{\mathrm{d}}{\mathrm{d}t}S_1(t) + \frac{1}{2}\gamma\boldsymbol{\sigma}\cdot\boldsymbol{B}(t)S_1(t)\right] = \gamma\sigma_1 B_1 + \sigma_3(\gamma B_0 + \omega) \tag{10.28}$$

となるから，$\phi_1(t)$ は簡単な方程式

$$i\frac{\mathrm{d}}{\mathrm{d}t}\phi_1(t) + \left\{\gamma\sigma_1 B_1 + \gamma\sigma_2\left(B_0 + \frac{\omega}{\gamma}\right)\right\}\phi_1(t) = 0 \tag{10.29}$$

を満たす．これは，磁場がすべて定数になっているから前の例と同様にして解ける．すなわち，**この反時計方向の回転座標系では**式 (10.21) によって解が得られる．ただしこの場合，

$$\boldsymbol{e}_0 = (\gamma B_1, 0, \gamma B_0 + \omega)/\omega_0 \tag{10.30a}$$

$$\omega_0 = \sqrt{\gamma^2 B_1{}^2 + (\gamma B_0 + \omega)^2} \tag{10.30b}$$

である．したがって，はじめの $\phi(t)$ は

$$\phi(t) = S_1(t)S(t-t_0)\phi(t_0) \tag{10.31}$$

となる．ここで，$S_1(t)$ は式 (10.26)，$S(t-t_0)$ は式 (10.16) と同じで

$$S(t-t_0) = \cos\frac{1}{2}\omega_0(t-t_0) + i\boldsymbol{\sigma}\cdot\boldsymbol{e}_0\sin\frac{1}{2}\omega_0(t-t_0) \tag{10.32}$$

において，$\boldsymbol{e}_0, \omega_0$ として式 (10.30) をとったものである．$\boldsymbol{M}(t)$ は，式 (10.21) と同じで，式 (10.30) を代入してみると，特に第 3 成分は

$$M_3(t) = M_3(0)\left\{1 - 2(1 - e_{03}{}^2)\sin^2\frac{1}{2}\omega_0(t-t_0)\right\} \tag{10.33}$$

となる．ただし，初期条件として

$$\boldsymbol{M}(0) = (0, 0, M_3(0))$$

とした.

$$1 - e_{03}{}^2 = \sin^2\theta$$

である. 式 (10.33) から

$$M_3{}^{\max} = M_3(0)$$

$$M_3{}^{\min} = M_3(0)\cos 2\theta$$

ということがわかるから, $\boldsymbol{M}(t)$ は z 軸の回りを, 角速度 ω で反時計方向に回転している座標系では, 図 4.8 の実線の円上を反時計方向に回っていることになる.

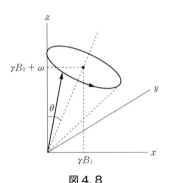

図 4.8

上のユニタリー変換の方法と併用すると便利な方法として, 最後に, もう1つ便利な方法を紹介しておく.

$$S_n{}^{-1}(t)\left[i\frac{\mathrm{d}}{\mathrm{d}t}S_n(t) + \beta(t)S_n(t)\right] \equiv \beta_n(t) \tag{10.34}$$

とおくと, 式 (10.14) は

$$i\frac{\mathrm{d}}{\mathrm{d}t}\psi_n(t) + \beta_n(t)\psi_n(t) = 0 \tag{10.35}$$

と書くことができる. $\beta_n(t)$ は, 2行2列の行列だから, 一般に

$$\beta_n(t) = \frac{1}{2}\gamma\boldsymbol{\sigma}\cdot\boldsymbol{B}_n(t) \tag{10.36}$$

と書くことができる. (式 (10.36) には, $\boldsymbol{\sigma}$ を含まない項は出てこない. 証明は, 自ら試みよ.) そこで, 式 (10.35) の左から

$$i\frac{\mathrm{d}}{\mathrm{d}t}-\beta_n(t)$$

をかけると

$$\left[i\frac{\mathrm{d}}{\mathrm{d}t}-\beta_n(t)\right]\left[i\frac{\mathrm{d}}{\mathrm{d}t}+\beta_n(t)\right]\psi_n(t)$$

$$=\left[-\frac{\mathrm{d}^2}{\mathrm{d}t^2}+i\frac{\mathrm{d}}{\mathrm{d}t}\beta_n(t)-\beta_n(t)\beta_n(t)\right]\psi_n(t)$$

$$=-\left[\frac{\mathrm{d}^2}{\mathrm{d}t^2}-i\frac{1}{2}\gamma\boldsymbol{\sigma}\cdot\dot{\boldsymbol{B}}_n(t)+\frac{1}{4}\gamma^2\boldsymbol{B}_n{}^2(t)\right]\psi_n(t)=0 \qquad (10.37)$$

となる．これは，非対角項にのみ $\dot{\boldsymbol{B}}_n(t)$ が入っているから，$S_n(t)$ によって，時間的変化の小さい $\boldsymbol{B}_n(t)$ に変換しておくと，$\boldsymbol{B}_n$ の時間的変化を摂動的に取り扱うことができる．特に，

$$\boldsymbol{B}_n(t)=(B_1,B_2,B_3(t)) \qquad (10.38)$$

ならば，式 (10.37) は対角項だけになり

$$\left[\frac{\mathrm{d}^2}{\mathrm{d}t^2}-\frac{i}{2}\gamma\sigma_3\dot{B}_3(t)+\frac{1}{4}\gamma^2(B_1{}^2+B_2{}^2+B_3{}^2(t))\right]\phi(t)=0 \qquad (10.39)$$

を解けばよい．スピノールの成分を $u(t)$，$v(t)$ とすると

$$\left[\frac{\mathrm{d}^2}{\mathrm{d}t^2}-\frac{i}{2}\gamma\dot{B}_3(t)+\frac{1}{4}\gamma^2\{B_1{}^2+B_2{}^2+B_3{}^2(t)\}\right]u(t)=0 \qquad (10.40\mathrm{a})$$

$$\left[\frac{\mathrm{d}^2}{\mathrm{d}t^2}+\frac{i}{2}\gamma\dot{B}_3(t)+\frac{1}{4}\gamma^2\{B_1{}^2+B_2{}^2+B_3{}^2(t)\}\right]v(t)=0 \qquad (10.40\mathrm{b})$$

と分離してしまう．これを，数値的またはできれば解析的に解けばよい．

　最後に，スピノール方程式 (10.3) に戻り，それがユニークであるかどうかを考えておく．前に注意したように，スピノール方程式を (10.3) でなく (10.8) にとっても，やはり (10.6) という式は成り立つ．しかし，たとえば ψ が与えられたとき，それを解としてもつような磁場 $\boldsymbol{B}(t)$ は何であろうかという問題を考えると，スピノールの不定性が現れてくる．それをみるために (10.8) のように $\eta(t)$ という項を入れておいて，式 (10.5a)，式 (10.5b) に相当する方程式を作り，それらを加え合わせると，

$$i\psi^\dagger \sigma_i \frac{\mathrm{d}}{\mathrm{d}t}\psi - i\frac{\mathrm{d}}{\mathrm{d}t}\psi^\dagger \sigma_i \psi + \gamma B_i \psi^\dagger \psi + 2\eta \psi^\dagger \sigma_i \psi = 0 \tag{10.41}$$

したがって

$$B_i(t) = -\frac{i\psi^\dagger \sigma_i \dfrac{\mathrm{d}}{\mathrm{d}t}\psi - i\dfrac{\mathrm{d}}{\mathrm{d}t}\psi^\dagger \sigma_i \psi + 2\eta(t)\psi^\dagger \sigma_i \psi}{\gamma \psi^\dagger(t)\psi(t)} \tag{10.42}$$

となり，分子に第3項が出てくる．この η を全く勝手にとっても，式 (10.6) の関係は保たれる．Bloch 方程式というのは，元来，$\boldsymbol{B}$ と $\boldsymbol{M}$ のベクトル積を制限する式であるから，$\boldsymbol{M}$ を与えても $\boldsymbol{B}$ が唯一に決まらないのは当然である．

また式 (5.20) と同様に，スピノール方程式の解 $S(t, t_0)$ が得られたら，ベクトル方程式の解 $R_{ij}(t, t_0)$ を作るのは容易で

$$R_{ij}(t, t_0) = \frac{1}{2}T_r[\sigma_i S(t, t_0)\sigma_j S^{-1}(t, t_0)] \tag{10.43}$$

となる．

演習問題 IV

1. もし方程式 (2.1) がはじめに与えられているとすると，それが座標系の回転であるということがどうしてわかるだろうか？

2. 式 (3.8b) の -1 のほうは，必ず反転を含むことを確かめよ．

3. 3次元空間において，x 軸と y 軸を同時に反転すると，これは，1つの回転になる，ということを確かめよ．

4. Levi-Civita の全反対称テンソルにつき，恒等式
$$\varepsilon_{ijk}\varepsilon_{klm} = \delta_{il}\delta_{jm} - \delta_{im}\delta_{jl}$$
$$\varepsilon_{ijk}\varepsilon_{jkl} = 2!\delta_{il}$$
を導け．

5. 問題4の恒等式を使い
$$(\boldsymbol{A}\times\boldsymbol{B})\cdot(\boldsymbol{C}\times\boldsymbol{D})$$
を計算してみよ．

6. 問題4の恒等式を用い，式 (4.13) の交換関係

$$[T_i, T_j] = i\varepsilon_{ijk}T_k$$

を証明せよ.

7. 式 (4.14)

$$[(\boldsymbol{T}\cdot\boldsymbol{e})^2]_{ij} = \delta_{ij} - e_i e_j$$

$$[(\boldsymbol{T}\cdot\boldsymbol{e})^3]_{ij} = [\boldsymbol{T}\cdot\boldsymbol{e}]_{ij}$$

を導け.

8. 式 (4.18)

$$a_{il}a_{jm}a_{kn}\varepsilon_{lwn} = \varepsilon_{ijk}\det(A)$$

を証明せよ.

9. 式 (4.19) はどのようにしたら得られるか?

10. 2 個の異なる単模ユニタリー行列の積は, また単模ユニタリー行列となる. このことを 2 行 2 列の場合に確認せよ.

11. Pauli 行列につき, 次の関係を証明せよ.

$$[\sigma_i, \boldsymbol{\sigma}\cdot\boldsymbol{A}] = 2i(\boldsymbol{A}\times\boldsymbol{\sigma})_i$$

$$\{\sigma_i, \boldsymbol{\sigma}\cdot\boldsymbol{A}\} = 2A_i$$

12.
$$S = \exp\left[\frac{i}{2}\boldsymbol{\sigma}\cdot\boldsymbol{e}\theta\right]$$

のとき

$$S^{-1}\sigma_i S = a_{ik}\sigma_k$$

になるという計算式 (5.19) を本文を見ないで追っかけてみよ.

13.
$$a_{ij} = \frac{1}{2}Tr[\sigma_i S\sigma_j S^{-1}]$$

を問題 12 の具体的な S を右辺に代入し, それが左辺に等しくなることを確認せよ.

14. 一般の 2 階のテンソルを, トレースが 0 の対称テンソル, 反対称テンソル, Kronecker のデルタに比例する項の 3 個に分け, 各項の独立成分の数を数えてみよ. p.112 の表と一致するだろうか?

15. スピノールの変換 $S(\boldsymbol{e}, \theta)$ において, $\theta = 2\pi$ とすると, どうなるか? 座標系を, ある軸の回りに 360° 回転したら, スピノールはどうなるであろうか?

生成・消滅演算子

§1. はじめに

Planck によって，エネルギー量子という概念が導入され，さらに Einstein による光量子仮説が提出されてから，Dirac が輻射場の量子力学を建設したいきさつについては，よく御存じのことと思う．光の量子は，古典力学や量子力学で扱う電子とは異なり，物質に吸収されたり，放出されたりして，その数が変わるのが特徴である．このように数の変わる量子を取り扱うには，この章で議論する生成・消滅演算子によるほかはない．量子光学や素粒子論では，これらの演算子が活躍する．

ここでは，場の量子論全体を紹介するわけにはいかないが，生成・消滅演算子の基礎的なこと，それら演算子の住む Fock space について簡単に議論しておく．

§2. 生成・消滅演算子

1. boson 生成・消滅演算子

Bose 統計に従う粒子を簡単に boson とよび，それを生成させたり消滅させたりする演算子を boson 生成・消滅演算子（簡単に **boson 演算子**）とよぶ．それらをそれぞれ $a^\dagger, a$ と書くと，それは交換関係

$$aa^\dagger - a^\dagger a = [a, a^\dagger] = 1 \tag{2.1a}$$

を満たす．もちろん

$$[a, a] = [a^\dagger, a^\dagger] = 0 \tag{2.1b}$$

である．ここで†は，エルミート共役の意味である．これらが，なぜ boson を生成させたり，消滅させたりするかを以下調べていこう．

まず，$a^\dagger$ や a は演算子だから，これらが演算する何かがなければならない．それを Dirac に従い，$|\ \rangle$ で表すが，この性質は追々明らかとなる．$|\ \rangle$ を（Hilbert 空間の中の）**ベクトル**という．なぜ a が消滅演算子であり，$a^\dagger$ が生成演算子であり，$|\ \rangle$ がベクトルとよぶにふさわしいものであるかということは，次の事情による：まず

$$N \equiv a^\dagger a \tag{2.2}$$

を定義する．すると，これはエルミートだから，対角化できるであろう．そして式（2.2）の形から，それの固有値はすべて 0 か正でなければならない．N の固有値と固有ベクトルを，それぞれ $n, |n\rangle$ と書くと

$$N|n\rangle = n|n\rangle \tag{2.3a}$$

で，

$$n \geq 0 \tag{2.3b}$$

である．（n は 0 か正であるということ以外，まだわかっていない．）

そこで，n は，0 および正の整数であることを，次のように証明する．まず，交換関係（2.1）と N の定義から，N の固有ベクトル $|n\rangle$ について，次の関係が成り立つ．

$$Na|n\rangle = (n-1)a|n\rangle \tag{2.4a}$$

$$Na^\dagger|n\rangle = (n+1)a^\dagger|n\rangle \tag{2.4b}$$

これをみてわかることは，$|n\rangle$ に属する N の固有値が n なら，$a|n\rangle$ も $a^\dagger|n\rangle$ も N の固有ベクトルで，それぞれ固有値 $n-1$ と $n+1$ をもつということである．つまり a は固有値を 1 だけ減らし，$a^\dagger$ は 1 だけ増やす役割をしている．式（2.4）の関係は，いうまでもなく

$$[a, N] = a \tag{2.5a}$$

$$[a^\dagger, N] = -a^\dagger \tag{2.5b}$$

から出てきたものである．

さて，この操作を m（正の整数）回繰り返すと．

$$N\{a\}^m|n\rangle = (n-m)\{a^m\}|n\rangle \tag{2.6}$$

である。そこで，ある決まった n に対し，$m>n$ としてしまうと，式 (2.6) は，N が $n-m$ という負の固有値をもつことになってしまい，式 (2.3b) と矛盾を生ずる。この矛盾は，次のような場合に限り起こらない。すなわち，$\{a\}^m|n\rangle$ 自身が $m>n$ のとき，0 になるとするわけである。いいかえると，われわれは，n と $n-1$ の間の正整数は必ず 1 個存在するから，それを m_0 としたとき，

$$\{a\}^{m_0}|n\rangle \not\equiv 0 \tag{2.7}$$

$$a\{a\}^{m_0}|n\rangle \equiv 0 \tag{2.8}$$

であるはずで，式 (2.8) の左から $a^\dagger$ をかけて式 (2.6) を用いると

$$a^\dagger a\{a\}^{m_0}|n\rangle = N\{a\}^{m_0}|n\rangle = (n-m_0)\{a\}^{m_0}|n\rangle = 0 \tag{2.9}$$

しかし，式 (2.7) が成り立っているから，

$$n = m_0 \tag{2.10}$$

でなければならないことになる。これは n が負でない整数であるということである。これで n が 0 か正整数しかとれないということの証明終わりである。

いま $\{a\}^{m_0}|m_0\rangle$ を簡単に $|0\rangle$ と書くと，式 (2.8) により

$$a|0\rangle = 0 \tag{2.11}$$

かつ

$$N|0\rangle = 0 \tag{2.12}$$

が成り立つ。つまり $|0\rangle$ は N の最低固有値 0 に属する固有ベクトルである。N の固有値は 0 と正整数に限られるから，N のことを**粒子数演算子**とよぶ。また，$|0\rangle$ は，粒子数 0 の固有ベクトルだから，それを**真空**とよぶ。

いま，真空状態 $|0\rangle$ を

$$\langle 0|0\rangle = 1 \tag{2.13}$$

と規格化しておくと，

$$|n\rangle \equiv \frac{1}{\sqrt{n!}}\{a^\dagger\}^n|0\rangle \tag{2.14}$$

が，完全規格化直交関数系をなす。証明は，交換関係 (2.1) を用い，帰納法によるのがよい。つまり

$$\langle n|n'\rangle = \delta_{nn'} \tag{2.15}$$

また，完全性

$$\sum_{n=0}^{\infty} |n\rangle\langle n| = I \tag{2.16}$$

を証明することもできる．元気があったら自らやってみてほしい．

　N の固有値は，$0, 1, 2, \cdots$ で，それを粒子数と考えると，$a^\dagger$ は粒子を 1 個増やし，a は 1 個減らすので，$a^\dagger$ や a がそれぞれ**生成・消滅演算子**とよばれるわけである．また，1 つの状態に存在する粒子数を考えれば，これらの粒子は Bose 統計に従うものである．この理由によって，交換関係（2.1）を満たす演算子 $a^\dagger$ と a をそれぞれ，**boson 生成・消滅演算子**とよぶ．

　上の議論は，かなり抽象的であったが，a や $a^\dagger$ をもっと具体的に目で見たかったら，次のようにすればよい．式（2.4a）まで戻り，左から $\langle n'|$ をかけると

$$\langle n'|Na|n\rangle = n'\langle n'|a|n\rangle = (n-1)\langle n'|a|n\rangle \tag{2.17}$$

$$\therefore \quad (n'-n+1)\langle n'|a|n\rangle = 0 \tag{2.18}$$

したがって

$$\langle n'|a|n\rangle \neq 0 \qquad n' = n-1 \tag{2.19}$$

同様に，式（2.4b）より

$$\langle n|a^\dagger|n'\rangle \neq 0 \qquad n' = n-1$$

しかし

$$\langle n|N|n\rangle = n = \sum_{n'=0}^{\infty} \langle n|a^\dagger|n'\rangle\langle n'|a|n\rangle$$

$$= \sum_{n'=0}^{\infty} |\langle n-1|a|n\rangle|^2 \tag{2.20}$$

である．ここでは，完全性の条件（2.16）を用いた．式（2.20）から，

$$\langle n-1|a|n\rangle = \sqrt{n}\,e^{i\phi_n} \tag{2.21a}$$

$$\langle n|a^\dagger|n-1\rangle = \sqrt{n}\,e^{-i\phi_n} \tag{2.21b}$$

これらを具体的に書き出すと，位相因子を除外して，

$$a = \begin{bmatrix} 0 & 1 & 0 & 0 & 0 & \cdots \\ 0 & 0 & \sqrt{2} & 0 & 0 & \cdots \\ 0 & 0 & 0 & \sqrt{3} & 0 & \cdots \\ \vdots & \vdots & & & & \\ \vdots & & & & & \end{bmatrix} \tag{2.22a}$$

$$a^\dagger = \begin{bmatrix} 0 & 0 & 0 & 0 & 0 & \cdots \\ 1 & 0 & 0 & 0 & 0 & \cdots \\ 0 & \sqrt{2} & 0 & 0 & 0 & \cdots \\ 0 & 0 & \sqrt{3} & 0 & 0 & \cdots \\ \vdots & \vdots & & & & \end{bmatrix} \tag{2.22b}$$

となる. 固有ベクトルのほうは,

$$|0\rangle = \begin{bmatrix} 1 \\ 0 \\ 0 \\ 0 \\ 0 \\ \vdots \end{bmatrix}, \quad |1\rangle = \begin{bmatrix} 0 \\ 1 \\ 0 \\ 0 \\ 0 \\ \vdots \end{bmatrix}, \quad |2\rangle = \begin{bmatrix} 0 \\ 0 \\ 1 \\ 0 \\ 0 \\ \vdots \end{bmatrix} \cdots \tag{2.23}$$

となる. 式 (2.22), 式 (2.23) の具体的な形を用いて交換関係 (2.1) や, 式 (2.5) などを試してみるとよい. Bose 統計に従うのは, 光子, パイ中間子などである.

2. fermion の生成・消滅演算子

1個の状態に1個までしか入れない粒子を Fermi 統計に従う粒子という. これには, ニュートリノ, 電子, ミュー中間子, 陽子, 中性子などがある. このような粒子の生成・消滅を取り扱うためには, 粒子数演算子 N の固有値が0か1しかとりえないような代数を考えなければならない. 次のような演算子 $c^\dagger, c$ がこの要求を満たす.

$$cc^\dagger + c^\dagger c \equiv \{c, c^\dagger\} = 1 \tag{2.24a}$$

$$\{c, c\} = \{c^\dagger, c^\dagger\} = 0 \tag{2.24b}$$

$$N = c^\dagger c \tag{2.25}$$

をとると

$$[c, N] = c \tag{2.26a}$$

$$[c^{\dagger}, N] = -c^{\dagger} \tag{2.26b}$$

であることがすぐわかるから，boson 演算子のときと同様にして，$c^{\dagger}$ と c がそれぞれ生成・消滅演算子であることがいえる．ところで，この場合には反交換関係（2.24）のために

$$NN = c^{\dagger}cc^{\dagger}c = c^{\dagger}(c^{\dagger}c+1)c = c^{\dagger}c = N \tag{2.27}$$

となるから，N の固有値は，0 と 1 でしかありえない．それぞれの固有ベクトルを $|0\rangle, |1\rangle$ と書くと，

$$N|0\rangle = 0 \tag{2.28a}$$

$$N|1\rangle = |1\rangle \tag{2.28b}$$

である．

　前と同様にして，$c^{\dagger}, c$ の具体的な表現を得ることは容易で，この場合には

$$c = \begin{bmatrix} 0 & 1 \\ 0 & 0 \end{bmatrix} \qquad c^{\dagger} = \begin{bmatrix} 0 & 0 \\ 1 & 0 \end{bmatrix} \tag{2.29}$$

$$N = c^{\dagger}c = \begin{bmatrix} 0 & 0 \\ 0 & 1 \end{bmatrix} \tag{2.30}$$

$$|0\rangle = \begin{bmatrix} 1 \\ 0 \end{bmatrix} \qquad |1\rangle = \begin{bmatrix} 0 \\ 1 \end{bmatrix} \tag{2.31}$$

となる．規格化と完全性は

$$\langle n'|n\rangle = \delta_{nn'} \qquad (n, n' = 0, 1) \tag{2.32a}$$

$$\sum_{n=0,1} |n\rangle\langle n| = \begin{bmatrix} 1 & 0 \\ 0 & 1 \end{bmatrix} \tag{2.32b}$$

である．

　$c^{\dagger}, c$ を，**fermion 生成・消滅演算子**という．

§3. 調和振動子およびコヒーレント状態

　§2 で導入した boson, fermion 演算子は，実は，調和振動子と深い関係がある．調和振動子とは，

$$\dot{p} = -\omega^2 q \tag{3.1a}$$

$$\dot{q} = p \tag{3.1b}$$

で記述される物理系のことである.

boson 演算子が式 (3.1) と同等であることを示すには,

$$q(t) = \sqrt{\frac{\hbar}{2\omega}}\{ae^{-i\omega t} + a^\dagger e^{i\omega t}\} \tag{3.2a}$$

$$p(t) = -i\sqrt{\frac{\hbar\omega}{2}}\{ae^{-i\omega t} - a^\dagger e^{i\omega t}\} \tag{3.2b}$$

とおく. これは, 容易にわかるように, 式 (3.1) を満たしている.

ところで, 式 (3.2) を用いると

$$p(t)q(t) = -i\frac{\hbar}{2}\{aae^{-2i\omega t} - a^\dagger a + aa^\dagger - a^\dagger a^\dagger e^{2i\omega t}\} \tag{3.3a}$$

$$q(t)p(t) = -i\frac{\hbar}{2}\{aae^{-2i\omega t} + aa^\dagger - a^\dagger a - a^\dagger a^\dagger e^{2i\omega t}\} \tag{3.3b}$$

$$p^2(t) = -\frac{\hbar\omega}{2}\{aae^{-2i\omega t} - aa^\dagger - a^\dagger a + a^\dagger a^\dagger e^{2i\omega t}\} \tag{3.3c}$$

$$q^2(t) = \frac{\hbar}{2\omega}\{aae^{-2i\omega t} + aa^\dagger + a^\dagger a + a^\dagger a^\dagger e^{2i\omega t}\} \tag{3.3d}$$

が得られるが, これら4個の量の線形結合として, 時間に依存しないものは

$$p(t)q(t) - q(t)p(t) = -i\hbar \tag{3.4a}$$

$$H \equiv \frac{1}{2}\{p^2(t) + \omega^2 q^2(t)\} = \frac{1}{2}\hbar\omega\{a^\dagger a + aa^\dagger\} = \hbar\omega\left\{a^\dagger a + \frac{1}{2}\right\} \tag{3.4b}$$

の2個である. これは正に, Hamiltonian (3.4b) をもつ, 量子力学的な調和振動子である. この Hamiltonian (3.4b) は, 明らかに, 固有値

$$E_n = \hbar\omega\left(n + \frac{1}{2}\right) \qquad n = 0, 1, 2, \cdots \tag{3.5}$$

をもつ.

Hamiltonian (3.4b) と交換関係 (3.4a) を用いると, Heisenberg の運動方程式として, 前の式 (3.1) を再現することもできる. すなわち,

$$i\hbar\dot{p} = [p, H] = \omega^2[p, g]q = -i\hbar\omega^2 q \tag{3.6a}$$

$$i\hbar\dot{q} = [q, H] = [p, q]p = i\hbar p \tag{3.6b}$$

である.

fermion 演算子についても,ほとんど同じで,

$$q(t) = \sqrt{\frac{\hbar}{2\omega}}\{ce^{-i\omega t} + c^\dagger e^{i\omega t}\} \tag{3.7a}$$

$$p(t) = -i\sqrt{\frac{\hbar\omega}{2}}\{ce^{-i\omega t} - c^\dagger e^{i\omega t}\} \tag{3.7b}$$

とおく.この形から,式(3.1)が成り立つことは明らかであろう.ただし,今回は,$c, c^\dagger$ が反交換関係を満たしているために式(3.4a)や式(3.4b)は出てこない.つまり

$$p(t)q(t) = -i\frac{\hbar}{2}\{-c^\dagger c + cc^\dagger\} \tag{3.8a}$$

$$q(t)p(t) = -i\frac{\hbar}{2}\{c^\dagger c - cc^\dagger\} \tag{3.8b}$$

$$p^2(t) = \frac{\hbar\omega}{2}\{cc^\dagger + c^\dagger c\} = \frac{1}{2}\hbar\omega \tag{3.8c}$$

$$q^2(t) = \frac{\hbar}{2\omega}\{cc^\dagger + c^\dagger c\} = \frac{1}{2}\frac{\hbar}{\omega} \tag{3.8d}$$

したがって,式(3.4)の代わりに

$$p(t)q(t) + q(t)p(t) = 0 \tag{3.9a}$$

$$H \equiv \frac{i}{2}\omega\{q(t)p(t) - p(t)q(t)\}$$

$$= i\omega q(t)p(t) = \hbar\omega\left\{c^\dagger c - \frac{1}{2}\right\} \tag{3.9b}$$

が得られる.式(3.9b)のような Hamiltonian は,今までに出てきたことはないし,式(3.9a)のほうも,今まで出てきたことのない関係である.しかし,式(3.9)で表される物理系は,量子力学的には可能である.式(3.9b)からわかるように,Hamiltonian の固有値は

$$E_n = \hbar\omega\left(n - \frac{1}{2}\right) \qquad n = 0, 1 \tag{3.10}$$

しかも,Heisenberg の運動方程式として式(3.1)が再現できる.事実

$$i\hbar\dot{p} = [p, H] = -\frac{i}{2}\omega\{p^2 q - pqp - pqp + qp^2\}$$

$$= -i\omega\{p^2 q + qp^2\} = -i\hbar\omega^2 q \tag{3.11a}$$

$$i\hbar\dot{q} = [q, H] = -\frac{i}{2}\omega\{qpq - q^2 p - pq^2 + qpq\}$$

$$= i\hbar p \tag{3.11b}$$

である. ここでは式 (3.8c, d), 式 (3.9) を用いた. つまり, fermion 系は, Hamiltonian (3.9b) をもち, 演算子が式 (3.8c, d), 式 (3.9a) を満たすような調和振動子と同等であるということができる.

式 (3.5) や式 (3.10) に出てきた $\pm\hbar\omega\frac{1}{2}$ という項が, **零点振動**といわれる項である.

[コヒーレント状態]

コヒーレント状態は, 量子光学で重要だからここでちょっと触れておく. 任意のベクトル $|\ \rangle$ は, 完全直交ベクトル $|n\rangle$ で展開できるが, その展開係数を適当に選ぶと, $|\ \rangle$ が boson 消滅演算子 a の固有ベクトルになる. a はエルミートでないから, このことはあたりまえではない.

$$|\ \rangle = \sum_{n=0}^{\infty} |n\rangle\beta_n \tag{3.12}$$

としよう. β_n は, 展開係数である. 式 (3.12) の左から $\langle m|$ をかけると

$$\langle m|\ \rangle = \sum_{n=0}^{\infty} \langle m|n\rangle\beta_n = \beta_m \tag{3.13}$$

したがって式 (3.12) は

$$|\ \rangle = \sum_{n=0}^{\infty} |n\rangle\langle n|\ \rangle \tag{3.14}$$

これは, 完全性の条件 (2.16) から, 実はあたりまえである.

さて, あるベクトル $|f\rangle$ が固有値 f に属する a の固有状態であるとすると

$$a|f\rangle = f|f\rangle \tag{3.15}$$

(一般に f は複素数である.) この $|f\rangle$ を式 (3.14) のように展開すると

$$|f\rangle = \sum_{n=0}^{\infty} |n\rangle\langle n|f\rangle \tag{3.16}$$

この方程式の左から a をかけて

$$a|n\rangle = \sqrt{n}\,|n-1\rangle \tag{3.17}$$

を用いると,

$$a|f\rangle = \sum_{n=0}^{\infty} a|n\rangle\langle n|f\rangle = \sum_{n=0}^{\infty} \sqrt{n}\,|n-1\rangle\langle n|f\rangle \tag{3.18}$$

式 (3.15) により

$$f|f\rangle = \sum_{n=1}^{\infty} f|n-1\rangle\langle n-1|f\rangle \tag{3.19}$$

$$\therefore \quad \sqrt{n}\,\langle n|f\rangle = f\langle n-1|f\rangle \qquad n = 1, 2, \cdots \tag{3.20}$$

したがって

$$\langle n|f\rangle = \frac{f^n}{\sqrt{n!}} \tag{3.21}$$

である. ということは, a の固有値方程式 (3.15) は,

$$|f\rangle = \sum_{n=0}^{\infty} |n\rangle\frac{f^n}{\sqrt{n!}} = \sum_{n=0}^{\infty} \frac{f^n}{n!}(a^\dagger)^n|0\rangle$$
$$= \mathrm{e}^{fa^\dagger}|0\rangle \tag{3.22}$$

によって満たされるということになる. これが a の固有ベクトルである. この固有ベクトルを**コヒーレント状態**という.

§4. 場の量子化と Fock 空間

　§3では, 生成・消滅演算子が調和振動子と同等であることを証明した. 一方, II 章の§2では, 波動関数 ϕ が, 無限個の調和振動子と同等であることをみた. これらをいっしょにすると, 波動方程式を満たす関数を, 生成・消滅演算子として表現できることになる. そうすると, 光子や電子の数が変わるような現象も取り扱うことができるようになる. このことを勉強しよう.

　まず, 粒子にはいろいろと異なった運動量などをもったものがあるから, それらを表現するために生成・消滅演算子の代数を拡張しなければならない. 生成・消滅演算子がベクトルのラベル $\boldsymbol{k}$ をもつとし, 式 (2.1) の関係を

$$[a_k, a_{k'}^\dagger] = \delta_{k,k'} \tag{4.1a}$$

$$[a_k, a_{k'}] = [a_k^\dagger, a_{k'}^\dagger] = 0 \tag{4.1b}$$

と拡張する.

§2 の議論を, 各 k について適用すると, 全体の体系につき, 粒子数が $\{n_k\}$ である状態は

$$|\{n_k\}\rangle = \prod_k \left\{ \frac{1}{\sqrt{n_k!}} (a_k^\dagger)^{n_k} \right\} |0\rangle \tag{4.2}$$

で表される. ただし, $|0\rangle$ とは, すべての粒子に対する真空で,

$$a_k|0\rangle = 0 \qquad (\text{すべての } k \text{ につき}) \tag{4.3a}$$

$$\langle 0|0\rangle = 1 \tag{4.3b}$$

を満たすようなものである. 式 (4.2) は完全直交系で, これによって張られる空間を **Fock 空間**という. 全粒子数は

$$N = \sum_k a_k^\dagger a_k \tag{4.4}$$

で表され, それは明らかに

$$N|\{n_k\}\rangle = \left(\sum_k n_k\right)|\{n_k\}\rangle \tag{4.5}$$

を満たす. ベクトル (4.2) は, 演算子 $a_k^\dagger$ の順序を交換しても, その価は変わらない. (4.1b) によってすべての $a_k^\dagger$ は $a_{k'}^\dagger$ と交換するからである.

そこで, 式 (3.2) に似せて

$$\phi(\boldsymbol{x}, t) = \frac{1}{\sqrt{V}} \sum_k \sqrt{\frac{\hbar}{2\omega_k}} \{a_k e^{ikx - i\omega_k t} + a_k^\dagger e^{-ikx + i\omega_k t}\} \tag{4.6a}$$

$$\pi(\boldsymbol{x}, t) = -\frac{i}{\sqrt{V}} \sum_k \sqrt{\frac{\hbar\omega_k}{2}} \{a_k e^{-ikx - i\omega_k t} - a_k^\dagger e^{-ikx + i\omega_k t}\} \tag{4.6b}$$

という 2 個の場を定義する. ただし

$$\omega_k = c\sqrt{\boldsymbol{k}^2 + \kappa^2} \tag{4.7a}$$

$$V = L_1 L_2 L_3 \tag{4.7b}$$

である. この定義 (4.6), (4.7) をみると

$$\dot{\phi}(\boldsymbol{x}, t) = \pi(\boldsymbol{x}, t) \tag{4.8a}$$

$$\dot{\pi}(\boldsymbol{x}, t) = c^2(\nabla^2 - \kappa^2)\phi(\boldsymbol{x}, t) \tag{4.8b}$$

が成り立つことがすぐわかる．これらの方程式をいっしょにすると

$$\left[\frac{\partial^2}{\partial t^2}-c^2(\nabla^2-\kappa^2)\right]\phi(\boldsymbol{x},t)=0 \tag{4.9}$$

という，前に考えた Klein-Gordon 方程式に到達する．（III 章　式（7.14）参照）

式（4.1）の交換関係を用いると，式（4.6）の量は

$$[\pi(\boldsymbol{x},t),\phi(\boldsymbol{x}',t)]=-i\hbar\delta(\boldsymbol{x}-\boldsymbol{x}') \tag{4.10a}$$

$$[\pi(\boldsymbol{x},t),\pi(\boldsymbol{x}',t)]=[\phi(\boldsymbol{x},t),\phi(\boldsymbol{x}',t)]=0 \tag{4.10b}$$

を満たす演算子であることがわかる．つまり $\phi(\boldsymbol{x},t)$ は**量子化された場**であり，$\pi(\boldsymbol{x})$ はその正準共役運動量である．そしてこの場は，Bose 統計に従う複数個の粒子を表している．

Hamiltonian は，

$$H=\sum_k\hbar\omega_k\left(a_k^\dagger a_k+\frac{1}{2}\right) \tag{4.11}$$

ととればよい．これが正しい Hamiltonian であるということは，Heisenberg の運動方程式を計算して式（4.8）が得られることを確認すればよい．

この Hamiltonian 式（4.11）を場の量 ϕ と π で書くためには，式（4.6）を逆に解いて

$$a_k=\frac{1}{\sqrt{V}}\int_V\mathrm{d}^3x\frac{1}{\sqrt{2\hbar\omega_k}}\{\omega_k\phi(\boldsymbol{x},t)+i\pi(\boldsymbol{x},t)\}\mathrm{e}^{-i\boldsymbol{k}\boldsymbol{x}+i\omega_k t} \tag{4.12a}$$

$$a_k^\dagger=\frac{1}{\sqrt{V}}\int_V\mathrm{d}^3x\frac{1}{\sqrt{2\hbar\omega_k}}\{\omega_k\phi(\boldsymbol{x},t)-i\pi(\boldsymbol{x},t)\}\mathrm{e}^{i\boldsymbol{k}\boldsymbol{x}-i\omega_k t} \tag{4.12b}$$

を，式（4.11）に代入する．少々めんどうな計算の後

$$H=\frac{1}{2}\int_V\mathrm{d}^3x\{\pi(\boldsymbol{x},t)\pi(\boldsymbol{x},t)$$
$$+c^2\nabla\phi(\boldsymbol{x},t)\cdot\nabla\phi(\boldsymbol{x},t)+c^2\kappa^2\phi(\boldsymbol{x},t)\phi(\boldsymbol{x},t)\} \tag{4.13}$$

が得られる．この Hamiltonian の固有値は

$$E(\{n_k\})=\sum_k\hbar\omega_k\left\{n_k+\frac{1}{2}\right\}$$
$$n_k=0,1,2,\cdots \qquad (各\ \boldsymbol{k}\ について) \tag{4.14}$$

であり，固有ベクトルは式（4.2）である．

　物理的意味は，明らかと思うが，一応書いておく．状態（4.2）には，波数ベクトル $\boldsymbol{k}$ およびエネルギー $\hbar\omega_k$ をもった粒子が n_k 個ずつ存在する．式（4.7a）によると

$$\hbar\omega_k = c\sqrt{(\hbar\boldsymbol{k})^2 + (\hbar\kappa)^2} \tag{4.15}$$

だから相対論的な関係

$$E = c\sqrt{\boldsymbol{p}^2 + m_0{}^2 c^2} \tag{4.16}$$

と比べると，この場の粒子は，運動量

$$\boldsymbol{p} = \hbar\boldsymbol{k} \tag{4.17}$$

をもち，静止質量

$$m_0 = \frac{\hbar\kappa}{c} \tag{4.18}$$

をもっていることになる．波数ベクトル $\boldsymbol{k}$ をもった粒子の数が n_k で，n_k は，$0, 1, 2, \cdots$ ととれるから，これは Bose 統計に従う粒子である．これらの量子が Bose 統計に従うということは統計力学を適用してみてもわかる．正準集合の分配関数を計算してみると，

$$Z_C = \prod_{\boldsymbol{k}} \sum_{nk=0}^{\infty} e^{-\beta\hbar\omega_k\left(n_k + \frac{1}{2}\right)} \tag{4.19}$$

そこで

$$\sum_{n=0}^{\infty} e^{-a\left(n + \frac{1}{2}\right)} = e^{-\frac{a}{2}}[1 + e^{-a} + e^{-2a} + \cdots]$$

$$= e^{-\frac{a}{2}} \frac{1}{1 - e^{-a}} \qquad (a \geq 0) \tag{4.20}$$

を用いると

$$Z_C = \prod_{\boldsymbol{k}} \frac{e^{-\frac{1}{2}\beta\hbar\omega_k}}{1 - e^{-\beta\hbar\omega_k}} \tag{4.21}$$

となる．

　したがって，Helmholtz の自由エネルギーは，

$$F = -\frac{1}{\beta}\ln Z_C = -\frac{1}{\beta}\sum_{\boldsymbol{k}}\ln\left[\frac{e^{-\frac{1}{2}\beta\hbar\omega_k}}{1 - e^{-\beta\hbar\omega_k}}\right] \tag{4.22a}$$

$$= \frac{1}{\beta} \frac{V}{(2\pi)^3} \int \mathrm{d}^3 k \ln\left[\frac{\mathrm{e}^{-\frac{1}{2}\beta\hbar\omega_k}}{1-\mathrm{e}^{-\beta\hbar\omega_k}} \right] \tag{4.22b}$$

　分子に出ている零点エネルギーを省略すると，式 (4.22b) から，平均のエネルギーは

$$\langle E \rangle_c = -\frac{\partial}{\partial\beta} \ln Z_c = \frac{V}{(2\pi)^3} \int \mathrm{d}^3 k \frac{\partial}{\partial\beta} \ln(1-\mathrm{e}^{-\beta\hbar\omega_k})$$

$$= \frac{V}{(2\pi)^3} \int \mathrm{d}^3 k \frac{\hbar\omega_k}{\mathrm{e}^{\beta\hbar\omega_k}-1} \tag{4.23}$$

この積分の中に出てきた関数は，Bose 統計に従う粒子の分布に特徴的なものである．

　もし，静止質量が 0，つまり $x=0$ ならば，式 (4.15) から $\omega_k = ck$ となり，式 (4.23) で与えられるエネルギーの平均値はよく知られた Planck の分布になっているはずである．事実

$$\int_{-\infty}^{\infty} \mathrm{d}^3 k \cdots = 4\pi \int_0^{\infty} \mathrm{d}k\, k^2 \cdots = \frac{4\pi}{c^3} \int_0^{\infty} \mathrm{d}\omega\, \omega^2 \cdots \tag{4.24}$$

を用いて式 (4.23) を書き直すと

$$\langle E \rangle_c = \frac{4\pi V}{(2\pi c)^3} \int_0^{\infty} \mathrm{d}\omega \frac{\hbar\omega^3}{\mathrm{e}^{\beta\hbar\omega}-1} \tag{4.25}$$

という Planck の分布が得られる．（ただし，光子の場合には，光子の偏りからくる因子 2 が式 (4.25) にかかる．）

　Fermi 粒子の集まりを表す場を，上と同様にして作ることはやさしいが，ここではそれをやらない．式 (4.6) から，量子化された場は，運動量 $\hbar k$ の粒子を生成させる項と，消滅させる項から成っている．同じように，光子を扱う場合は，電磁気学に出てくるベクトルポテンシャル $\boldsymbol{A}(\boldsymbol{x}, t)$ を量子化された場として扱う．これは，運動量 $\hbar\boldsymbol{k}$ を持った光子を 1 個生成させる演算子と，1 個消滅させる演算子の項から成っている．ここでは，原子による光子の生成と消滅を詳しく取り扱うわけにはいかない．というのは，これをやるためには，量子力学をさらに原子と光子の系に拡張しなければならない．これをここで行うのは，少々しんどいからである．

第 VI 章

行列および行列式

§1. はじめに

　量子力学では，運動量とか角運動量とかいった物理量は，状態ベクトルに作用する演算子である．演算子の具体的なものが，今から勉強する行列である．量子力学では無限個の要素からできた行列を問題にするが，ここでは有限個の要素からできた行列を考える．有限個の要素からできた行列において成り立つ定理は，無限個の要素から成り立つ行列に対しては必ずしも成り立つ保証はない．しかし，この点を注意しながら転用すれば，十分役に立つことは言うまでもないことである．

　ここでは議論を具体的に進めるために，あまり抽象的な定義や証明などは並べないで，できるかぎり2行2列か3行3列の行列の場合の例をあげながら話をするように努める．

§2. 行列のかけ算，たし算など

　行列に関するたし算とかけ算は周知であろう．特に A と B とが "同じ大きさ" の正方行列であるときは，話は簡単である．

　いま $n \times n$ 個の数 a_{ij} $(i, j = 1, 2, \cdots, n)$ を，

$$A = \begin{bmatrix} a_{11} & a_{12} & a_{13} & \cdots & a_{1n} \\ a_{21} & a_{22} & a_{23} & \cdots & a_{2n} \\ & & \cdots\cdots & & \\ a_{n1} & a_{n2} & a_{n3} & \cdots & a_{nn} \end{bmatrix} \tag{2.1}$$

のように並べたものを行列 A とよぶ. つまり a_{ij} の最初の添え字は水平の行を, 第2の添え字は垂直の列を示す. 簡単に記号的に,

$$A = [a_{ij}] \tag{2.2}$$

と書くこともある. a_{ij} は実数でも複素数でもよい. 以下, ほとんどの場合, 上のような正方形の行列のみを考える. $a_{11}, a_{22}, \cdots, a_{nn}$ を行列 A の**対角要素**とよぶ. 行列 (2.1) や (2.2) を簡単に $n \times n$ **の行列**ということもある.

　2つの行列のたし算は, 各行列要素をたしたもので定義する. すなわち,

$$A + B = [a_{ij} + b_{ij}] \tag{2.3}$$

例はあとで挙げる (行列のたし算の詳しいことは VII 章参照).

　行列 A と B をかけるということは,

$$AB = \left[\sum_k a_{ik} b_{kj} \right] \tag{2.4}$$

を作ることである. したがって, 一般には AB と BA とは等しくない. これも例はあとで挙げる. もし,

$$AB = BA \tag{2.5}$$

なら, 行列 A と B は**交換可能**あるいは**可換**であるという.

　行列 A に普通の数 α をかけるということは,

$$\alpha A = [\alpha a_{ij}] \tag{2.6}$$

すなわち A のすべての行列要素を α 倍する.

　行列のわり算はどうするか？　これは少々複雑で, 行列式および余因子というものを定義しておかなければならない.

　行列 A の**行列式** (determinant) は通常3通りの書き方がある. いずれでも便利なものを使えばよいが,

$$\det(A) \equiv |a_{ij}| \equiv \Delta_A \tag{2.7}$$

の3通りで, それらは,

$$= \sum_{i_1, i_2, \cdots, i_n = 1}^{n} \varepsilon_{i_1 i_2 \cdots i_n} a_{i_1 1} a_{i_2 2} a_{i_3 3} \cdots a_{i_n n} \tag{2.8}$$

ということである. ただし, n 個の添え字をもった ε というのは, すべての添え字に対して反対称な **Levi-Civita の全反対称量**で, 便宜上,

$$\varepsilon_{12 \cdots n} = 1 \tag{2.9}$$

ととる (IV 章で, 3 個の足をもった全反対称量を導入した). また, 例によって, くり返した添え字に対しては, 1 から n まで和をとるという **Einstein の便法**を用いる. 式 (2.8) をもう少し詳しく書くと,

$$\Delta_A = a_{11} \{ \varepsilon_{1 i_2 i_3 \cdots i_n} a_{i_2 2} a_{i_3 3} \cdots a_{i_n n} \}$$
$$+ a_{21} \{ \varepsilon_{2 i_2 i_3 \cdots i_n} a_{i_2 2} a_{i_3 3} \cdots a_{i_n n} \}$$
$$+ a_{31} \{ \varepsilon_{3 i_2 i_3 \cdots i_n} a_{i_2 2} a_{i_3 3} \cdots a_{i_n n} \}$$
$$+ \cdots + a_{n1} \{ \varepsilon_{n i_2 i_3 \cdots i_n} a_{i_2 2} a_{i_3 3} \cdots a_{i_n n} \} \tag{2.8'}$$

となる. この表現をよくながめて, { } の外にくくりだした n 個の係数 $a_{11}, a_{21}, \cdots, a_{n1}$ は, もう, どの { } の中にもはいっていないことを見逃さないように. しかし, 式 (2.8) も式 (2.8′) もこれでは抽象的でわかりにくいから, 2×2 と 3×3 の場合に具体的に書いておくと:

2×2 の場合,

$$\Delta_A = \begin{vmatrix} a_{11} & a_{12} \\ a_{21} & a_{22} \end{vmatrix} = \varepsilon_{ij} a_{i1} a_{j2} = a_{11} a_{22} - a_{12} a_{21} \tag{2.10}$$

ただし,

$$\varepsilon_{12} = -\varepsilon_{21} = 1 \tag{2.10'}$$

を用いた.

3×3 の場合には,

$$\Delta_A = \begin{vmatrix} a_{11} & a_{12} & a_{13} \\ a_{21} & a_{22} & a_{23} \\ a_{31} & a_{32} & a_{33} \end{vmatrix} = \varepsilon_{ijk} a_{i1} a_{j2} a_{k3}$$

$$= a_{11} \begin{vmatrix} a_{22} & a_{23} \\ a_{32} & a_{33} \end{vmatrix} - a_{12} \begin{vmatrix} a_{21} & a_{23} \\ a_{31} & a_{33} \end{vmatrix} + a_{13} \begin{vmatrix} a_{21} & a_{22} \\ a_{31} & a_{32} \end{vmatrix} \tag{2.11}$$

$$= a_{11} (a_{22} a_{33} - a_{23} a_{32}) - a_{21} (a_{12} a_{33} - a_{13} a_{32})$$
$$+ a_{31} (a_{12} a_{23} - a_{13} a_{22}) \tag{2.11'}$$

　ここでも ε_{ijk} の全反対称性を用いた．式 (2.11) をみれば見当がつくが，一般の場合の式 (2.8′) の a_{i1} $(i=1,2,\cdots,n)$ の係数は，A から，第 i 行第 1 列を取り除いた $(n-1)\times(n-1)$ の行列の行列式に，$(-1)^{1+i}$ をかけたものになっている．そしてこの場合，すべての係数は ε の全反対称性によって，もはや a_{i1} には依存しないから，

$$a_{i1} \text{ の係数} = \frac{\partial \Delta_A}{\partial a_{i1}} \qquad (i = 1, 2, \cdots, n) \tag{2.12}$$

である．この記号を用いると，式 (2.8′) の展開は，

$$\Delta_A = a_{i1} \frac{\partial \Delta_A}{\partial a_{i1}} \tag{2.13}$$

となる．i については 1 から n までたしてある．いま a_{ij} に対して，

$$\frac{\partial \Delta_A}{\partial a_{ij}} \tag{2.14}$$

のことを，a_{ij} の**余因子**（cofactor）とよぶ．これを使うと，行列式は，次のように n 個の異なった形に書くことができる：

$$\Delta_A = a_{i1} \frac{\partial \Delta_A}{\partial a_{i1}} = a_{i2} \frac{\partial \Delta_A}{\partial a_{i2}} = \cdots = a_{in} \frac{\partial \Delta_A}{\partial a_{in}} \tag{2.15}$$

さらに，

$$\Delta_A = a_{1i} \frac{\partial \Delta_A}{\partial a_{1i}} = a_{2i} \frac{\partial \Delta_A}{\partial a_{2i}} = \cdots = a_{ni} \frac{\partial \Delta_A}{\partial a_{ni}} \tag{2.16}$$

と書くこともできる．一般的な場合に証明するのはかえって抽象的でわかりにくいから，ここではやらないが，3 行 3 列の場合をやってみて納得しておくのがよいと思う．

　もし，

$$a_{ik} \frac{\partial \Delta_A}{\partial a_{jk}} \qquad (i \neq j) \tag{2.17}$$

を作ってみると，これは恒等的に 0 になってしまう．したがって，式 (2.15) と式 (2.16) と，この式をいっしょにして 1 つの式で書くと，

$$a_{ik} \frac{\partial \Delta_A}{\partial a_{jk}} = \Delta_A \, \delta_{ij} \tag{2.18}$$

となる. ここで i と j は1から n までの勝手な値をとる. a_{ij} の余因子とは, 要するに, A から i 行と j 列を取り除いた残りの $(n-1) \times (n-1)$ の行列から作った行列式に, 符号 $(-1)^{i+j}$ をかけたものである. すなわち,

$$\frac{\partial \Delta_A}{\partial a_{ij}} = (-1)^{i+j} \times | A_{ij} \text{ から } i \text{ 行 } j \text{ 列をのぞいた } (n-1) \times (n-1) \text{ の行列} |$$

(2.19)

である.

いま式 (2.19) を j 行 i 列において作った行列を Y とすると (ここで i と j をひっくり返したことに注意), すなわち,

$$Y = \begin{bmatrix} \dfrac{\partial \Delta_A}{\partial a_{11}} & \dfrac{\partial \Delta_A}{\partial a_{21}} & \cdots & \dfrac{\partial \Delta_A}{\partial a_{n1}} \\[2mm] \dfrac{\partial \Delta_A}{\partial a_{12}} & \dfrac{\partial \Delta_A}{\partial a_{22}} & \cdots & \dfrac{\partial \Delta_A}{\partial a_{n2}} \\[2mm] & & \cdots\cdots & \\[2mm] \dfrac{\partial \Delta_A}{\partial a_{1n}} & \dfrac{\partial \Delta_A}{\partial a_{2n}} & \cdots & \dfrac{\partial \Delta_A}{\partial a_{nn}} \end{bmatrix}$$

(2.20)

とおくと, 式 (2.18) によって,

$$AY = YA = I\Delta_A$$

(2.21)

である. ただし I とは, n 行 n 列の**単位行列**で,

$$I = \begin{bmatrix} 1 & 0 & 0 & \cdots & 0 \\ 0 & 1 & 0 & \cdots & 0 \\ & & \cdots\cdots & & \\ 0 & 0 & 0 & \cdots & 1 \end{bmatrix}$$

(2.22)

である. 式 (2.21) が, 行列のわり算を定義するときに重要な式なのである.

式 (2.21) を見ると,

$$A^{-1} = Y \frac{1}{\Delta_A}$$

(2.23)

とおけばよいことがわかる. つまり行列 A で割るということは, 式 (2.23) をかけることと同じである. もちろん,

$$\det(A) \neq 0$$

(2.24)

でなければ式（2.23）は意味をなさない．そうすると式（2.21）により，

$$AA^{-1} = A^{-1}A = I \tag{2.25}$$

となる．言い換えると，行列 A でわり算ができるのは式（2.24）が成り立つときで，そのとき **A の逆行列**（これも $n \times n$ 行列）を式（2.23）で定義する．

なお，行列式の定義（2.8）によると，行列式に対する重要かつ便利な関係，

$$\det(A)\det(B) = \det(AB) \tag{2.26}$$

が得られる（演習問題参照）．したがって式（2.25）より，

$$\det(A)\det(A^{-1}) = 1 \tag{2.27}$$

$$\Delta_A \Delta_{A^{-1}} = 1 \tag{2.27'}$$

が得られる．また式（2.6）によると，

$$\det(\alpha A) = \alpha^n \det(A) \tag{2.28}$$

となることに注意．

また，逆行列について重要な関係

$$(AB)^{-1} = B^{-1}A^{-1} \tag{2.29}$$

も容易に確かめられる（A^{-1} および B^{-1} が存在するとして）．

最後に 2 行 2 列と 3 行 3 列の場合の Y を具体的に書いておく．2 行 2 列の行列を，

$$A = \begin{bmatrix} a_{11} & a_{12} \\ a_{21} & a_{22} \end{bmatrix} \tag{2.30}$$

とすると，Y は，

$$Y = \begin{bmatrix} a_{22} & -a_{12} \\ -a_{21} & a_{11} \end{bmatrix} \tag{2.31}$$

となる．同様に 3 行 3 列の場合には少々複雑だが，

$$Y = \begin{bmatrix} \begin{vmatrix} a_{22} & a_{23} \\ a_{32} & a_{33} \end{vmatrix} & -\begin{vmatrix} a_{12} & a_{13} \\ a_{32} & a_{33} \end{vmatrix} & \begin{vmatrix} a_{12} & a_{13} \\ a_{22} & a_{23} \end{vmatrix} \\ -\begin{vmatrix} a_{21} & a_{23} \\ a_{31} & a_{33} \end{vmatrix} & \begin{vmatrix} a_{11} & a_{13} \\ a_{31} & a_{33} \end{vmatrix} & -\begin{vmatrix} a_{11} & a_{13} \\ a_{21} & a_{23} \end{vmatrix} \\ \begin{vmatrix} a_{21} & a_{22} \\ a_{31} & a_{32} \end{vmatrix} & -\begin{vmatrix} a_{11} & a_{12} \\ a_{31} & a_{32} \end{vmatrix} & \begin{vmatrix} a_{11} & a_{12} \\ a_{21} & a_{22} \end{vmatrix} \end{bmatrix} \tag{2.32}$$

である．

§3. 転置行列，直交行列など

　具体的な例を挙げる前にもう少し我慢して，2，3 の定義を知っておいても
らわなければならない．というのは，物理に出てくる行列はあまり勝手なも
のではなく，ある性質をもったものに限られるからである．

　いま行列（2.1）に対して，行と列を交換した

$$A^T = \begin{bmatrix} a_{11} & a_{21} & a_{31} & \cdots & a_{n1} \\ a_{12} & a_{22} & a_{32} & \cdots & a_{n2} \\ & & \cdots\cdots & & \\ a_{1n} & a_{2n} & a_{3n} & \cdots & a_{nn} \end{bmatrix} \tag{3.1}$$

を，A の**転置行列**（transposed matrix）とよぶ．これについては，

$$(AB)^T = B^T A^T \tag{3.2}$$

が成り立つ（演習問題参照）．

　もし，

$$A = A^T \tag{3.3}$$

なら，A を**対称行列**（symmetric matrix）

$$A = -A^T \tag{3.4}$$

なら，A を**反対称行列**（antisymmetric あるいは skewsymmetric matrix）と
よぶのは自然であろう．

　転置行列の行列式は，もとの行列の行列式と同じである．これは定義
（2.8）から出る．すなわち，

$$\det(A) = \det(A^T) \tag{3.5}$$

（式（2.11′）で行と列を交換してみよ），また式（2.28）によって，

$$\det(Y) = (\varDelta_A)^n \det(A^{-1}) = (\varDelta_A)^n \frac{1}{\varDelta_A} = (\varDelta_A)^{n-1} \tag{3.6}$$

である（もちろん $\varDelta_A \neq 0$ のときの話）．

　直交行列（orthogonal matrix）というのは，すべての行列要素が実数で

$$A^{-1} = A^T \tag{3.7}$$

を満たすものをいう．すなわち直交行列は，

$$A^T A = AA^T = I \tag{3.8}$$

を満たす．これを**直交条件**ともいう．IV 章の 3 次元の回転を表す a_{ij} は，条件 (3.8) を満たすから，それは直交行列である．直交行列という名前はここから出たのであろう．n 次元のベクトルの，ある直交座標系での成分を $x_i\ (i=1, 2, \cdots, n)$ とすると，

$$x_i' = a_{ij} x_j \tag{3.9}$$

は，a_{ij} が条件 (3.8) を満たすとき，やはり同じベクトルの，回転した直交座標系での成分となる．そして両座標系でベクトルの長さは変わらない．

　直交条件 (3.8) の両辺の行列式をとって式 (3.5) を用いると，

$$[\det(A)]^2 = 1 \tag{3.10}$$

すなわち

$$\det(A) = \pm 1 \tag{3.11}$$

となる．これは直交行列の特長で，$+1$ のほうを回転，-1 のほうを反転（または，反転を含む回転）ということは，IV 章でみたところである．3 次元の回転のほうは 3 個のパラメーターで表すことができ，たとえば一般的に，

$$a_{ij} = (\delta_{ij} - e_i e_j)\cos\theta + e_i e_j + \varepsilon_{ijk} e_k \sin\theta \tag{3.12}$$

とおくことができる．ただし $e_i\ (i=1, 2, 3)$ は単位ベクトルの成分である．一般の $n \times n$ の直交行列の $\det(A)=1$ のほうは，$n(n-1)/2$ 個のパラメーターで表現できる（これは式 (3.8) の条件式の数から算出できる）．したがって，4×4 の直交行列なら 6 個のパラメーターとなる．これが 4 次元の相対性理論で，3 個の空間回転のパラメーターと 3 個の速度成分を考える理由である．

　次に重要なのは，互いに密接な関係にあるエルミート行列とユニタリー行列である．これらについては節を改めて勉強しよう．

§4. エルミート行列，ユニタリー行列など

　複素数の要素からできている一般の行列を考える．行列要素 a_{ij} の複素共役 $(a_{ij})^*$ をとり，それらを行と列を逆にして並べて作った

$$A^\dagger = \begin{bmatrix} a_{11}^* & a_{21}^* & a_{31}^* & \cdots & a_{n1}^* \\ a_{12}^* & a_{22}^* & a_{32}^* & \cdots & a_{n2}^* \\ & & \cdots\cdots & & \\ a_{1n}^* & a_{2n}^* & a_{3n}^* & \cdots & a_{nn}^* \end{bmatrix} \tag{4.1}$$

を, A のエルミート共役 (Hermite conjugate) な行列という. 容易にわかるように,

$$(AB)^\dagger = B^\dagger A^\dagger \tag{4.2}$$

である. このままではもとの行列と別物だが, もし,

$$A = A^\dagger \tag{4.3}$$

が成り立つとき, A を**自己エルミート共役行列**, または簡単に, A はエルミートであるという. 単にエルミート行列といったら, 自己エルミート共役の行列を意味する. エルミート行列はおいおいわかるように, 量子力学で特に重要である. その性質は§7で詳しく述べるが, 定義 (4.3) からすぐ出てくることは, A の対角要素はすべて実数, 非対角要素は行と列を交換したとき互いに複素共役になっているということである. したがって, 一般にエルミート行列は,

$$A^\dagger = A = \begin{bmatrix} a_{11} & a_{12} & a_{13} & \cdots & a_{1n} \\ a_{12}^* & a_{22} & a_{23} & \cdots & a_{2n} \\ & & \cdots\cdots & & \\ a_{1n}^* & a_{2n}^* & a_{3n}^* & \cdots & a_{nn} \end{bmatrix} \tag{4.4}$$

となっており, 対角要素 $a_{11}, a_{22}, \cdots, a_{nn}$ は全部実数である. エルミート行列はいくつたし合わせてもやはりエルミートである. ただし, 2個のエルミート行列をかけ合わせたものは必ずしもエルミートではない.

ユニタリー行列 U というのは, その逆 U^{-1} が存在し, かつそれが U のエルミート共役行列 $U^\dagger$ に等しい行列をいう. すなわち,

$$U^\dagger = U^{-1} \tag{4.5}$$

を満たす行列を**ユニタリー行列**という. ユニタリー行列も量子力学で大活躍する.

ある行列 A を $U^\dagger$ と U ではさむことを, U で**ユニタリー変換**するという. すなわち,

$$A' = U^\dagger A U \tag{4.6}$$

は，A をユニタリー変換したものである．もしこの A がエルミートならば，A' もエルミートである．証明は簡単で，

$$(A')^\dagger = (U^\dagger A U)^\dagger = U^\dagger A^\dagger U = U^\dagger A U = A' \tag{4.7}$$

つまり，ユニタリー変換してもエルミート性は失われない．量子力学では力学量をエルミート演算子で表すから，それにユニタリー変換してもまた，同じくエルミートの力学量になる．ユニタリー変換は何度くり返してもやはりユニタリーである（演習問題）．ユニタリー変換の自由度を利用して問題を解こうというのである．ユニタリー変換は，古典力学における正準変換に対応する．

§5. Pauli スピン行列と T 行列

今までかなり抽象的に話をしてきたので，ここで少し例を挙げて具体的に計算の練習をしよう．2 行 2 列の Pauli スピン行列

$$\sigma_1 = \begin{bmatrix} 0 & 1 \\ 1 & 0 \end{bmatrix} \quad \sigma_2 = \begin{bmatrix} 0 & -i \\ i & 0 \end{bmatrix} \quad \sigma_3 = \begin{bmatrix} 1 & 0 \\ 0 & -1 \end{bmatrix} \tag{5.1}$$

と，p.103 で導入した 3 行 3 列の T 行列

$$(T_i)_{jk} = -i\varepsilon_{ijk} \tag{5.2}$$

を考えよう．あるいは式 (5.2) を具体的に書くと，

$$T_1 = \begin{bmatrix} 0 & 0 & 0 \\ 0 & 0 & -i \\ 0 & i & 0 \end{bmatrix} \quad T_2 = \begin{bmatrix} 0 & 0 & i \\ 0 & 0 & 0 \\ -i & 0 & 0 \end{bmatrix} \quad T_3 = \begin{bmatrix} 0 & -i & 0 \\ i & 0 & 0 \\ 0 & 0 & 0 \end{bmatrix} \tag{5.2'}$$

である．

式 (5.1), (5.2′) を見ればすぐわかるように，すべてエルミートである．かつ σ_2, T_1, T_2, T_3 は反対称，σ_1, σ_3 は対称である．逆があるかどうかをみるために行列式を計算すると，

$$\det(\sigma_1) = \det(\sigma_2) = \det(\sigma_3) = -1 \tag{5.3}$$

$$\det(T_1) = \det(T_2) = \det(T_3) = 0 \tag{5.4}$$

となり，σ_i $(i=1,2,3)$ には逆が存在するが，T_i $(i=1,2,3)$ のほうには存在しないことは明らかである．まとめると Pauli スピン行列のほうは，

$$\sigma_1^{-1} = \sigma_1^{\dagger} = \sigma_1^{\mathrm{T}} = \sigma_1 \qquad (5.5\text{a})$$

$$\sigma_2^{-1} = \sigma_2^{\dagger} = -\sigma_2^{\mathrm{T}} = \sigma_2 \qquad (5.5\text{b})$$

$$\sigma_3^{-1} = \sigma_3^{\dagger} = \sigma_3^{\mathrm{T}} = \sigma_3 \qquad (5.5\text{c})$$

が成り立ち，T 行列のほうでは，

$$T_1^{\dagger} = -T_1^{\mathrm{T}} = T_1 \qquad (5.6\text{a})$$

$$T_2^{\dagger} = -T_2^{\mathrm{T}} = T_2 \qquad (5.6\text{b})$$

$$T_3^{\dagger} = -T_3^{\mathrm{T}} = T_3 \qquad (5.6\text{c})$$

が成り立つ.

行列のかけ算は，具体的な表現 (5.1)，(5.2)，(5.2′) を用いて計算するほかない. たとえば，

$$\sigma_1 \sigma_2 = \begin{bmatrix} 0 & 1 \\ 1 & 0 \end{bmatrix}\begin{bmatrix} 0 & -i \\ i & 0 \end{bmatrix} = \begin{bmatrix} i & 0 \\ 0 & -i \end{bmatrix} = i\begin{bmatrix} 1 & 0 \\ 0 & -1 \end{bmatrix} = i\sigma_3 \qquad (5.7\text{a})$$

$$\sigma_2 \sigma_1 = \begin{bmatrix} 0 & -i \\ i & 0 \end{bmatrix}\begin{bmatrix} 0 & 1 \\ 1 & 0 \end{bmatrix} = \begin{bmatrix} -i & 0 \\ 0 & i \end{bmatrix} = -i\begin{bmatrix} 1 & 0 \\ 0 & -1 \end{bmatrix} = -i\sigma_3 \qquad (5.7\text{b})$$

同様にして，

$$\sigma_2 \sigma_3 = -\sigma_3 \sigma_2 = i\sigma_1 \qquad (5.8\text{a})$$

$$\sigma_3 \sigma_1 = -\sigma_1 \sigma_3 = i\sigma_2 \qquad (5.8\text{b})$$

$$\sigma_1 \sigma_2 = -\sigma_2 \sigma_1 = i\sigma_3 \qquad (5.8\text{c})$$

$$\sigma_1^2 = I \quad \sigma_2^2 = I \quad \sigma_3^2 = I \qquad (5.9)$$

が得られる. これら6個の式をまとめると，コンパクトに，

$$\sigma_i \sigma_j - \sigma_j \sigma_i \equiv [\sigma_i, \sigma_j] = 2i\varepsilon_{ijk}\sigma_k \qquad (5.10\text{a})$$

$$\sigma_i \sigma_j + \sigma_j \sigma_i \equiv \{\sigma_i, \sigma_j\} = 2\delta_{ij} \qquad (5.10\text{b})$$

と書くことができる. 式 (5.10) は (5.8)，(5.9) と全く同等である（演習問題参照）. Pauli スピン行列では，上にみられるように，任意の2個をかけ合わせると，また Pauli スピン行列か2行2列の単位行列に戻る. T 行列のほうはことがやっかいである. たとえば，

$$T_1 T_2 = \begin{bmatrix} 0 & 0 & 0 \\ 0 & 0 & -i \\ 0 & i & 0 \end{bmatrix}\begin{bmatrix} 0 & 0 & i \\ 0 & 0 & 0 \\ -i & 0 & 0 \end{bmatrix} = -\begin{bmatrix} 0 & 0 & 0 \\ 1 & 0 & 0 \\ 0 & 0 & 0 \end{bmatrix} \qquad (5.11\text{a})$$

$$T_2 T_1 = \begin{bmatrix} 0 & 0 & i \\ 0 & 0 & 0 \\ -i & 0 & 0 \end{bmatrix}\begin{bmatrix} 0 & 0 & 0 \\ 0 & 0 & -i \\ 0 & i & 0 \end{bmatrix} = -\begin{bmatrix} 0 & 1 & 0 \\ 0 & 0 & 0 \\ 0 & 0 & 0 \end{bmatrix} \tag{5.11b}$$

となり，両方ともこのままでは T 行列には戻らない．このことはあとで考える．ちょっとここで注意しておくことは，実は式 (5.11b) のほうは直接計算しないでも式 (5.11a) から得られる．それにはエルミート性の性質 (4.2) により，

$$(T_1 T_2)^\dagger = T_2^\dagger T_1^\dagger = T_2 T_1 \tag{5.12}$$

だから，式 (5.11a) のエルミート共役をとると式 (5.11b) になる．

同様にして計算すると，

$$T_2 T_3 = -\begin{bmatrix} 0 & 0 & 0 \\ 0 & 0 & 0 \\ 0 & 1 & 0 \end{bmatrix} \quad T_3 T_2 = -\begin{bmatrix} 0 & 0 & 0 \\ 0 & 0 & 1 \\ 0 & 0 & 0 \end{bmatrix} \tag{5.13a}$$

$$T_3 T_1 = -\begin{bmatrix} 0 & 0 & 1 \\ 0 & 0 & 0 \\ 0 & 0 & 0 \end{bmatrix} \quad T_1 T_3 = -\begin{bmatrix} 0 & 0 & 0 \\ 0 & 0 & 0 \\ 1 & 0 & 0 \end{bmatrix} \tag{5.13b}$$

$$T_1^2 = \begin{bmatrix} 0 & 0 & 0 \\ 0 & 1 & 0 \\ 0 & 0 & 1 \end{bmatrix} \quad T_2^2 = \begin{bmatrix} 1 & 0 & 0 \\ 0 & 0 & 0 \\ 0 & 0 & 1 \end{bmatrix} \quad T_3^2 = \begin{bmatrix} 1 & 0 & 0 \\ 0 & 1 & 0 \\ 0 & 0 & 0 \end{bmatrix} \tag{5.13c}$$

が得られる．これらの関係を眺めてみると，任意の 2 個の積はもとの T 行列には戻らないが，たとえば，

$$T_1 T_2 - T_2 T_1 = iT_3 \tag{5.14}$$

で，一般には，

$$T_i T_j - T_j T_i \equiv [T_i, T_j] = i\varepsilon_{ijk} T_k \tag{5.15}$$

および

$$T_1^2 + T_2^2 + T_3^2 = 2I \tag{5.16}$$

また，たとえば，

$$T_1 T_2 T_3 = \begin{bmatrix} 0 & 0 & 0 \\ 0 & i & 0 \\ 0 & 0 & 0 \end{bmatrix} = i(I - T_2^2) \tag{5.17}$$

158

$$\{T_1, T_2\} = - \begin{bmatrix} 0 & 1 & 0 \\ 1 & 0 & 0 \\ 0 & 0 & 0 \end{bmatrix} \tag{5.18a}$$

$$\{T_2, T_3\} = - \begin{bmatrix} 0 & 0 & 0 \\ 0 & 0 & 1 \\ 0 & 1 & 0 \end{bmatrix} \tag{5.18b}$$

$$\{T_3, T_1\} = - \begin{bmatrix} 0 & 0 & 1 \\ 0 & 0 & 0 \\ 1 & 0 & 0 \end{bmatrix} \tag{5.18c}$$

このように，T 行列では積のルールがかなり複雑になる．この場合には，

$$T_1, T_2, T_3, \{T_2, T_3\}, \{T_3, T_1\}, \{T_1, T_2\}, T_1^2, T_2^2, T_3^2 \tag{5.19}$$

の 9 個をとると，任意の 2 個の積が，またこれら 9 個の線形結合になる．

賢明なる読者はすでにお察しのことと思うが，n 行 n 列のときには，n^2 個の行列を適当に選ぶと，それらのうちの 2 個の積がまたそれらの線形結合で表すことができる．そして，一般の n 行 n 列の行列は，常にこれらの n^2 個の行列の線形結合として表すことができる．2 行 2 列のときの例は，付録 A で議論したとおりである．

Dirac の相対論的な波動方程式では，4 行 4 列の行列が活躍する．そのときは，したがって $4^2 = 16$ 個の基本的な行列が考えられ，その他の任意の 4 行 4 列の行列は，いつでもそれら 16 個の行列の線形結合として書くことができる．

§6. 2行2列のユニタリー行列

ユニタリー性からくる制限を理解するために，ここで 2 行 2 列の場合を詳しくやってみよう．まず 2 行 2 列の行列を一般に，

$$U = \begin{bmatrix} \alpha & \beta \\ \gamma & \delta \end{bmatrix} \tag{6.1}$$

とおく．$\alpha, \beta, \gamma, \delta$ は複素数である．まず逆を求めると式（2.23）により，

$$U^{-1} = \frac{1}{\alpha\delta - \beta\gamma} \begin{bmatrix} \delta & -\beta \\ -\gamma & \alpha \end{bmatrix} \tag{6.2}$$

ただし,

$$\alpha\delta - \beta\gamma \equiv \varDelta \neq 0 \tag{6.3}$$

また,

$$U^\dagger = \begin{bmatrix} \alpha^* & \gamma^* \\ \beta^* & \delta^* \end{bmatrix} \tag{6.4}$$

したがって, U がユニタリーであるためには,

$$\delta = \varDelta\alpha^* \tag{6.5a}$$

$$\beta = -\varDelta\gamma^* \tag{6.5b}$$

$$\gamma = -\varDelta\beta^* \tag{6.5c}$$

$$\alpha = \varDelta\delta^* \tag{6.5d}$$

が満たされていなければならない. これから直ちにわかることは,

$$|\varDelta|^2 = 1 \tag{6.6}$$

である. したがって,

$$\varDelta \equiv e^{i\xi} \quad (\xi : 実数) \tag{6.7}$$

とおくことができる. よって, ユニタリー行列の一般形は,

$$U = \begin{bmatrix} \alpha & \beta \\ -e^{i\xi}\beta^* & e^{i\xi}\alpha^* \end{bmatrix} \tag{6.8}$$

である. これを用いて逆にユニタリー性を確かめるのは容易であろう.

特に,

$$\varDelta = 1 \quad (\xi = 0) \tag{6.9}$$

なる行列を, **単模行列**(unimodular matrix)という. 2 行 2 列の, 単模ユニタリー行列の一般形は, したがって,

$$U = \begin{bmatrix} \alpha & \beta \\ -\beta^* & \alpha^* \end{bmatrix} \tag{6.10}$$

となる. ただし,

$$|\alpha|^2 + |\beta|^2 = \varDelta = 1 \tag{6.11}$$

でなければならないから, 独立なパラメーターの数は 3 個となる (3 次元の回転パラメーターの数は 3 であったことを思い出すとおもしろい).

この α と β (これらは式 (6.11) を満たす) を Cayley-Klein のパラメーターとよぶこともある (IV 章参照).

同じく2行2列のユニタリー行列を，Pauli の行列を用いて調べておく．前に議論したように，任意の2行2列の行列は，Pauli の行列

$$\sigma_1 = \begin{bmatrix} 0 & 1 \\ 1 & 0 \end{bmatrix} \quad \sigma_2 = \begin{bmatrix} 0 & -i \\ i & 0 \end{bmatrix} \quad \sigma_3 = \begin{bmatrix} 1 & 0 \\ 0 & -1 \end{bmatrix} \tag{6.12}$$

および単位行列

$$I = \begin{bmatrix} 1 & 0 \\ 0 & 1 \end{bmatrix} \tag{6.12'}$$

で展開することができる．任意の2行2列の行列を U とすると，

$$U = a_0 I + i\{a_1\sigma_1 + a_2\sigma_2 + a_3\sigma_3\}$$

$$\equiv a_0 I + i\boldsymbol{a} \cdot \boldsymbol{\sigma} = \begin{bmatrix} a_0 + ia_3 & a_2 + ia_1 \\ -a_2 + ia_1 & a_0 - ia_3 \end{bmatrix} \tag{6.13}$$

と書くことができる．ここに，a_0, a_1, a_2, a_3 は一般には複素数で，$\boldsymbol{a}$ の前に出した i は便宜にすぎない．U が与えられると，$a_0, \boldsymbol{a}$ はユニークに決まる．

さて，U がユニタリーであるためには，a_0 や $\boldsymbol{a}$ がどのようなものであったらよいか？ まず式 (6.13) のエルミート共役を作ると，Pauli 行列はすべてエルミートだから，

$$U^\dagger = a_0^* I - i\boldsymbol{a}^* \cdot \boldsymbol{\sigma} \tag{6.14}$$

一方，U の逆は式 (2.23) を用いるかまたは直接計算により，

$$U^{-1} = \frac{1}{a_0^2 + a^2}\{a_0 I - i\boldsymbol{a} \cdot \boldsymbol{\sigma}\} \tag{6.15}$$

となる．U がもしユニタリーなら式 (6.14) と (6.15) は同等でなければならない．したがって，

$$a_0^* = \frac{1}{\Delta}a_0 \qquad \boldsymbol{a}^* = \frac{1}{\Delta}\boldsymbol{a} \tag{6.16}$$

ただし，

$$\Delta \equiv a_0^2 + \boldsymbol{a}^2 \neq 0 \tag{6.17}$$

である．式 (6.16) から，

$$|\Delta|^2 = 1 \tag{6.18}$$

だから，

$$\Delta \equiv e^{i\xi} \quad (\xi：実数) \tag{6.19}$$

$$a_0 \equiv e^{i\frac{1}{2}\xi} a_0 \tag{6.20}$$

$$\boldsymbol{a} \equiv e^{i\frac{1}{2}\xi} \boldsymbol{\alpha} \tag{6.20'}$$

とおくと，式 (6.16) より，α_0, α_i $(i=1,2,3)$ は実数でなければならない．したがって，2 行 2 列のユニタリー行列の一般形は，

$$U = \{\alpha_0 I + i\boldsymbol{\alpha} \cdot \boldsymbol{\sigma}\} e^{i\frac{1}{2}\xi} \tag{6.21}$$

である．これが単模ユニタリー行列なら，

$$\xi = 0 \tag{6.22}$$

で，この場合前に求めた形 (6.10) と一致する．

　2 行 2 列のユニタリー行列が簡単に 3 個の Pauli 行列と単位行列で書かれたのは，Pauli 行列の積のルールが簡単だったからで，一般の $n \times n$ の行列では適当に選ばれた $n \times n$ 個の行列の線形結合になる．なお，§7 の式 (7.9)，(7.10) を見よ．

§7.　エルミート行列とユニタリー行列の重要な性質

　先程もいったように，エルミートやユニタリー行列は量子力学で特に重要だから，ここでそれらの性質をまとめておくが，いちいち証明はやらない．証明が気になったら，自分で簡単な場合をやってみて納得しておくか，行列の成書を参照してほしい．たとえば，私の書棚には，藤原松三郎著 "行列および行列式　改訂版"（岩波全書）がある．

　以下，H や K をエルミート行列，U や S をユニタリー行列であると約束しておく．すなわち，

$$H = H^\dagger \quad K = K^\dagger \tag{7.1}$$

$$U^{-1} = U^\dagger \quad S^{-1} = S^\dagger \tag{7.2}$$

が常に成り立っているとする．

　まず，特性根を定義しておくと：
ある数 λ（実数かもしれないし，複素数かもしれない）を用いて，ある行列 A に対して $\lambda I - A$ を作る．この行列式 $\det(\lambda I - A)$ は，λ について n 次の多項式である．これを行列 A の**特性多項式**（characteristic polynomial）という．この多項式をゼロとおいた式，つまり，

$$\det[\lambda I - A] = 0 \tag{7.3}$$

を A の**特性方程式**（characteristic equation）または**永年方程式**（secular equation）という*. この方程式 (7.3) の n 個の根を，A の**特性根**（characteristic root）と称する．これは与えられた行列 A に特有な n 個の数の組である．これについて次の定理が成り立つ．

(1) エルミート行列の特性根はすべて実数である．

(2) エルミート行列の固有値は特性根に一致する．すなわち，

$$H|i\rangle = \lambda_i |i\rangle \tag{7.4}$$

という固有値問題を解くと，n 個の固有値 λ_i $(i=1, 2, \cdots, n)$ と n 個の特性根式

$$\det[\lambda I - H] = 0 \tag{7.5}$$

は完全に一致する．したがって，エルミート行列のすべての固有値は実数である．ただし，式 (7.4) で $|i\rangle$ と書いたのは n 行 1 列の行列で，

$$|i\rangle = \begin{bmatrix} x_1 \\ x_2 \\ \vdots \\ x_n \end{bmatrix} \tag{7.6}$$

のような形をしている．式 (7.4) を満たす固有値 λ_i の数 n 個だけ異なった n 行 1 列の行列が存在する．$|i\rangle$ を，固有値 λ_i に属する**固有ベクトル**という．

(3) エルミート行列 H をユニタリー変換したものはやはりエルミート行列である．このことは前に議論した．

(4) エルミート行列の固有値はユニタリー変換で変わらない．これを見るのは容易で，

$$H' = U^\dagger H U \tag{7.7}$$

としたとき，

$$H'U^\dagger|i\rangle = U^\dagger HUU^\dagger|i\rangle = U^\dagger H|i\rangle = \lambda_i U^\dagger|i\rangle \tag{7.8}$$

この式は，H' の固有値も λ_i で，その固有ベクトルは，$U^\dagger|i\rangle = |i\rangle'$ であるという式である．

---

* 後者の名前は，特に A の要素がすべて実数のとき用いられる．

(5) H の特性方程式の解はいつでも実だから，$I+iH$ および $I-iH$ にはいつでも逆がある．これをみるには，$\det(I+iH)$ が 0 にならないことをみればよいが，これは特性方程式が実根しかもたないことから明らかである．

(6) H がエルミートのとき

$$U = (I-iH)(I+iH)^{-1} = I + 2\sum_{n=1}^{\infty}(-iH)^n \tag{7.9}$$

$$U = \exp(iH) \tag{7.10}$$

はユニタリーである．ただし，指数関数は級数展開

$$\exp(iH) = \sum_{n=0}^{\infty}\frac{1}{n!}(iH)^n \tag{7.11}$$

で定義する．2 個のユニタリー行列の積はユニタリーである．したがって，

$$S = (I-iH)(I+iH)^{-1}(I-iK)(I+iK)^{-1} \tag{7.12}$$

もユニタリーである．

(7) U がユニタリーなら，

$$H = i(I-U)(I+U)^{-1} = i\left\{I + 2\sum_{n=1}^{\infty}(-U)^n\right\} \tag{7.13}$$

はエルミートである．

(8) エルミート行列に対して，ユニタリー行列 U を適当に選び，

$$U^{\dagger}HU = H_D \tag{7.14}$$

とすることができる．ただし H_D 対角行列で，対角線上に固有値 λ_i $(i=1,2,\cdots,n)$ が並んだものである．エルミート行列はいつでもユニタリー変換で対角化されるが，このことは，非エルミート行列は対角化できないという意味ではない．演習問題 16 を見よ．

(9)

$$H|i\rangle = \lambda_i|i\rangle \qquad (i=1,2,\cdots,n) \tag{7.15}$$

の異なった固有値に属する固有ベクトル $|i\rangle$ と $|j\rangle$（λ_i と λ_j とは等しくない）は直交する．直交するという意味は II 章で説明したが，スカラー積が 0 になるということで，この場合，

$$\langle j|i\rangle = 0 \qquad (\lambda_i \neq \lambda_j) \tag{7.16}$$

ただし，$\langle j|$ とは $|j\rangle$ のエルミート共役で，

$$|j\rangle = \begin{bmatrix} y_1 \\ y_2 \\ \vdots \\ y_n \end{bmatrix} \tag{7.17}$$

に対し,

$$\langle j| = [\, y_1^* \ y_2^* \ \cdots \ y_n^* \,] \tag{7.18}$$

なる, 1 行 n 列の行列である. したがって,

$$\langle j|i\rangle = y_1^* x_1 + y_2^* x_2 + y_3^* x_3 + \cdots + y_n^* x_n \tag{7.19}$$

ということである.

(10) <u>2 つのエルミート行列 H と K が交換するならば, すなわち,</u>

$$HK = KH \tag{7.20}$$

<u>ならば 1 つのユニタリー変換 U で, H と K を同時に対角化することができる. すなわち,</u>

$$U^\dagger H U = H_D \tag{7.21}$$

$$U^\dagger K U = K_D \tag{7.22}$$

<u>となる. 右辺はともに対角行列である.</u>

最後に行列があるパラメーター τ に依存するときのことに触れておく. もし行列の各要素がパラメーター τ に依存しているなら, つまり,

$$U(\tau) = [u_{ij}(\tau)] \tag{7.23}$$

ならば, 行列の各行列要素を τ で微分して作った行列を, 行列の微分とよぶ. すなわち,

$$\frac{\partial U(\tau)}{\partial \tau} = \left[\frac{\partial u_{ij}(\tau)}{\partial \tau} \right] \tag{7.24}$$

である. もし U がユニタリーならば,

$$U^\dagger(\tau) U(\tau) = U(\tau) U^\dagger(\tau) = I \tag{7.25}$$

これを微分すると,

$$i\frac{\partial U(\tau)}{\partial \tau} U^\dagger(\tau) = -iU(\tau)\frac{\partial U^\dagger(\tau)}{\partial \tau} \tag{7.26}$$

が得られる. これは<u>左辺の量がエルミートである</u>ということである. そのエルミートな量を $H(\tau)$ とおくと, 式 (7.26) から,

$$i\frac{\partial U(\tau)}{\partial \tau} = H(\tau)U(\tau) \tag{7.27}$$

となる. 言い換えると, $H(\tau)$ としてエルミート行列をとっておくと, それがどんなものであっても, $U(\tau)$ が $\tau = \tau_0$ でユニタリーであるかぎり, それ以外のところでもユニタリー性は保たれる.

式 (7.27) は積分形に直し,

$$U(\tau) = U(\tau_0) - i\int_{\tau_0}^{\tau} d\tau_1 H(\tau_1)U(\tau_1) \tag{7.28}$$

と書くことができる. この式をくり返すと,

$$U(\tau) = \left[I - i\int_{\tau_0}^{\tau} d\tau_1 H(\tau_1) \right]U(\tau_0)$$

$$+ (-i)^2\int_{\tau_0}^{\tau} d\tau_1 \int_{\tau_0}^{\tau_1} d\tau_2 H(\tau_1)H(\tau_2)U(\tau_2) \tag{7.29}$$

が得られる. $H(\tau_1)$ と $H(\tau_2)$ とは通常交換しないので, 残念ながらこの積分をまとまった形に書くことはできない. そこでよく使う手は, たとえば右辺第 2 項は小さいとして省略し,

$$U(\tau) \approx \left[I - i\int_{\tau_0}^{\tau} d\tau_1 H(\tau_1) \right]U(\tau_0) \tag{7.30}$$

と近似する. しかしこのときにはユニタリー性が壊れてしまう. ユニタリー性を回復するには式 (7.9) によって,

$$U(\tau) \approx \frac{I - i\int_{\tau_0}^{\tau} d\tau_1 H(\tau_1)}{I + i\int_{\tau_0}^{\tau} d\tau_1 H(\tau_1)}U(\tau_0) \tag{7.31}$$

と近似すればよい.

§8. 種々の公式

量子力学や統計力学でしばしば用いられる便利な公式を, 以下に 2, 3 あげておく.

(1) A や B や $A + \lambda B$ に逆が存在する場合,

$$\frac{1}{A} - \frac{1}{B} = \frac{1}{A}(B-A)\frac{1}{B} = \frac{1}{B}(B-A)\frac{1}{A} \tag{8.1}$$

この式の応用として,

$$\frac{1}{A+\lambda B} = \frac{1}{A} - \frac{1}{A}\lambda B \frac{1}{A+\lambda B} \tag{8.2}$$

$$= \frac{1}{A} - \frac{1}{A}\lambda B\frac{1}{A} + \frac{1}{A}\lambda B\frac{1}{A}\lambda B\frac{1}{A} - \cdots \tag{8.2'}$$

これらの式の証明は簡単であろう. たとえば式 (8.2) を導くには, 左から
(でも右からでも) $A+\lambda B$ をかけて両辺が等しくなることを確かめればよい.

(2) K をエルミートとすると,

$$e^{-iK}Ae^{iK} = A + [A, iK] + \frac{1}{2!}[[A, iK], iK] + \cdots \tag{8.3}$$

である.

この式を導くには,

$$A(\lambda) \equiv e^{-i\lambda K}Ae^{i\lambda K} \tag{8.4}$$

と置き, λ で微分すると,

$$\frac{\mathrm{d}}{\mathrm{d}\lambda}A(\lambda)\bigg|_{\lambda=0} = [A, iK] \tag{8.5a}$$

同様に,

$$\frac{\mathrm{d}^n}{\mathrm{d}\lambda^n}A(\lambda)\bigg|_{\lambda=0} = \Big[\cdots[[A, \underbrace{iK], iK], \cdots, iK}_{n}\Big] \tag{8.5b}$$

したがって, テーラー展開により,

$$A(\lambda) = A + \frac{\mathrm{d}}{\mathrm{d}\lambda}A(\lambda)\bigg|_{\lambda=0}\lambda + \cdots \tag{8.6}$$

この式で $\lambda = 1$ とおけばよい.

(3) 同様に

$$e^{-iG(t)}\frac{\mathrm{d}}{\mathrm{d}t}e^{iG(t)} = i\dot{G}(t) + \frac{1}{2!}[i\dot{G}(t), iG(t)]$$

$$+ \frac{1}{3!}[[i\dot{G}(t), iG(t)], iG(t)] + \cdots \tag{8.7}$$

ただし,

$$\frac{\mathrm{d}}{\mathrm{d}t} G(t) = \dot{G}(t) \tag{8.8}$$

である. $G(t)$ は, その時間微分とは一般に交換しないことに注意.

(4)

$$e^{\lambda(A+B)} = e^{\lambda A} U(\lambda) \tag{8.9}$$

とおくと, $U(\lambda)$ は,

$$\frac{\mathrm{d}}{\mathrm{d}\lambda} U(\lambda) = e^{-\lambda A} B e^{\lambda A} U(\lambda) \tag{8.10}$$

を満たさなければならない. この式を積分形に直すと,

$$U(\lambda) = I + \int_0^\lambda \mathrm{d}\mu e^{-\mu A} B e^{\mu A} U(\mu) \tag{8.11}$$

$$= I + \int_0^\lambda \mathrm{d}\mu e^{-\mu A} B e^{\mu A}$$

$$+ \int_0^\lambda \mathrm{d}\mu \int_0^\mu \mathrm{d}\nu e^{-\mu A} B e^{\mu A} e^{-\nu A} B e^{\nu A} + \cdots \tag{8.11'}$$

一般の A, B の場合には, これを展開形で求めるしか手がない. しかし,

$$[A, B] = C \tag{8.12}$$

が A とも B とも交換するならば, 話は簡単になって,

$$U = e^{\lambda B} e^{-\frac{1}{2}\lambda^2 C} \tag{8.13}$$

となる. したがって,

$$e^{A+B} = e^A e^B e^{-\frac{1}{2}C} \tag{8.14}$$

が得られる. 自分で手を使って試してみられたい.

　行列の話はこれくらいにして, 以下, 演習問題をやっていただくことにする.

演 習 問 題 Ⅵ

1.

$$A = \begin{bmatrix} a_{11} & a_{12} \\ a_{21} & a_{22} \end{bmatrix} \quad B = \begin{bmatrix} b_{11} & b_{12} \\ b_{21} & b_{22} \end{bmatrix}$$

を，AB, BA の順序にかけて両者を比較し，$AB = BA$ の条件を求めよ．ただし，a_{12} と a_{21} はともに 0 でないとして分析せよ．

2.

$$A = \begin{bmatrix} a & b & c \\ 2a & 2b & 2c \\ d & e & f \end{bmatrix}$$

の $\det(A)$ はどうなるか？　一目してわからなければ，定義 (2.11′) を用いて直接計算してみよ．

3.

$$a_{1k}\frac{\partial \Delta_A}{\partial a_{2k}}$$

を 3 行 3 列のときに計算し，式 (2.18) を確かめよ．

4. 2 つの行列 A, B に対し，
$$\det(A)\det(B) = \det(AB)$$
を導いてみよ．

5. A, B の逆が存在するとき，AB の逆は $B^{-1}A^{-1}$ であることを確認せよ．

6. 任意の行列は常に，対称行列と反対称行列の和の形に書くことができる．そのことを一目瞭然に見せる式は何か？

7. 式 (3.12) で $e = (0, 0, 1)$ ととり，a_{ij} が第 3 軸のまわりの，角 θ だけの回転になっていることを示せ．

8. $n \times n$ の直交行列は，$n(n-1)/2$ 個のパラメーターで表現できることを確かめよ．

9. 2 つのユニタリー行列の積はまたユニタリー行列である．証明は？

10. $e^{-iTe\theta}T_i e^{iTe\theta} = a_{ij}T_j$
を導いてみよ．ただし，e は単位ベクトル，a_{ij} は式 (3.12) で与えられる．

11. 2 行 2 列のユニタリー行列は，式 (7.9) によると，
$$U = \frac{I + i\boldsymbol{\beta} \cdot \boldsymbol{\sigma}}{I - i\boldsymbol{\beta} \cdot \boldsymbol{\sigma}}$$
の形に書くことができるはずである．これを §6 で求めた標準形 (6.21) に直してみよ．

12. 式 (5.2′) の T_3 の特性方程式を解いて特性解を求めよ.

13. T_3 の固有値問題を解いて，その固有値と前問の答えとを比較してみよ.

14. T_3 を対角化するユニタリー変換を求め，前問の固有ベクトルと比べてみよ.

15. あるベクトル $\boldsymbol{x}$ と Pauli 行列 $\boldsymbol{\sigma}$ とのスカラー積 $\boldsymbol{x\sigma}$ を対角化するユニタリー変換を求めよ. $\boldsymbol{x\sigma}$ の固有値は？

16. 2 次元回転の行列

$$A = \begin{bmatrix} \cos\theta & \sin\theta \\ -\sin\theta & \cos\theta \end{bmatrix}$$

はエルミートではない.

　(i)　この行列の特性根を求めよ.

　(ii)　この行列を対角化するユニタリー変換を求めよ.

17. 交換しない 2 つの行列 H と K が，もし 1 つのユニタリー変換で同時に対角化できたとしたら，何か矛盾が出るだろうか？

18.
$$\det[I+\lambda K] = \exp\{\mathrm{Tr}[\ln(I+\lambda K)]\}$$
を導け. ただし，

$$\ln(I+\lambda K) = \int_0^\lambda \mathrm{d}\mu\,(I+\lambda K)^{-1}K$$

$$= \lambda K - \frac{1}{2}(\lambda K)^2 + \frac{1}{3}(\lambda K)^3 - \cdots$$

で行列の対数を定義する. また $\mathrm{Tr}(A)$ というのは，行列 A の対角要素を加え合わせることを示す.

19. K_1, K_2 を 2 つのエルミートな行列とする. そのときもし U と U_1 がそれぞれ，

$$U = I + i(K_1+K_2)U$$
$$U_1 = I + iK_1U_1$$

を満たすなら，

$$U = U_1 + iU_1K_2U$$
の関係が成り立つことを証明せよ.

第 VII 章

角 運 動 量

§1. はじめに

　量子力学においては，角運動量（固有角運動量，軌道角運動量も含めて）の3成分 J_i $(i=1,2,3)$ は交換関係

$$[J_i, J_j] = i\varepsilon_{ijk}J_k \tag{1.1}$$

を満たすエルミート行列として定義される．ここで i, j, k は $1, 2, 3$ をとる添え字で，上の k のようにくり返した添え字に対しては和がとってある．

　今までに Pauli スピン行列を2で割ったものや，$\boldsymbol{T}$ 行列が式 (1.1) を満たすことはすでにみてきたが，ここでは定義 (1.1) から出発して，この交換関係を満たす行列は一般にどのようなものであるかという問題を調べてみよう．

　角運動量は力学変数だから，物理的事情に応じて，たとえば外力が働いているとそれは時間とともに動いていくだろう．その各瞬間瞬間で角運動量の各成分は，定義 (1.1) を満たしていなければならない．つまり式 (1.1) だけからは角運動量は一義的に決まらないはずであることを認識しておく必要がある．このことが式 (1.1) のどこに現れているかというと：
式 (1.1) の両辺にユニタリー変換 U を施してみると，

$$J_i' = U^\dagger J_i U \tag{1.2}$$

もやはり式 (1.1) の交換関係を満たしていることがわかる．このユニタリー変換が時間に依存していると式 (1.2) は運動中の角運動量を表していることになる．この点は後で考えよう（§5 参照）．

　もう 1 つここで注意しておくことは，交換関係 (1.1) の中にはいろいろな解がごっちゃにはいっているということである（群論的にいうと，式 (1.1) の解は必ずしも既約表現ではないということ）．したがって，式 (1.1) 以外に，もう少し性質を規定しておかないと解を見つけるのはむずかしい．

　たとえば，

$$J_1 = \frac{1}{2}\begin{bmatrix} 0 & 1 & 0 \\ 1 & 0 & 0 \\ 0 & 0 & 0 \end{bmatrix} \quad J_2 = \frac{1}{2}\begin{bmatrix} 0 & -i & 0 \\ i & 0 & 0 \\ 0 & 0 & 0 \end{bmatrix} \quad J_3 = \frac{1}{2}\begin{bmatrix} 1 & 0 & 0 \\ 0 & -1 & 0 \\ 0 & 0 & 0 \end{bmatrix} \tag{1.3}$$

も，すぐわかるように式 (1.1) を満たしている．いま式 (1.3) から角運動量の長さの 2 乗をつくってみると，

$$J_1^2 + J_2^2 + J_3^2 = \frac{3}{4}\begin{bmatrix} 1 & 0 & 0 \\ 0 & 1 & 0 \\ 0 & 0 & 0 \end{bmatrix} \tag{1.4}$$

となることがわかる．この式の右辺は対角形にはなっているが，対角線上に 2 つの異なった数字が並んでいる．量子力学では対角線上の数がその力学量を観測したとき得られる値だから，したがって式 (1.3) という解は，一定の長さの角運動量を表していない（群論的なことばを使うと，式 (1.3) は式 (1.1) の既約表現ではない）．

　そこで，式 (1.1) の解答を求める際，角運動量の大きさが一定，つまり，

$$\boldsymbol{J}^2 \equiv J_1^2 + J_2^2 + J_3^2 = j(j+1)I \tag{1.5}$$

という解を探すことにする（群論でいえば既約表現を探す）．ここで，$j(j+1)$ と書いたのは結果を知ってのことで，今のところこんな形に書けるかどうかはわからない．可能な j の値は交換関係 (1.1) と矛盾しないように定める．交換関係 (1.1) を満たすような J_i については，容易に確かめられるように

$$[\boldsymbol{J}^2, J_i] = 0 \qquad (i = 1, 2, 3) \tag{1.6}$$

である（演習問題参照）．そこで，J_i $(i=1,2,3)$ を $\boldsymbol{J}^2$ とともに全部対角化できれば問題はないが，交換関係 (1.1) のためにそうはいかない．J_i の内の 1 個しか対角化できない．通常は J_3 を特別扱いにしてこれを対角化する．J_3 を特別扱いするのに抵抗を感じるかもしれないが，これはいわば初期条件を

与えると思えばよい．この場合，J_1 と J_2 とは式（1.1）から出てくる不確定関係のために決まらなくなる（これは，同時に対角化できないということと同義である）．

これから調べようということをまとめると：

式（1.1）を満たすような角運動量のうち，$\boldsymbol{J}^2$ が式（1.5）の形をしたものにはどんな行列があるか，そして，式（1.5）の j はどんな値を取りうるか？ということになる．

まず，J_3 が対角化されているとして，

$$J_3 = \begin{bmatrix} \lambda_1 & 0 & 0 & \cdots & 0 \\ 0 & \lambda_2 & 0 & \cdots & 0 \\ \vdots & \vdots & \vdots & \ddots & \vdots \\ 0 & 0 & 0 & \cdots & \lambda_n \end{bmatrix} \tag{1.7}$$

と書く．ただし，ここでは便宜上すべての実数 $\lambda_1, \lambda_2, \cdots, \lambda_n$ は，大きさの順序に並べてあるとする．すなわち，

$$\lambda_1 \geq \lambda_2 \geq \cdots \geq \lambda_n \tag{1.8}$$

また，

$$\boldsymbol{J}^2 = j(j+1) \begin{bmatrix} 1 & 0 & 0 & \cdots & 0 \\ 0 & 1 & 0 & \cdots & 0 \\ \vdots & \vdots & \vdots & \ddots & \vdots \\ 0 & 0 & 0 & \cdots & 1 \end{bmatrix} \tag{1.9}$$

さて，J_3 が式（1.7）のように与えられたとき，$\lambda_1, \lambda_2, \cdots, \lambda_n$ や j がどんな値をとり，かつ J_1 や J_2 がどのような行列のとき，式（1.1）が満たされるであろうか？

§2. 交換関係（1.1）を書き直す

この問題を攻めるためには，定義（1.1）は数学的にあまり便利ではないので，まずそれを書き直す．まず，

$$J_+ \equiv J_1 + iJ_2 \tag{2.1a}$$
$$J_- \equiv J_1 - iJ_2 \tag{2.1b}$$

という量を導入する．これらは互いにエルミート共役になっている．またこ

れらは逆に解けて，

$$J_1 = \frac{1}{2}(J_+ + J_-) \tag{2.2a}$$

$$J_2 = \frac{1}{2i}(J_+ - J_-) \tag{2.2b}$$

である．

交換関係 (1.1) から，

$$[J_3, J_+] = J_+ \tag{2.3a}$$
$$[J_3, J_-] = -J_- \tag{2.3b}$$
$$[J_+, J_-] = 2J_3 \tag{2.3c}$$

が得られる．式 (2.3) は式 (1.1) と全く同等である．したがって以後式 (1.1) は忘れてもよい．

式 (2.2) によって，

$$\boldsymbol{J}^2 = \frac{1}{4}(J_+ + J_-)^2 - \frac{1}{4}(J_+ - J_-)^2 + J_3^2$$

$$= \frac{1}{2}(J_+ J_- + J_- J_+) + J_3^2 \tag{2.4a}$$

$$= J_- J_+ + J_3 + J_3^2 \tag{2.4b}$$

$$= J_+ J_- - J_3 + J_3^2 \tag{2.4c}$$

が得られる．これはあとで j を決めるために使う．

次にトレース (trace) という操作を定義する．それは，行列の対角線上の要素をすべて加え合わせるという操作で，

$$\mathrm{Tr}[A] = \sum_{n=1}^{n} a_{ii} \tag{2.5}$$

と書く．A は任意の行列で，非対角線要素はこの場合無関係である．トレースの重要な性質は，

$$\mathrm{Tr}[AB] = \mathrm{Tr}[BA] \tag{2.6}$$

である．ただしこの等式は有限の行列ではいつでも成り立つが，無限の行列では注意して使わなければならない．

そこで式 (2.3c) の両辺のトレースをとると，

$$\lambda_1 + \lambda_2 + \lambda_3 + \cdots + \lambda_n = 0 \tag{2.7}$$

が得られる．すなわち，角運動量の第3成分を対角化すると，対角要素の和は0でなければならない（実は，このことは式（1.1）によってどの成分にも成り立つことであった）．

§3. λ_i や j の可能な値

λ_i や j を決めるために，式（2.3a）の行列要素を調べる．i 行 j 列の要素は，

$$(\lambda_i - \lambda_j - 1)(J_+)_{ij} = 0 \tag{3.1}$$

だから，

$$(J_+)_{ij} \neq 0 \tag{3.2a}$$

であるのは，

$$\lambda_i - \lambda_j - 1 = 0 \tag{3.2b}$$

のときに限られる．

$i = j$ なら式（3.2b）は満たされえないから，式（3.2a）は成り立たず，

$$(J_+)_{ii} = 0 \qquad (i \text{ について和をとらない}) \tag{3.3}$$

である．つまり J_+ の対角項はすべて0である．λ_i は，

$$\lambda_1 \geq \lambda_2 \geq \lambda_3 \geq \cdots \geq \lambda_n \tag{3.4}$$

の順序に並べてあるから，$i > j$ なら，

$$\lambda_i \leq \lambda_j \tag{3.5}$$

であって，これは式（3.2b）を満たすことはできない．したがって $i > j$ の場合は常に，

$$(J_+)_{ij} = 0 \qquad (i > j) \tag{3.6}$$

である．特に，

$$(J_+)_{nj} = 0 \tag{3.7}$$

である．

J_- の方は J_+ のエルミート共役だから，直ちに，

$$(J_-)_{jn} = 0 \tag{3.8}$$

そこで式（2.4c）の n 行 n 列要素をみると，

$$(\boldsymbol{J}^2)_{nn} = (J_+)_{nj}(J_-)_{jn} - \lambda_n + \lambda_n^2 = \lambda_n(\lambda_n - 1) \tag{3.9}$$

これは式（1.5）により，

$$= j(j+1) \tag{3.10}$$

$$\therefore \quad \lambda_n = -j \tag{3.11}$$

となる．式 (3.11) は，λ_n と $-j$ が等しいということだけで，j がどんな値をとるかはまだわからない．

式 (3.6) や (3.7) を絵に書くと，いまのところ，

$$J_+ = \begin{bmatrix} 0 & & & & \\ & 0 & & ? & \\ & & & \ddots & \\ 0 & & & & \\ & & & & 0 \end{bmatrix} \tag{3.12a}$$

$$J_- = \begin{bmatrix} 0 & & & & \\ & 0 & & 0 & \\ & & & \ddots & \\ & ? & & & \\ & & & & 0 \end{bmatrix} \tag{3.12b}$$

で，J_+ の右上はまだ決まっていない．それを決める前に，$\lambda_1, \lambda_2, \cdots, \lambda_n$ を決めよう．

$(J_+)_{ij}$ が 0 でないのは $i<j$ のときで，そのとき式 (3.3b) が満たされるのだから，$i=n-1, j=n$ とおくと，

$$\lambda_{n-1} = \lambda_n + 1 \tag{3.13}$$

となる．同様に，

$$\lambda_{n-2} = \lambda_{n-1} + 1 \tag{3.14}$$
$$\vdots$$

したがって，J_+ が 0 でない要素に対して，

$$\lambda_i = \lambda_n + (n-i) \tag{3.15}$$

であることになる．J_3 はしたがって対角線上に右下から，$\lambda_n, \lambda_n + 1, \cdots, \lambda_n + n-1$ が並んでいることになる．ところが，これらすべての和が 0 という条件 (2.7) があるから，

$$\mathrm{Tr}[J_3] = \sum_{i=1}^{n} \{\lambda_n + (n-i)\} = n\lambda_n + n^2 - \frac{n(n+1)}{2} = 0 \tag{3.16}$$

$$\therefore \quad j = -\lambda_n = \frac{n-1}{2} \tag{3.17}$$

したがって式 (3.15) により,

$$\therefore \quad \lambda_i = -(j+i)+n = j-i+1 \tag{3.15'}$$

となる. つまり j の可能な値は,

$$j = -\lambda_n = \begin{cases} 0 & n = 1 \\ \dfrac{1}{2} & n = 2 \\ 1 & n = 3 \\ \dfrac{3}{2} & n = 4 \\ \cdots\cdots \end{cases} \tag{3.18}$$

でなければならない.

これまでにわかったことをまとめると：

式 (2.3) の交換関係を満たす行列のなかで,

$$\boldsymbol{J}^2 = j(j+1)I \tag{3.19}$$

$$J_3 = \begin{bmatrix} \lambda_1 & & & 0 \\ & \lambda_2 & & \\ & & \ddots & \\ 0 & & & \lambda_n \end{bmatrix} \tag{3.20}$$

となるものは,

$$j = -\lambda_n = \frac{n-1}{2} \quad (n = 1, 2, \cdots) \tag{3.21}$$

のとき存在し, そのとき,

$$J_3 = \begin{bmatrix} j & & & 0 \\ & j-1 & & \\ & & \ddots & \\ 0 & & & -j \end{bmatrix} \tag{3.22}$$

であり,

$$J_+ = \begin{bmatrix} 0 & & & & \\ & 0 & & ? & \\ & & & \ddots & \\ & 0 & & & \\ & & & & 0 \end{bmatrix} \tag{3.23}$$

である．交換関係（2.3）と（3.19）だけから，式（3.21），（3.22），（3.23）が決まったことに注意．次に，J_+ の残りの部分を決める．

§4. J_+ の決定

式（3.15）によると，
$$\lambda_i - \lambda_j = j - i \tag{4.1}$$
だから，$(J_+)_{ij}$ が 0 でないのは，式（3.2b）により，
$$j - i = 1 \quad \therefore \quad j = i+1 \tag{4.2}$$
のときに限られる．すなわち，
$$J_+ = \begin{bmatrix} 0 & ? & 0 & 0 \cdots 0 \\ 0 & 0 & ? & 0 \cdots 0 \\ 0 & 0 & 0 & ? \cdots 0 \\ \vdots & \vdots & \vdots & \vdots \ddots \vdots \\ 0 & 0 & & \cdots\cdots 0 \end{bmatrix} \tag{4.3}$$
のように，0 でない値がとれるのは，対角線の右隣の要素だけである．それらを，
$$(J_+)_{i-1,i} = a_i \tag{4.4}$$
とおくと，式（2.4b）の i 行 j 列の要素は，
$$|a_i|^2 = j(j+1) - \lambda_i(\lambda_i+1) \tag{4.5}$$
を与える．これはいつでも 0 より大きい（λ_i の最大値は j だから）．
したがって一般に，
$$(J_+)_{i-1,i} = \sqrt{j(j+1) - \lambda_i(\lambda_i+1)}\, e^{i\phi_i} \tag{4.6}$$
という形になる*．この位相 ϕ_i は決まらない．J_+ に残された自由度はこれ

---

*　式（4.6）を，行列要素を指定する i や j で書くことはできるが，式（4.6）のようにコンパク

しかない。この自由度は，角運動量の運動を論じるとき重要になる。J_3 を式 (1.7) の形に決めると，J_+ と J_- には位相の自由度しか残らないのである。

これでけっきょく，位相以外はすべて決まったことになるが，2行2列では，これがちょうど Pauli 行列を2で割ったものの表現（VI章，式 (6.12)）を与える。また3行3列では，

$$J_1^{(1)} = \frac{1}{\sqrt{2}} \begin{bmatrix} 0 & 1 & 0 \\ 1 & 0 & 1 \\ 0 & 1 & 0 \end{bmatrix} \quad J_2^{(1)} = \frac{1}{\sqrt{2}} \begin{bmatrix} 0 & -i & 0 \\ i & 0 & -i \\ 0 & i & 0 \end{bmatrix} \quad J_3^{(1)} = \begin{bmatrix} 1 & 0 & 0 \\ 0 & 0 & 0 \\ 0 & 0 & -1 \end{bmatrix}$$

$$(4.7)$$

で，これらは（VI章，式 (5.2′)）をユニタリー変換したものである。ただし，位相は0とおいた。

4行4列では，

$$J_1^{(\frac{3}{2})} = \frac{1}{2} \begin{bmatrix} 0 & \sqrt{3} & 0 & 0 \\ i\sqrt{3} & 0 & 2 & 0 \\ 0 & 2 & 0 & \sqrt{3} \\ 0 & 0 & \sqrt{3} & 0 \end{bmatrix} \tag{4.8a}$$

$$J_2^{(\frac{3}{2})} = \frac{1}{2} \begin{bmatrix} 0 & -i\sqrt{3} & 0 & 0 \\ i\sqrt{3} & 0 & -2i & 0 \\ 0 & 2i & 0 & -i\sqrt{3} \\ 0 & 0 & i\sqrt{3} & 0 \end{bmatrix} \tag{4.8b}$$

$$J_3^{(\frac{3}{2})} = \frac{1}{2} \begin{bmatrix} 3 & 0 & 0 & 0 \\ 0 & 1 & 0 & 0 \\ 0 & 0 & -1 & 0 \\ 0 & 0 & 0 & -3 \end{bmatrix} \tag{4.8c}$$

である。

式 (3.18) の j を普通，角運動量とよぶ。たとえば，角運動量1といったら $j=1$ で，それは3行3列の行列，角運動量3/2といったら，$j=3/2$ で，それは4行4列の行列である。

トな形にはならない。

　最後に注意を 2 つ：

　(1)　ここでは行列だけを使って $\boldsymbol{J}$ を求めたが，量子力学では固有ベクトルのほうも用いる．次のような記号がしばしば使われる．

　$\boldsymbol{J}^2$ と J_3 の同時固有ベクトルを $|j, m\rangle$ と書く．ここで，m と書いたのは，

$$m = j, j-1, j-2, \cdots, -j \tag{4.9}$$

という $2j+1$ 個の値を取る，J_3 の固有値である．したがって，

$$\boldsymbol{J}^2|j, m\rangle = j(j+1)|j, m\rangle \tag{4.10a}$$

$$J_3|j, m\rangle = m|j, m\rangle \tag{4.10b}$$

と書かれる．また式 (4.6) に相当する式は，

$$J_\pm|j, m\rangle = \sqrt{(j \mp m)(j \pm m+1)}\,|j, m\pm 1\rangle \tag{4.11}$$

である．

　上の固有ベクトル $|j, m\rangle$ は，j を固定したとき $(2j+1)$ 行 1 列の行列である．

　(2)　$\boldsymbol{J}^2$ は $j(j+1)$ の値をとり，J_3 の最大値は j であるから，$\boldsymbol{J}$ の長さは J_3 の最大値より大きくなっている．これは量子力学では，J_3 が完全に上（第 3 軸の方向）を向いていても，J_1 と J_2 のほうは 0 という確定値をとりえず，したがって $\boldsymbol{J}$ の長さが j より大きくなっているのである．

§5.　角運動量の運動

　次に角運動量の運動について簡単に触れておく．粒子が電荷をもっていると，角運動量に比例した磁気能率が生じる．したがって磁場の中の荷電粒子には力が働く．この力による運動がユニタリー変換 $U(t)$ で与えられるとしよう．ユニタリー変換の時間的変化は，VI 章 §7 の終わりで注意したが，

$$i\frac{\mathrm{d}}{\mathrm{d}t}U(t) = H(t)U(t) \tag{5.1}$$

という形で与えられる．ここで $H(t)$ はエルミートな行列である．この行列を

$$H(t) = g\boldsymbol{J} \cdot \boldsymbol{H} \tag{5.2}$$

として，式 (5.1) を解けば，磁場 $\boldsymbol{H}(t)$ の中の $\boldsymbol{J}$ の運動がわかる．ここで g とは，磁場 $\boldsymbol{H}(t)$ と $\boldsymbol{J}$ の相互作用の強さを特徴づけるある定数である．

磁場 $\boldsymbol{H}(t)$ は簡単のため,

$$\boldsymbol{H} = (0, 0, H) \tag{5.3}$$

つまり第3軸の方向を向いた静磁場としよう.

式 (5.1) を積分形に直してから,逐次的に解くと,

$$U(t) = I - i\int_0^t \mathrm{d}t_1\, H(t_1) + (-i)^2 \int_0^t \mathrm{d}t_1 \int_0^{t_1} \mathrm{d}t_2\, H(t_1)H(t_2) + \cdots \tag{5.4}$$

となる. ただし,

$$U(0) = I \tag{5.5}$$

とした. またいまは $H(t)$ が時間によらない場合を考えているから,

$$\int_0^t \mathrm{d}t_1 \int_0^{t_1} \mathrm{d}t_2 \cdots \int_0^{t_{n-1}} \mathrm{d}t_n = \frac{1}{n!}t^n \tag{5.6}$$

である. したがって,

$$U(t) = \sum_{n=0}^{\infty} \frac{(-ig)^n}{n!} t^n (J_3 H)^n = e^{-igJ_3 Ht} \tag{5.7}$$

となる. これから $\boldsymbol{J}$ の運動は,

$$\boldsymbol{J}'(t) = U^\dagger(t)\boldsymbol{J}U(t) \tag{5.8}$$

で与えられることになる. これを計算するには,式 (2.3a) および VI 章の式 (8.3) を用いればよい. 結果は,

$$J_+'(t) = e^{igJ_3 Ht} J_+ \tag{5.9a}$$

$$J_-'(t) = e^{-igJ_3 Ht} J_- \tag{5.9b}$$

$$J_3(t) = J_3 \tag{5.9c}$$

となるから, 結局,

$$J_1'(t) = \cos(gJ_3 Ht)J_1 - \sin(gJ_3 Ht)J_2 \tag{5.10a}$$

$$J_2'(t) = \sin(gJ_3 Ht)J_1 + \cos(gJ_3 Ht)J_2 \tag{5.10b}$$

$$J_3'(t) = J_3 \tag{5.10c}$$

これは, 第3軸の回りに角速度 $gJ_3 H$ で回転しているベクトルの式でもある. 磁場の方向の成分 J_3 は変化していない.

式 (5.9) では, $gJ_3 Ht$ が J_+ と J_- の位相になっていることに注意してほしい.

§3 で, J_3 を対角形にして J_+ と J_- を求めると, それらの位相以外には完

全に決まってしまったことを思い出すと，このことはよく理解できる．外場によって J_3 は変化しないから，$\boldsymbol{J}$ が角運動量であるかぎり，位相の自由度しか残っていないのである．

　静的な磁場ならば，いつでも磁場の方向を第3軸に選ぶと，上の計算があてはまる．時間に依存する磁場の場合は，一般的に式 (5.4) の積分を求めるこれは不可能で，回転座標をうまく選び，その座標系では，磁場ができるだけ静的であるように工夫しなければならない．このことは IV 章で触れたことがある．

§6.　角運動量の合成

　古典力学では，2つの角運動量 $J_i^{(1)}$ と $J_i^{(2)}$ を合成するという操作は簡単だが，量子力学では交換関係 (1.1) のために，ことはかなり複雑になる．たとえば，

$$J_i = aJ_i^{(1)} + bJ_i^{(2)} \tag{6.1}$$

を考えると，古典力学では任意の数 a, b に対してこれがまた角運動量になる．しかし，量子力学ではそうはいかない．というのは，J_i と $J_i^{(1)}$ と $J_i^{(2)}$ が別個に交換関係 (1.1) を満たさなければならないという制限があるからである．それでは J_i がまた角運動量になるためには，a, b に対してどのような制限が必要か？

　$J_i^{(1)}$ と $J_i^{(2)}$ とが別個に関係 (1.1) を満たし，かつお互いに交換するとすると，

$$[J_i, J_j] = a^2[J_i^{(1)}, J_j^{(1)}] + b^2[J_i^{(2)}, J_j^{(2)}] = i\varepsilon_{ijk}\{a^2 J_k^{(1)} + b^2 J_k^{(2)}\} \tag{6.2}$$

そしてこれが，

$$= i\varepsilon_{ijk}\{a J_k^{(1)} + b J_k^{(2)}\} \tag{6.2'}$$

に等しくなければならない．したがって，

$$a^2 = a \tag{6.3}$$

$$b^2 = b \tag{6.3'}$$

つまり，

$$a = 1 \quad \text{or} \quad 0 \tag{6.4}$$

$$b = 1 \quad \text{or} \quad 0 \tag{6.4'}$$

だから，角運動量のたし算としての意味のあるのは，

$$J_i = J_i^{(1)} + J_i^{(2)} \tag{6.5}$$

のときだけであるということになる．

$J_i^{(1)}$ が n 行 n 列（つまり角運動量が $j=(n-1)/2$）であり，$J_i^{(2)}$ が m 行 m 列（$j=(m-1)/2$）のとき，たし算とはいったい何であろうか？

"和"ということの意味を理解するためには，まず2つの行列の**直積**と**直和**という操作を導入しておかなければならない．

いま2つの行列 $A(n{\times}n)$ と $B(m{\times}m)$ があったとしよう．A の要素を a_{ij}，B の要素を $b_{\alpha\beta}$ とする．i と j とは1から n まで変わり，α と β とは1から m まで変わる添え字である．このとき，

$$a_{ij}b_{\alpha\beta} \tag{6.6}$$

という $(n{\times}m)^2$ 個の量を要素とする $(n{\times}m)$ 行 $(n{\times}m)$ 列の行列を，

$$A \otimes B \tag{6.7}$$

と書く．これを行列の形に書くのはかえって混乱するかもしれないが，たとえば，

$$A = \begin{bmatrix} a & b & c \\ d & e & f \\ g & h & i \end{bmatrix} \quad B = \begin{bmatrix} \alpha & \beta \\ \gamma & \delta \end{bmatrix} \tag{6.8}$$

の場合には，

$$A \otimes B = \left[\begin{array}{c|c} \alpha A & \beta A \\ \hline \gamma A & \delta A \end{array} \right] \tag{6.9}$$

または，

$$= \left[\begin{array}{c|c|c} aB & bB & cB \\ \hline dB & eB & fB \\ \hline gB & hB & iB \end{array} \right] \tag{6.10}$$

を意味する．式 (6.9) と (6.10) は異なった行列のように見えるが，第2のほうは第1のほうの行の間で組み替えをやり，列の呼び変えを適当にやっただけで同じものである．どちらか一方の書き方に決めておけばよい．以下混乱しないように，直積は第1のほうで定義すると約束しておく．たとえば，

$$A \otimes I = \begin{bmatrix} A & & \\ & A & \\ & & A \end{bmatrix} \tag{6.11}$$

$$I \otimes B = \begin{bmatrix} b_{11}I & b_{12}I & \\ b_{21}I & b_{22}I & \\ & & b_{mm}I \end{bmatrix} \tag{6.12}$$

を意味するとする.

　次に 2 つの行列の和を考える.　量子力学で簡単に $A+B$ と書いたときには,　実は,

$$A \otimes I + I \otimes B \tag{6.13}$$

を意味している (異なった粒子の力学量を加えるなどといったときには式 (6.13) の意味である).　上の 2 行 2 列と 3 行 3 列の例では,

$$A+B = A \otimes I_2 + I_3 \otimes B = \begin{bmatrix} A & 0 \\ 0 & A \end{bmatrix} + \begin{bmatrix} \alpha I_3 & \beta I_3 \\ \gamma I_3 & \delta I_3 \end{bmatrix} \tag{6.14}$$

である.　ここで I_2, I_3 と書いたのは,　それぞれ 2×2, 3×3 の単位行列である. したがって,　たとえば,

$$\{A+B\}^2 = \{A \otimes I_2 + I_3 \otimes B\}^2$$
$$= A^2 \otimes I_2 + I_3 \otimes B^2 + 2A \otimes B \tag{6.15}$$

これを通常,　A と B が交換するといって,　簡単に,

$$= A^2 + B^2 + 2A \cdot B \tag{6.16}$$

と書くが,　それはあくまで式 (6.15) の意味である.

　直和というのは,　$A \oplus B$ と書き,

$$A \oplus B = \begin{bmatrix} A & 0 \\ 0 & B \end{bmatrix}$$

とすることを意味する.

　角運動量に話を戻そう.　行列の足をちゃんと書くと,　式 (6.5) は,

$$(J_k)_{i\alpha, j\beta} = (J_k^{(1)})_{ij} \delta_{\alpha\beta} + \delta_{ij} (J_k^{(2)})_{\alpha\beta} \tag{6.5'}$$

ということである.　ただし,　i, j は 1 から n まで,　α, β は 1 から m まで変わ

る添え字である. いちいち, 式 (6.9), …, (6.11) のように書くとかえって煩雑だから, 実際計算ではそうはしないで, 式 (6.5′) のままで使う.

まず, 角運動量のたし算のアイディアだけを説明し, あとで 2 個の角運動量を加える計算を具体的に示すことにしよう.

まず, 固有ベクトルをはっきり書いて,

$$\boldsymbol{J}^{(1)2}|j_1; m_1\rangle = j_1(j_1+1)|j_1; m_1\rangle \tag{6.17a}$$

$$J_3^{(1)}|j_1; m_2\rangle = m_1|j_1; m_1\rangle \tag{6.17b}$$

$$\boldsymbol{J}^{(2)2}|j_2; m_2\rangle = j_2(j_2+1)|j_2; m_2\rangle \tag{6.18a}$$

$$J_3^{(2)}|j_2; m_2\rangle = m_2|j_2; m_2\rangle \tag{6.18b}$$

とする. このとき, 固有ベクトル $|j_1; m_1\rangle$ と $|j_2; m_2\rangle$ とは, それぞれ $(2j_1+1)$ 行 1 行 $(2j_2+1)$ 行 1 列の行列である. 前者は j, 後者は β の足をもっているが, それらはあらわに書いてはいない.

合成角運動量 $\boldsymbol{J}$ では, したがって,

$$J_3|j_1; m_1\rangle|j_2; m_2\rangle = J_3^{(1)}|j_1; m_1\rangle|j_2; m_2\rangle + |j_1; m_1\rangle J_3^{(2)}|j_2; m_2\rangle$$
$$= (m_1+m_2)|j_1; m_1\rangle|j_2; m_2\rangle \tag{6.19}$$

であって, 固有ベクトルになっているが, $\boldsymbol{J}^2$ の固有ベクトルにはなっていない. なぜなら, 式 (6.16) の意味で,

$$\boldsymbol{J}^2 = \boldsymbol{J}^{(1)2}+\boldsymbol{J}^{(1)2}+2\boldsymbol{J}^{(1)}\cdot\boldsymbol{J}^{(2)} \tag{6.20}$$

であり, 右辺第 3 項が対角になっていないからである.

そこで $|j_1; m_1\rangle$ と $|j_2; m_2\rangle$ の線形結合で, 式 (6.20) の固有ベクトルになっているものを探す.

結果をまずいうと:

2 個の固有ベクトル $|j_1; m_1\rangle$ と $|j_2; m_2\rangle$ の積は, 固有ベクトル $|j_1+j_2; m'\rangle, |j_1+j_2-1; m''\rangle, \cdots, ||j_1-j_2|; m'''\rangle$ の線形結合で書かれる. この線形結合の係数が, よく知られた Clebsch-Gordan 係数である.

例を挙げると, いま $j_2=1/2$ とするときの線形結合には,

$$\left|j_1+\frac{1}{2}; m_+\right\rangle \quad \left|j_1-\frac{1}{2}; m_-\right\rangle \tag{6.21}$$

が出てきて,

$$\left| j_1 + \frac{1}{2} \ ; \ m_+ \right\rangle = \sqrt{\frac{j_1 + m_+ + \frac{1}{2}}{2j_1 + 1}} \left| j_1 \ ; \ m_+ - \frac{1}{2} \right\rangle \left| \frac{1}{2} \ ; \ \frac{1}{2} \right\rangle$$

$$+ \sqrt{\frac{j_1 - m_+ + \frac{1}{2}}{2j_1 + 1}} \left| j_1 \ ; \ m_+ + \frac{1}{2} \right\rangle \left| \frac{1}{2} \ ; \ -\frac{1}{2} \right\rangle \tag{6.22}$$

$$\left| j_1 - \frac{1}{2} \ ; \ m_- \right\rangle = -\sqrt{\frac{j_1 - m_- + \frac{1}{2}}{2j_1 + 1}} \left| j_1 \ ; \ m_- - \frac{1}{2} \right\rangle \left| \frac{1}{2} \ ; \ \frac{1}{2} \right\rangle$$

$$+ \sqrt{\frac{j_1 + m_- + \frac{1}{2}}{2j_1 + 1}} \left| j_1 \ ; \ m_- + \frac{1}{2} \right\rangle \left| \frac{1}{2} \ ; \ -\frac{1}{2} \right\rangle \tag{6.23}$$

という関係になる．これらは規格化された固有ベクトルである．

　一般の場合には，

$$\left| j \ ; \ m \right\rangle = \sum_{m = m_1 + m_2} \left| j_1 \ ; \ m_1 \right\rangle \left| j_2 \ ; \ m_2 \right\rangle \left\langle j_1, j_2 \ ; \ m_1, m_2 \middle| j \ ; \ m \right\rangle \tag{6.24}$$

と書き，係数

$$\left\langle j_1, j_2 \ ; \ m_1, m_2 \middle| j \ ; \ m \right\rangle \tag{6.25}$$

が Clebsch–Gordan 係数である．この係数が 0 にならないのは，

$$j = j_1 + j_2, \ j_1 + j_2 - 1, \cdots, |j_1 - j_2| \tag{6.26a}$$

$$m = j, j - 1, \cdots, -j + 1, -j \tag{6.26b}$$

の場合である．またこれらはユニタリー条件

$$\sum_{m = m_1 + m_2} \{ \left\langle j_1, j_2 \ ; \ m_1, m_2 \middle| j \ ; \ m \right\rangle \}^* \left\langle j_1, j_2 \ ; \ m_1, m_2 \middle| j' \ ; \ m' \right\rangle$$

$$= \delta_{mm'} \delta_{jj'} \tag{6.27a}$$

$$\sum_{j = j_1 + j_2, \cdots} \left\langle j_1, j_2 \ ; \ m_1, m_2 \middle| j \ ; \ m \right\rangle \{ \left\langle j_1', j_2' \ ; \ m_1', m_2' \middle| j \ ; \ m \right\rangle \}^*$$

$$= \delta_{m_1 m_1'} \delta_{m_2 m_2'} \tag{6.27b}$$

を満たしている．この係数には詳しい表が与えられているので，実際に計算することはない．

条件 (6.27) を使うと, 式 (6.24) を逆に解くことができて,

$$|j_1 ; m_1\rangle |j_2 ; m_2\rangle = \sum_{\substack{m = m_1 + m_2 \\ j = |j_1 - j_2|}}^{j_1 + j_2} |j ; m\rangle \{\langle j_1, j_2 ; m_1, m_2 | j ; m\rangle\}^* \quad (6.28)$$

となる. 式 (6.28), (6.24) どちらでも便利な方を使えばよい.

Clebsch-Gordan 係数で作られたユニタリー行列が, $\boldsymbol{J}^2$ と J_3 を対角化する.

なお, 関係

$$(2j_1+1)(2j_2+1) = \sum_{j=|j_1-j_2|}^{j_1+j_2} (2j+1) \quad (6.29)$$

に注意されたい.

Clebsch-Gordan 係数に関する性質の一般的証明は, やや煩雑なのでここではやらない. たとえば, "大学演習量子力学 (小谷・梅沢編, 共立出版)" などに詳しく証明してある.

前に挙げた公式 (6.22), (6.23) を使って, それぞれ $j_1 = 1$ の場合, $j_1 = 1/2$ の場合に具体的に, $|3/2 ; m_+\rangle$ と $1/2 ; m\rangle$, および $|1 ; m_+\rangle$ と $|0 ; 0\rangle$ に分解してみられるのはよい練習になると思う.

最後に, 固有ベクトルを使わずに, 純行列を使って実際に $j_1 = 1/2$ と $j_2 = 1/2$ を合成してみよう.

まず,

$$\boldsymbol{J} = \frac{1}{2}\boldsymbol{\sigma} \otimes I + I \otimes \frac{1}{2}\boldsymbol{\sigma} \quad (6.30)$$

とすると, 式 (6.9) の意味で,

$$J_1 = \frac{1}{2}\begin{bmatrix} 0 & 1 & 1 & 0 \\ 1 & 0 & 0 & 1 \\ 1 & 0 & 0 & 1 \\ 0 & 1 & 1 & 0 \end{bmatrix} \quad (6.31\text{a})$$

$$J_2 = \frac{1}{2}\begin{bmatrix} 0 & -i & -i & 0 \\ i & 0 & 0 & -i \\ i & 0 & 0 & -i \\ 0 & i & i & 0 \end{bmatrix} \quad (6.31\text{b})$$

$$J_3 = \begin{bmatrix} 1 & 0 & 0 & 0 \\ 0 & 0 & 0 & 0 \\ 0 & 0 & 0 & 0 \\ 0 & 0 & 0 & 1 \end{bmatrix} \tag{6.31c}$$

で，全てエルミートである．またこれから，

$$J_1^2 = \frac{1}{2} \begin{bmatrix} 1 & 0 & 0 & 1 \\ 0 & 1 & 1 & 0 \\ 0 & 1 & 1 & 0 \\ 1 & 0 & 0 & 1 \end{bmatrix} \tag{6.32a}$$

$$J_2^2 = \frac{1}{2} \begin{bmatrix} 1 & 0 & 0 & -1 \\ 0 & 1 & 1 & 0 \\ 0 & 1 & 1 & 0 \\ -1 & 0 & 0 & 1 \end{bmatrix} \tag{6.32b}$$

$$J_3^2 = \frac{1}{2} \begin{bmatrix} 1 & 0 & 0 & 0 \\ 0 & 0 & 0 & 0 \\ 0 & 0 & 0 & 0 \\ 0 & 0 & 0 & 1 \end{bmatrix} \tag{6.32c}$$

したがって，

$$\boldsymbol{J}^2 = J_1^2 + J_2^2 + J_3^2 = \begin{bmatrix} 2 & 0 & 0 & 0 \\ 0 & 1 & 1 & 0 \\ 0 & 1 & 1 & 0 \\ 0 & 0 & 0 & 2 \end{bmatrix} \tag{6.33}$$

であって，対角化されていない．これを対角化するために，ユニタリー行列

$$S = \begin{bmatrix} 1 & 0 & 0 & 0 \\ 0 & \dfrac{1}{\sqrt{2}} & -\dfrac{1}{\sqrt{2}} & 0 \\ 0 & -\dfrac{1}{\sqrt{2}} & \dfrac{1}{\sqrt{2}} & 0 \\ 0 & 0 & 0 & 1 \end{bmatrix} \tag{6.34}$$

を用いると，

$$S^\dagger \boldsymbol{J}^2 S = \begin{bmatrix} 2 & 0 & 0 & 0 \\ 0 & 2 & 0 & 0 \\ 0 & 0 & 0 & 0 \\ 0 & 0 & 0 & 2 \end{bmatrix} \tag{6.35}$$

となる．対角形にはなったが，4行4列目と3行3列目を交換したいものである．そこでもう一度

$$u = \begin{bmatrix} 1 & 0 & 0 & 0 \\ 0 & 1 & 0 & 0 \\ 0 & 0 & 0 & -1 \\ 0 & 0 & 1 & 0 \end{bmatrix} \tag{6.36}$$

でユニタリー変換すると，

$$u^\dagger S^\dagger \boldsymbol{J}^2 S u = \left[\begin{array}{ccc:c} 2 & 0 & 0 & 0 \\ 0 & 2 & 0 & 0 \\ 0 & 0 & 2 & 0 \\ \hdashline 0 & 0 & 0 & 0 \end{array} \right] \tag{6.37}$$

となる．$j=1$ と $j=0$ で，うまい具合に既約になっていることが，一目瞭然になる．各成分に同じユニタリー変換をすると，

$$u^\dagger S^\dagger J_1 S u = \frac{1}{\sqrt{2}} \left[\begin{array}{ccc:c} 0 & 1 & 0 & 0 \\ 1 & 0 & 1 & 0 \\ 0 & 1 & 0 & 0 \\ \hdashline 0 & 0 & 0 & 0 \end{array} \right] \tag{6.38a}$$

$$u^\dagger S^\dagger J_2 S u = \frac{1}{\sqrt{2}} \left[\begin{array}{ccc:c} 0 & -i & 0 & 0 \\ i & 0 & -i & 0 \\ 0 & i & 0 & 0 \\ \hdashline 0 & 0 & 0 & 0 \end{array} \right] \tag{6.38b}$$

$$u^\dagger S^\dagger J_3 S u = \left[\begin{array}{ccc:c} 1 & 0 & 0 & 0 \\ 0 & 0 & 0 & 0 \\ 0 & 0 & -1 & 0 \\ \hdashline 0 & 0 & 0 & 0 \end{array} \right] \tag{6.38c}$$

となり，左肩の3行3列の行列は，前に求めた $j=1$ の行列 (4.7) に完全に一

致している.

$$
Su = \begin{bmatrix} 1 & 0 & 0 & 0 \\ 0 & \dfrac{1}{\sqrt{2}} & 0 & \dfrac{1}{\sqrt{2}} \\ 0 & \dfrac{1}{\sqrt{2}} & 0 & -\dfrac{1}{\sqrt{2}} \\ 0 & 0 & 1 & 0 \end{bmatrix} \tag{6.39}
$$

の行列要素がちょうど式 (6.22), (6.23) で, $j = 1/2$ としたときの Clebsch-Gordan の係数に一致していることも気がつかれたであろう.

§7. Schwinger の角運動量の理論

　最後に生成・消滅演算子を用いて角運動量を表現する Schwinger の理論を, ごく簡単に紹介しておこう.

　§6でみたように, 大きな角運動量はいつでも小さな角運動量の和に分解できる. そこで, 一般の角運動量は, $j = 1/2$ から作ることができるであろうと予想される. これを具体的に示したのが, Schwinger による角運動量の理論で, 第二量子化の理論に慣れた人々にはたいへん便利なものである. たとえば, この理論を用いると, 量子力学的角運動量を古典的なそれと結び付けることが可能になる. しかし, この理論は量子的角運動量の性質をよく知っていて, それに合うように作り上げたという面もあって, 出発点はやや抽象的である.

　生成・消滅演算子については, Ｖ章で説明したから, まずそれを復習しよう.

　交換関係

$$
[a, a^\dagger] = 1 \tag{7.1}
$$

を満たす Bose 粒子の生成・消滅演算子を考える. すると数の演算子

$$
N = a^\dagger a \tag{7.2}
$$

はエルミートで, 対角化でき, その固有値は,

$$
n = 0, 1, 2, \cdots \tag{7.3}
$$

である. 固有ベクトルを $|n\rangle$ と書くと,

$$N|n\rangle = n|n\rangle \tag{7.4}$$

である. そして規格化直交固有ベクトルは,

$$|n\rangle = \frac{1}{\sqrt{n!}}(a^{\dagger})^n|0\rangle \tag{7.5}$$

である. ただし, 真空状態 $|0\rangle$ は,

$$a|0\rangle = 0 \tag{7.6}$$

を満たすような固有ベクトルで,

$$\langle 0|0\rangle = 1 \tag{7.7}$$

と規格化してある.

　角運動量をこのような演算子で表すには, 生成・消滅演算子を 2 種類使う. つまり,

$$[a_1, a_1^{\dagger}] = 1 \tag{7.8a}$$

$$[a_2, a_2^{\dagger}] = 1 \tag{7.8b}$$

$$[a_1, a_2] = [a_1, a_2^{\dagger}] = 0 \tag{7.8c}$$

である. a_1 と a_2 とは互いに独立であって, 両者は何時でも交換する.

　そこで,

$$J_1 = \frac{1}{2}[a_1^{\dagger}a_2 + a_2^{\dagger}a_1] \tag{7.9a}$$

$$J_2 = \frac{1}{2i}[a_1^{\dagger}a_2 - a_2^{\dagger}a_1] \tag{7.9b}$$

$$J_3 = \frac{1}{2}[a_1^{\dagger}a_1 - a_2^{\dagger}a_2] \tag{7.9c}$$

という量を導入し, 式 (7.8) を使って計算してみると, これらは角運動量の交換関係

$$[J_i, J_j] = i\varepsilon_{ijk}J_k \tag{7.10}$$

を満たしていることがわかる. たとえば,

$$[J_1, J_2] = \frac{1}{4i}[a_1^{\dagger}a_2 + a_2^{\dagger}a_1, a_1^{\dagger}a_2 - a_2^{\dagger}a_1]$$

$$= \frac{1}{4i}\{[a_2^{\dagger}a_1, a_1^{\dagger}a_2] - [a_1^{\dagger}a_2, a_2^{\dagger}a_1]\}$$

$$= \frac{1}{4i}\{a_2^\dagger a_2 - a_1^\dagger a_1 - a_1^\dagger a_1 + a_2^\dagger a_2\}$$

$$= \frac{i}{2}\{a_1^\dagger a_1 - a_2^\dagger a_2\} = iJ_3 \tag{7.11}$$

である.

式 (7.9) より,

$$J_+ = J_1 + iJ_2 = a_1^\dagger a_2 \tag{7.12a}$$

$$J_- = J_1 - iJ_2 = a_2^\dagger a_1 \tag{7.12b}$$

を定義すると, 式 (2.3) と全く同様な

$$[J_3, J_+] = J_+ \tag{7.13a}$$

$$[J_3, J_-] = -J_- \tag{7.13b}$$

$$[J_+, J_-] = 2J_3 \tag{7.13c}$$

が得られる.

さて $\boldsymbol{J}^2$ はどうか？

$$\boldsymbol{J}^2 = \frac{1}{2}(J_+ J_- + J_- j_+) + J_3^2$$

$$= \frac{1}{2}\{a_1^\dagger a_2 a_2^\dagger a_1 + a_2^\dagger a_1 a_1^\dagger a_2\} + \frac{1}{4}\{a_1^\dagger a_1 - a_2^\dagger a_2\}^2$$

$$= \frac{1}{2}\{a_1^\dagger a_1(a_2^\dagger a_2 + 1) + (a_1^\dagger a_1 + 1)a_2^\dagger a_2\} + \frac{1}{4}\{a_1^\dagger a_1 - a_2^\dagger a_2\}^2$$

$$= \frac{1}{4}(N_1 + N_2)(N_1 + N_2 + 2) \tag{7.14}$$

ただし,

$$N_1 = a_1^\dagger a_1 \tag{7.15a}$$

$$N_2 = a_2^\dagger a_2 \tag{7.15b}$$

とした. これらの固有値は, それぞれは,

$$n_1 = 0, 1, 2, 3, \cdots \tag{7.16a}$$

$$n_2 = 0, 1, 2, 3, \cdots \tag{7.16b}$$

で, その固有ベクトルは,

$$|n_1, n_2\rangle = \frac{1}{\sqrt{n_1!}} \frac{1}{\sqrt{n_2!}} (a_1^\dagger)^{n_1} (a_2^\dagger)^{n_2} |0\rangle \tag{7.17}$$

である.

いま,

$$n_1 + n_2 \equiv 2j \tag{7.18a}$$

$$n_1 - n_2 \equiv 2m \tag{7.18b}$$

とおくと,

$$|n_1, n_2\rangle = \frac{1}{\sqrt{(j+m)!}} \frac{1}{\sqrt{(j-m)!}} (a_1^\dagger)^{j+m} (a_2^\dagger)^{j-m} |0\rangle \tag{7.19}$$

である. すると,

$$J_3 |n_1, n_2\rangle = \frac{1}{2} (N_1 - N_2) |n_1, n_2\rangle = m |n_1, n_2\rangle \tag{7.20}$$

かつ, 式 (7.14) により,

$$\boldsymbol{J}^2 |n_1, n_2\rangle = \frac{1}{4} (N_1 + N_2)(N_1 + N_2 + 2) |n_1, n_2\rangle$$

$$= \frac{1}{4} \cdot 2j(2j+2) |n_1, n_2\rangle = j(j+1) |n_1, n_2\rangle \tag{7.21}$$

となる. これらは, J_3 と $\boldsymbol{J}^2$ の固有値を与え, それらの固有値は前に求めた角運動量のものと一致している.

このやり方の意味をみるためには,

$$J_1 = \frac{1}{2} (a_1^\dagger\ a_2^\dagger) \begin{bmatrix} 0 & 1 \\ 1 & 0 \end{bmatrix} \begin{pmatrix} a_1 \\ a_2 \end{pmatrix} \tag{7.22a}$$

$$J_2 = \frac{1}{2} (a_1^\dagger\ a_2^\dagger) \begin{bmatrix} 0 & -i \\ i & 0 \end{bmatrix} \begin{pmatrix} a_1 \\ a_2 \end{pmatrix} \tag{7.22b}$$

$$J_3 = \frac{1}{2} (a_1^\dagger\ a_2^\dagger) \begin{bmatrix} 1 & 0 \\ 0 & -1 \end{bmatrix} \begin{pmatrix} a_1 \\ a_2 \end{pmatrix} \tag{7.22c}$$

であることに気がつけばよい. $(a_1^\dagger\ a_2^\dagger)$ と $(a_1\ a_2)$ の間にはさまれているのは, Pauli のスピン行列である. つまり Pauli のスピン $1/2$ が, 上向きのもの $n_1 = (j+m)$ 個, 下向きのもの $n_2 = (j-m)$ 個励起されているのが, 第3成分が値 m をもった角運動量 j である.

ついでに計算しておくと,

$$J_+|n_1, n_2\rangle = \sqrt{(j-m)(j+m+1)}\,|n_1+1, n_2-1\rangle \tag{7.23a}$$

$$J_-|n_1, n_2\rangle = \sqrt{(j+m)(j-m+1)}\,|n_1-1, n_2+1\rangle \tag{7.23b}$$

である. これらも角運動量のよく知られた関係である.

この角運動量表示 (7.9) と, V 章で導入したコヒーレント状態の考えを併用すると, 角運動量の古典的描像を得るのに便利である.

いま, コヒーレント状態を,

$$U|0\rangle = |\ \rangle \tag{7.24}$$

で導入する. ただし,

$$U \equiv e^{i(f_1 a_1^\dagger + f_1^* a_1)} e^{i(f_2 a_2^\dagger + f_2^* a_2)} \tag{7.25}$$

で, f_1 と f_2 とは勝手な複素数である. このコヒーレント状態に対しては,

$$a_1|\ \rangle = if_1|\ \rangle \tag{7.26a}$$

$$a_2|\ \rangle = if_2|\ \rangle \tag{7.26b}$$

が成り立つ. エルミート共役は,

$$\langle\ |a_1^\dagger = -if_1^*\langle\ | \tag{7.27a}$$

$$\langle\ |a_2^\dagger = -if_2^*\langle\ | \tag{7.27b}$$

したがって, 式 (7.9) により,

$$J_1^C \equiv \frac{1}{2}\langle\ |\{a_1^\dagger a_2 + a_2^\dagger a_1\}|\ \rangle = \frac{1}{2}\{f_1^* f_2 + f_2^* f_1\} \tag{7.28a}$$

$$J_2^C \equiv \frac{1}{2i}\langle\ |\{a_2^\dagger a_1 - a_2^\dagger a_1\}|\ \rangle = \frac{1}{2i}\{f_1^* f_2 - f_2^* f_1\} \tag{7.28b}$$

$$J_3^C \equiv \frac{1}{2}\langle\ |\{a_1^\dagger a_1 - a_2^\dagger a_2\}|\ \rangle = \frac{1}{2}\{|f_1|^2 - |f_2|^2\} \tag{7.28c}$$

そこで, 勝手な定数を,

$$f_1 = \sqrt{2j}\,e^{-\frac{i}{2}\phi}\cos\frac{\theta}{2} \tag{7.29a}$$

$$f_2 = \sqrt{2j}\,e^{\frac{i}{2}\phi}\sin\frac{\theta}{2} \tag{7.29b}$$

という形に書くと,

$$J_1^C = j\sin\theta\cos\phi \tag{7.30a}$$

$$J_2^c = j \sin\theta \sin\phi \qquad\qquad (7.30\mathrm{b})$$

$$J_3^c = j \cos\theta \qquad\qquad (7.30\mathrm{c})$$

となり，これは古典的なベクトルの表示である．この場合 j, θ, ϕ などは全く勝手なものでよい．この f_1 と f_2 とは，実はあるスピノルの成分になっている．

演 習 問 題 VII

1. 定義によると，量子力学では式（1.1）を満たすものを角運動量とよぶ．すると $-\boldsymbol{J}$ は角運動量ではないことになる．このことを確かめよ．

2. 式（1.3）が式（1.1）を満たすことを確かめよ．

3. 関係式（1.6）を確かめよ．

4. 式（1.1）から式（2.3）を導け．

5. また問題 4 の逆，つまり式（2.3）から式（1.1）を導いてみよ．

6. 有限行列について，トレースの式（2.6）を導いてみよ．無限行列ではなぜ，この関係式がこわれる可能性があるのだろうか？

7. 本文を見ずに，式（2.3）と式（1.9）から，J_+ および j を決めてみよ．

8. $j=1$ の行列（4.7）の J_3 と $\boldsymbol{J}^2$ の，規格化された固有ベクトルを求めてみよ．

9. 式（4.7）と，前の T 行列（5.2′）を結ぶユニタリー変換を求む．

10. 式（6.22）を用い，$j_1=1$ の場合の線形結合式を実際に作ってみよ．また，式（6.23）のほうはどうか？

11. 式（6.34）がユニタリーであることを確かめよ．また，式（6.36）も同じくユニタリーであることを確認せよ．

12. 式（7.25）は，

$$e^{i(f_1 a_1^\dagger + f_2 a_2^\dagger)} e^{i(f_1^* a_1 + f_2^* a_2)} e^{-\frac{1}{2}(|f_1|^2 + |f_2|^2)}$$

という形に書くことができる．この式を導け．

13. 式（7.26）を導け．

14. あるユニタリー行列 S が角運動量の各成分 J_i と交換するとき，S は，J_3 と $\boldsymbol{J}^2$ とともに対角化できる．そのとき，S の対角要素は J_3 の固有値に

よらないことを証明せよ.

散　乱　問　題

§1.　はじめに

　ここで数学の問題を少し離れ，物理の問題として，Schrödinger の方程式に従う波が，ある障害物によって散乱される現象を取り扱ってみよう．

　前に勉強した Green 関数（p.82 参照）を応用してみようというわけである．障害物は座標の原点に固定され，球対称のポテンシャル $V(r)$ で表されるとすると，Schrödinger 方程式は，

$$i\hbar\frac{\partial}{\partial t}\psi(\boldsymbol{x}, t) = \left[-\frac{\hbar^2}{2m}\nabla^2 + V(r)\right]\psi(\boldsymbol{x}, t) \tag{1.1}$$

である．ここでは，Schrödinger 方程式の量子力学的解釈の問題には触れない．量子力学的解釈は，実は散乱問題から出てきたので，それをまず勉強しよう．ここでは，式 (1.1) は単なる古典的な波の方程式としておく．$\hbar$ とか m とかは単なる数で，前者は角運動量の次元，後者は質量の次元をもった，ある定数である．

　まず，方程式 (1.1) に従う波について，物理量をしっかり定義しておかなければならない．そのために，式 (1.1) の複素共役方程式を書くと，

$$-i\hbar\frac{\partial}{\partial t}\psi^{\dagger}(\boldsymbol{x}, t) = \left[-\frac{\hbar^2}{2m}\nabla^2 + V(r)\right]\psi^{\dagger}(\boldsymbol{x}, t) \tag{1.2}$$

式 (1.1) に $\psi^{\dagger}$ をかけ，式 (1.2) に ψ をかけてひき算すると，

$$\frac{\partial}{\partial t}\rho(\boldsymbol{x},t)+\nabla\cdot\boldsymbol{J}(\boldsymbol{x},t)=0 \tag{1.3}$$

という連続方程式が得られる．ただし，

$$\rho(\boldsymbol{x},t)\equiv\phi^{\dagger}(\boldsymbol{x},t)\phi(\boldsymbol{x},t) \tag{1.4a}$$

$$\boldsymbol{J}(\boldsymbol{x},t)\equiv\frac{\hbar}{2mi}\{\phi^{\dagger}(\boldsymbol{x},t)\nabla\phi(\boldsymbol{x},t)-\nabla\phi^{\dagger}(\boldsymbol{x},t)\phi(\boldsymbol{x},t)\} \tag{1.4b}$$

である．連続方程式 (1.3) には，障害物を表すポテンシャルが出てこないことに注意．

連続方程式を物理的に解釈するのはご存じと思うが，$\rho(x,t)(>0)$ は，時刻 t において，点 $\boldsymbol{x}$ における波の密度を表し（次元はこの場合 L^{-3} である），$\boldsymbol{J}(\boldsymbol{x},t)$ のほうは，時刻 t における，点 $\boldsymbol{x}$ での波の流れの密度である．（$\boldsymbol{J}$ の次元は，式 (1.3) より $L^{-2}T^{-1}$ となる）．したがって，点 $\boldsymbol{x}$ におけるある面積要素 $\mathrm{d}\boldsymbol{S}(\boldsymbol{x})$ を通過する波の流れは，

$$\mathrm{d}\boldsymbol{S}(\boldsymbol{x})\cdot\boldsymbol{J}(\boldsymbol{x},t) \tag{1.5}$$

である．物理的な量を計算するとき，これが重要である．たとえば，障害物によってどれだけの波が散乱されるかをみるには，障害物からうんと遠くのほうの，ある面積要素 $\mathrm{d}\boldsymbol{S}(\boldsymbol{x})$ を通過する波の流れを計算しなければならい．もちろん，散乱波の流れは入射波の流れに依存するから，入射波の方を規格化しておかねばならない．それをちゃんと行なって，どれだけ散乱波が出てくるかを示す量として，通常 "散乱断面積" という量が使われる．これを言葉で書くと，

$$散乱断面積 = \frac{(ある面積要素)\times(散乱波の流れの密度)}{(入射波の流れの密度)} \tag{1.6}$$

ということになるが，これを ϕ で表さなければならない．この量はもちろん面積の次元をもっている．さて，ϕ のどの部分が散乱波なのであろうか？

正直にいうと，ここにたいへんむずかしい問題が潜んでいるが，この問題にはあまり神経質にならず，まず式 (1.1) を，III 章で勉強した Green 関数を用いて，積分形に書いてみよう．

§2. 方程式 (1.1) の積分

方程式 (1.1) を積分形に直すために Green 関数を求めよう. Green 関数の求め方は, III 章で説明した. まず,

$$\left[i\hbar\frac{\partial}{\partial t}+\frac{\hbar^2}{2m}\nabla^2\right]G_0(\boldsymbol{x}-\boldsymbol{x}',t-t')=0 \tag{2.1}$$

の解を求める. それを,

$$G_0(\boldsymbol{x}-\boldsymbol{x}',0)=\frac{1}{i\hbar}\delta(\boldsymbol{x}-\boldsymbol{x}') \tag{2.2}$$

となるように規格化する. すると,

$$G_0(\boldsymbol{x}-\boldsymbol{x}',t-t')\equiv G_0(\boldsymbol{x}-\boldsymbol{x}',t-t')\theta(t-t')$$
$$=\begin{cases}G_0(x-x',t-t') & t>t' \\ 0 & t<t'\end{cases} \tag{2.3}$$

で定義されるのが Green 関数で, それは,

$$\left[i\hbar\frac{\partial}{\partial t}+\frac{\hbar^2}{2m}\nabla^2\right]G^{(\mathrm{ret})}(\boldsymbol{x}-\boldsymbol{x}',t-t')=\delta(\boldsymbol{x}-\boldsymbol{x}')\delta(t-t') \tag{2.4}$$

を満たす. この Green 関数を使うと, 式 (1.1) は, 積分形

$$\phi(\boldsymbol{x},t)=\phi^{\mathrm{in}}(\boldsymbol{x},t)+\int_{-\infty}^{\infty}\mathrm{d}^3x'\mathrm{d}t'G^{(\mathrm{ret})}(\boldsymbol{x}-\boldsymbol{x}',t-t')V(r')\phi(\boldsymbol{x},t') \tag{2.5a}$$

$$=\phi^{\mathrm{in}}(\boldsymbol{x},t)+\int_{-\infty}^{t}\mathrm{d}^3x'\mathrm{d}t'G_0(\boldsymbol{x}-\boldsymbol{x}',t-t')V(r')\phi(\boldsymbol{x}',t') \tag{2.5b}$$

となる. 右辺にはまだ ϕ がはいっているから, これは式 (1.1) を解いたことにはならない. ここで ϕ^{in} とは,

$$\left[i\hbar\frac{\partial}{\partial t}+\frac{\hbar^2}{2m}\nabla^2\right]\phi^{\mathrm{in}}(\boldsymbol{x},t)=0 \tag{2.6}$$

の解である. 式 (2.5b) 右辺第 2 項の寄与は, 時間が無限の過去に行くに従い消えていくから, 第 1 項は初めからあった波, つまり入射波を表す. このあたりの計算は, p.92 の議論と全く同じであることに注意されたい.

ところで, この Green 関数の振る舞いを調べてみよう.

まず, 式 (2.2) を満たすような G_0 は,

$$G_0(\boldsymbol{x} - \boldsymbol{x}', t - t')$$

$$= \frac{1}{i(2\pi)^3\hbar} \int \mathrm{d}^3\ell \, \exp\{i\boldsymbol{\ell} \cdot (\boldsymbol{x} - \boldsymbol{x}')\} \exp\left\{-i\frac{\hbar}{2m}\ell^2(t - t')\right\} \quad (2.7)$$

であることがすぐわかる. したがって, 定義 (2.3) により,

$$G^{(\mathrm{ret})}(\boldsymbol{x} - \boldsymbol{x}', t - t')$$

$$= \frac{1}{i(2\pi)^3\hbar} \int \mathrm{d}^3\ell \, \exp\{i\boldsymbol{\ell} \cdot (\boldsymbol{x} - \boldsymbol{x}')\} \exp\left\{-i\frac{\hbar}{2m}\ell^2(t - t')\right\} \theta(t - t')$$

$$= -\frac{1}{i(2\pi)^4\hbar} \int \mathrm{d}^3\ell \, \exp\{i\boldsymbol{\ell} \cdot (\boldsymbol{x} - \boldsymbol{x}')\} \exp\left\{-i\frac{\hbar}{2m}\ell^2(t - t')\right\}$$

$$\int_{-\infty}^{\infty} \mathrm{d}\alpha \frac{\exp\{i\alpha(t - t')\}}{\alpha - i\varepsilon}$$

$$= -\frac{1}{(2\pi)^4} \frac{2m}{\hbar^2} \int \mathrm{d}^3\ell \int_{-\infty}^{\infty} \mathrm{d}\omega \frac{\exp\{i\boldsymbol{\ell} \cdot (\boldsymbol{x} - \boldsymbol{x}')\} \exp\{-i\omega(t - t')\}}{\ell^2 - \dfrac{2m}{\hbar}\omega - i\varepsilon} \quad (2.8)$$

である. この被積分関数は, $\omega > 0$ と $\omega < 0$ とで, 全く異なった振る舞いをしている. p. 54 の式 (6.17), (6.18) によると, $\mathrm{d}^3\ell$ の積分は実行できて, $\omega > 0$ の成分に対しては,

$$\frac{\exp\left\{i\sqrt{\dfrac{2m}{\hbar}\omega} \, |\boldsymbol{x} - \boldsymbol{x}'|\right\}}{|\boldsymbol{x} - \boldsymbol{x}'|} \quad (2.9\mathrm{a})$$

つまり, 振動しており, $\omega < 0$ の, 成分に対しては,

$$\frac{\exp\left\{-\sqrt{-\dfrac{2m}{\hbar}\omega} \, |\boldsymbol{x} - \boldsymbol{x}'|\right\}}{|\boldsymbol{x} - \boldsymbol{x}'|} \quad (2.9\mathrm{b})$$

で, $|\boldsymbol{x} - \boldsymbol{x}'|$ が大きくなるに従って指数的に小さくなる解である. これを湯川型関数とよぶこともある.

　係数までちゃんと書くと,

$$G^{(\mathrm{ret})}(\boldsymbol{x} - \boldsymbol{x}', t - t') = -\frac{2m}{\hbar} \frac{1}{4\pi} \frac{1}{2\pi}$$

$$\times \int d\omega \left[\theta(\omega) \frac{\exp\left\{i\sqrt{\frac{2m}{\hbar}\omega}\,|x-x'|\right\}}{|\boldsymbol{x}-\boldsymbol{x}'|} \exp\{-i\omega(t-t')\} \right.$$

$$\left. + \theta(-\omega) \frac{\exp\left\{-\sqrt{-\frac{2m}{\hbar}\omega}\,|x-x'|\right\}}{|\boldsymbol{x}-\boldsymbol{x}'|} \exp^{\{-i\omega(t-t')\}} \right] \quad (2.10a)$$

$$\equiv G^{(+)}(\boldsymbol{x}-\boldsymbol{x}',t-t') + G^B(\boldsymbol{x}-\boldsymbol{x}',t-t') \quad (2.10b)$$

となる. ここで,

$$\theta(x) = \begin{cases} 1 & x > 0 \\ 0 & x < 0 \end{cases} \quad (2.11)$$

である. $G^{(+)}$ のほうは, 外向きに進む波を表し, $\omega > 0$ の Fourier 成分しか もっていない. G^B のほうは, 遠くで 0 になるような解で, $\omega < 0$ の Fourier 成分しかもっていない.

式 (2.5b) を, この記号を使ってもう一度書くと,

$$\phi(\boldsymbol{x},t) = \phi^{in}(\boldsymbol{x},t)$$

$$+ \int_{-\infty}^{\infty} d^3x'\,dt'\, G^{(+)}(\boldsymbol{x}-\boldsymbol{x}',t-t')V(r')\phi(\boldsymbol{x}',t')$$

$$+ \int_{-\infty}^{\infty} d^3x'\,dt'\, G^B(\boldsymbol{x}-\boldsymbol{x}',t-t')V(r')\phi(\boldsymbol{x}',t') \quad (2.12)$$

である. 右辺第 1 項は入射波, 第 2 項は外向きに出て行く波, 第 3 項は遠方 では消えてしまう束縛された場を表す項である.

したがって, 波が障害物のまわりにどのように束縛されているかをみたけ れば, 積分方程式

$$\phi^B(\boldsymbol{x},t) = \int_{-\infty}^{\infty} d^3x'\,dt'\, G^B(\boldsymbol{x}-\boldsymbol{x}',t-t')V(r')\phi^B(\boldsymbol{x}',t') \quad (2.13a)$$

を, 条件

$$\phi^B(\boldsymbol{x},t) \to 0 \qquad |\boldsymbol{x}| \to \infty \quad (2.13b)$$

のもとに解けばよい. この方程式の解はもちろん $V(r)$ によるが, また ω (<0) が特別の値をとるときだけ存在する. これが量子力学における "束 縛状態" の問題である. この問題はいまここでは論議しない.

一方，散乱を議論するときには，積分方程式

$$\phi^{(+)}(\boldsymbol{x}, t) = \phi^{\text{in}}(\boldsymbol{x}, t)$$

$$+ \int_{-\infty}^{\infty} \mathrm{d}^3 x' \, \mathrm{d}t' \, G^{(+)}(\boldsymbol{x}-\boldsymbol{x}', t-t') V(r') \phi^{(+)}(\boldsymbol{x}', t') \quad (2.14)$$

を，ある境界条件のもとに解けばよい．それを以下で考えよう．

§3. 散乱問題

通常はまずこの式の時間変数を分離して，時間によらない方程式に直してから取り扱う．話を簡単にするために，入射波は，$-z$ 方向から $+z$ 方向に進む平面波としよう．この波は式 (2.6) を満たさなければならないから，

$$\phi^{\text{in}}(\boldsymbol{x}, t) = A \exp\{(ikz)\}\exp\{(-i\omega_0 t)\} \quad (3.1)$$

という形をしている．ただし，

$$\hbar\omega_0 \equiv \frac{\hbar^2}{2m}k^2 \quad (3.2)$$

で，k は入射波の波数，ω_0 は入射波の角振動数，また A は入射波の振幅である．$\phi^{(+)}(\boldsymbol{x}, t)$ のほうもそれに従って，

$$\phi^{(+)}(\boldsymbol{x}, t) \equiv \phi_k^{(+)}(\boldsymbol{x})\exp\{(-i\omega_0 t)\} \quad (3.3)$$

とおき，式 (2.14) に代入すると，$G^{(+)}(\boldsymbol{x}-\boldsymbol{x}', t-t')$ の表現を用い，さらに，

$$\frac{1}{2\pi}\int_{-\infty}^{\infty}\mathrm{d}t' \exp\{i(\omega-\omega_0)t'\} = \delta(\omega-\omega_0) \quad (3.4)$$

に気をつけると，時間因子は両辺に共通なものが出てくるから，それを落すと，

$$\phi_k^{(+)}(\boldsymbol{x}) = A \exp(ikz) - \frac{1}{4\pi}\int \mathrm{d}^3 x' \frac{\exp\{ik|\boldsymbol{x}-\boldsymbol{x}'|\}}{|\boldsymbol{x}-\boldsymbol{x}'|}U(r')\phi_k^{(+)}(\boldsymbol{x}')$$

$$(3.5)$$

が得られる．ただし，

$$U(r) \equiv \frac{2m}{\hbar^2}V(r) \quad (3.6)$$

とおいた．式 (3.5) が解くべき積分方程式である．なお式 (3.5) の $\phi^{(+)}(\boldsymbol{x})$ が，微分方程式

$$[\nabla^2 + k^2]\psi_k^{(+)}(\boldsymbol{x}) = U(r)\psi_k^{(+)}(\boldsymbol{x}) \tag{3.5'}$$

を満たすことは明らかだろう．それをみるには，

$$[\nabla^2 + k^2]\frac{\exp\{ik|\boldsymbol{x}-\boldsymbol{x}'|\}}{|\boldsymbol{x}-\boldsymbol{x}'|} = -4\pi\delta(\boldsymbol{x}-\boldsymbol{x}') \tag{3.7}$$

に注意すればよい．

式 (3.5) の右辺の漸近形を求めるために，障害物を表すポテンシャルは，有限のレンジのもので，

$$U(r) = 0 \qquad r > a \tag{3.8}$$

としよう．a はだいたい，障害物の存在する範囲である．

いま障害物から遠く離れたところでの波を問題にするために，

$$|\boldsymbol{x}-\boldsymbol{x}'| = r\left(1 - \frac{\boldsymbol{x}\cdot\boldsymbol{x}'}{r^2} + \cdots\right) \tag{3.9}$$

と展開し，右辺第二項の振る舞いを調べると，

$$-\frac{1}{4\pi}\frac{\exp(ikr)}{r}\int \mathrm{d}^3x' \exp\{(-ik\boldsymbol{x}\cdot\boldsymbol{x}'/r)\}U(r')\psi_k^{(+)}(\boldsymbol{x}') \tag{3.10}$$

となる．ここで $|\boldsymbol{x}|=r\gg a$ を仮定し，余計な項を落とした．$k\boldsymbol{x}/r$ は $\boldsymbol{x}$ 方向に向いた波数ベクトルである．式 (3.5) は，したがってずっと遠方で，

$$\psi_k^+(\boldsymbol{x}) \to A\left\{\exp(ikz) + \frac{\exp(ikr)}{r}f(\theta)\right\} \tag{3.11}$$

つまり，$\boldsymbol{z}$ 方向に進む入射平面波と外向き球面波の重ね合わせとして振る舞う．ここで，

$$f(\theta) = -\frac{1}{4\pi A}\int \mathrm{d}^3x' \exp(-ik\boldsymbol{x}\cdot\boldsymbol{x}'/r)U(r')\psi_k^{(+)}(\boldsymbol{x}') \tag{3.12}$$

であり，θ は，$\boldsymbol{x}$（これが散乱波を観測する点）が z 軸となす角である（図 8.1 参照）．この $f(\theta)$ が複素数であることが，あとで重要になる．散乱波は遠方で，

$$\psi^{\mathrm{sc}}(x) = A\frac{\exp(ikr)}{r}f(\theta) \tag{3.13}$$

である．

式 (3.12) の右辺には，正確な式 (3.5) の解 $\psi^{(+)}(x', t)$ がはいっているか

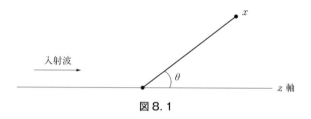

図 8.1

ら，まだ問題を解いたことにはならない．$f(\theta)$ という記号を導入したにすぎない．

しかし以下に見るように，この $f(\theta)$ は散乱断面積（1.6）に直接結びついている．

それを見るために，障害物を中心とした大きな半径 R の球面上で散乱波の流れの密度を計算してみると，式（3.13）を用い，

$$J_R^{\text{sc}} = \frac{\hbar}{2mi}\left\{\psi^{\text{sc}\dagger}(\boldsymbol{x})\frac{\partial}{\partial r}\psi^{\text{sc}}(\boldsymbol{x}) - \frac{\partial}{\partial r}\psi^{\text{sc}\dagger}(\boldsymbol{x})\cdot\psi^{\text{sc}}(\boldsymbol{x})\right\}\bigg|_{r=R}$$

$$= \frac{\hbar k}{m}\frac{|A|^2}{R^2}|f(\theta)|^2 \tag{3.14}$$

従って，この球面上で，面積要素 $\mathrm{d}S$ を通過する散乱波の流れは，

$$J_R^{\text{sc}}\mathrm{d}S = \frac{\hbar k}{m}\frac{|A|^2}{R^2}|f(\theta)|^2\mathrm{d}S = \frac{\hbar k}{m}|A|^2|f(\theta)|^2\mathrm{d}\Omega \tag{3.15}$$

である．ここで $\mathrm{d}\Omega$ は，原点に対して $\mathrm{d}S$ の張る立体角である（$\mathrm{d}S = R^2\mathrm{d}\Omega$ に注意）．

一方，入射波の密度は，

$$J^{\text{in}} = \frac{\hbar}{2mi}|A|^2\left\{e^{-ikz}\frac{\mathrm{d}}{\mathrm{d}z}e^{ikz} - \frac{\mathrm{d}}{\mathrm{d}z}e^{-ikz}\cdot e^{ikz}\right\}$$

$$= \frac{\hbar k}{m}|A|^2 \tag{3.16}$$

したがって，定義（1.6）により，

$$\mathrm{d}\sigma(\theta) = \frac{J_R^{\text{sc}}\mathrm{d}S}{J^{\text{in}}} = |f(\theta)|^2\mathrm{d}\Omega \tag{3.17}$$

となる．こうして，計算すべきものは式（3.12）の $f(\theta)$ である．これはさ

きほどいったように複素数である.

§4. 収支決算

今までにやってきた計算には，少し考えるとちょっと変なところがある（ということに気がつけばアッパレ！）．式 (3.5) をもう一度じっくり眺めてみよう.

右辺第 1 項は，入射波だが，この波は $z=-\infty$ から $z=+\infty$ の遠方まで広がっている．つまりいま考えている大円の左からはいって，右から出てくるはずである．散乱波の計算をするとき右から出ていく分を考慮しなかった．そこで，もう一度波の収支決算をちゃんと考えてみよう．障害物を中心とする半径 R の大きな円を考え，その表面をどれだけの波が入っていき，どれだけの波が出ていくかを詳しく調べる．波の流れは式 (1.4b) で定義されるから，散乱波と入射波のひっかかった，いわゆる干渉項が利いてくることに気をつけなければならない.

連続の方程式 (1.3) を，大円全体の体積にわたって積分し，Gauss の定理を使って表面積分に直すと，

$$\frac{d}{dt}\int_V d^3x \psi^{(+)\dagger}(\boldsymbol{x},t)\psi^{(+)}(\boldsymbol{x},t) = -\int_{\partial V} dS \cdot \boldsymbol{J} \tag{4.1}$$

となる．障害物が波を吸収しないと（これが実数のポテンシャル $V(r)$ を使った理由．そしてそのとき連続方程式から $V(r)$ が消える），式 (4.1) の右辺は 0 でなければならない．つまり，右辺の表面積分をちゃんと計算すると 0 にならなければならない.

それを確かめるために $\boldsymbol{J}$ を書き出してみると，

$$\boldsymbol{J} = \frac{\hbar}{2mi}\{(\psi^{in}+\psi^{sc})^\dagger \nabla(\psi^{in}+\psi^{sc}) - \nabla(\psi^{in}+\psi^{sc})^\dagger \cdot (\psi^{in}+\psi^{sc})\}$$

$$= \frac{\hbar}{2mi}\{\psi^{in\dagger}\nabla\psi^{in} - \nabla\psi^{in\dagger}\cdot\psi^{in}\} + \frac{\hbar}{2mi}\{\psi^{sc\dagger}\nabla\psi^{sc} - \nabla\psi^{sc\dagger}\cdot\psi^{sc}\}$$

$$+ \frac{\hbar}{2mi}\{\psi^{in\dagger}\nabla\psi^{sc} - \nabla\psi^{in\dagger}\cdot\psi^{sc} + \psi^{sc\dagger}\nabla\psi^{in} - \nabla\psi^{sc\dagger}\cdot\psi^{in}\}$$

$$\equiv \boldsymbol{J}^{in} + \boldsymbol{J}^{sc} + \boldsymbol{J}^{int} \tag{4.2}$$

という 3 項の和からなっている．第 1 項は左から入って右に出ていく入射波の流れ，第 2 項は散乱波の流れ，そして第 3 項が干渉項である．

半径 R が大きいとして，波の漸近形 (3.11) を採用し計算すると，$f(\theta)$ が複素数であるために，干渉項は $\theta = 0$ でも消えずに残る．そして結局

$$\int d\boldsymbol{S} \cdot \boldsymbol{J}^{\mathrm{in}} = \frac{\hbar k}{m} [|A|^2 - |A|^2] 4\pi R^2 \tag{4.3a}$$

$$\int d\boldsymbol{S} \cdot \boldsymbol{J}^{\mathrm{sc}} = \frac{\hbar k}{m} |A|^2 \int d\Omega |f(\theta)|^2 \tag{4.3b}$$

$$\int d\boldsymbol{S} \cdot \boldsymbol{J}^{\mathrm{int}} = 2\pi \frac{\hbar}{m} i |A|^2 \{f(0) - f^*(0)\} = -4\pi \frac{\hbar}{m} |A|^2 \operatorname{Im} f(0) \tag{4.3c}$$

が得られるが，収支決算はこれらを全部加えたものが 0，つまり

$$\frac{k}{4\pi} \int d\Omega |f(\theta)|^2 = \operatorname{Im} f(0) \tag{4.4}$$

である．この関係は，保存則と漸近形だけからでてきたものである．左辺が散乱の全断面積，右辺が $\theta = 0$ の方向（これを前方という）への波の減り具合である．この減りは波の干渉によっている．

式 (4.4) の関係を言葉で述べると：

前方に進む入射波の減り具合は散乱の全断面積に等しい

と言うことになる．式 (4.4) の関係を**光学定理**（optical theorem）という．この関係では，波の干渉が重要な役割をしていることをもう一度強調しておく．自分で式 (4.3) を直接計算して，この点をよく納得しておかれることをおすすめする．

§5. 光学定理を満たすパラメーター

光学定理 (4.4) を満たすようなパラメーターを導入しよう．式 (4.4) を自動的に満たすようなパラメーターを使うと，いちいち式 (4.4) を気にする必要がなくなるばかりでなく，あとでみるように，散乱データの解析にも便利である．

その目的のためには，Legendre 関数を利用して，角変数を分離する．

Legendre 関数は,

$$P_\ell(x) \equiv \frac{1}{2^\ell \ell!} \frac{\mathrm{d}^\ell}{\mathrm{d}x^\ell}(x^2-1)^\ell \qquad \ell = 0, 1, 2, \cdots \qquad (5.1)$$

で定義され, 規格化直交条件は,

$$\int_0^\pi \mathrm{d}\theta \sin\theta P_\ell(\cos\theta) P_{\ell'}(\cos\theta) = \frac{2}{2\ell+1}\delta_{\ell\ell'} \qquad (5.2)$$

である. また,

$$P_\ell(x) = (-1)^\ell P_\ell(-x) \qquad (5.3)$$

もときどき必要となる.

この関数を用いて $f(\theta)$ を展開すると,

$$f(\theta) = \sum_{\ell=0}^{\infty} \frac{2\ell+1}{2ik}\{S_\ell(k)-1\}P_\ell(\cos\theta) \qquad (5.4)$$

展開係数をこのように書いたのは, 結果を知ってのことで, こうしておくと便利なのである. $S_\ell(k)$ は複素数である.

光学定理 (4.4) が成り立つためには, $S_\ell(k)$ がどのような条件を満たしていればよいだろうか? そのために Legendre 関数の性質

$$P_\ell(0) = 1 \qquad (5.5)$$

を使って $f(0)$ を計算すると,

$$f(0) = \sum_{\ell=0}^{\infty} \frac{2\ell+1}{2ik}\{S_\ell(k)-1\} \qquad (5.6a)$$

$$f^*(0) = -\sum_{\ell=0}^{\infty} \frac{2\ell+1}{2ik}\{S_\ell^*(k)-1\} \qquad (5.6b)$$

また, 規格化直交条件 (5.2) のおかげで式 (4.4) の左辺の角積分は実行できて,

$$\int \mathrm{d}\Omega |f(\theta)|^2 = \sum_{\ell=0}^{\infty} \frac{(2\ell+1)^2}{(2k)^2}|S_\ell(k)-1|^2 \cdot \frac{4\pi}{2\ell+1} \qquad (5.7)$$

これらを式 (4.4) に代入すると,

$$|S_\ell(k)^2| = 1 \qquad (5.8)$$

が得られる. したがって, $S_\ell(k)$ を, ある実数 $\delta_\ell(k)$ を使って,

$$S_\ell(k) \equiv \exp\{2i\delta_\ell(k)\} \qquad (5.9)$$

と書いておくと，光学定理はもう忘れてもよいことになる（式 (5.9) の指数の肩に 2 を付けたのも，結果の便利のためである）．

式 (5.4) に戻ると，

$$f(\theta) = \sum_{\ell=0}^{\infty} \frac{2\ell+1}{2ik} [\exp\{2i\delta_\ell(k)\}-1]P_\ell(\cos\theta)$$

$$= \sum_{\ell=0}^{\infty} \frac{2\ell+1}{k} \exp\{i\delta_\ell(k)\}\sin\delta_\ell(k)P_\ell(\cos\theta) \tag{5.10}$$

となる．

散乱波は式 (3.11) によって，これに e^{ikr}/r をかけたものだから，指数は全体として $\exp\{i(kr+\delta_\ell(k))\}$ となり，$\delta_\ell(k)$ が散乱波の位相のずれを表していることがわかる．この点は次節で詳しく考える．この位相のずれのために，散乱波は入射波と干渉したのであった．

なお，全断面積は $\delta_\ell(k)$ で書くことができ，

$$\sigma^{\text{total}} \equiv \int d\Omega \, |f(\theta)|^2 = \frac{4\pi}{k^2} \sum_{\ell=0}^{\infty} (2\ell+1)\sin^2\delta_\ell(k) \tag{5.11}$$

となる．これは式 (5.7) に式 (5.9) を代入しただけである．微分断面積のほうは直交条件が使えないのでこんなに簡単にはならない．

いままでのところ，$\delta_\ell(k)$ は，光学定理を満たすためのパラメーターでしかない．しかし，理論屋として散乱問題を扱うときには，与えられたポテンシャルからこれが計算できなければならない．それをどうやってやるか？

$f(\theta)$ は式 (3.12) で与えられているから，式 (5.9) を Legendre 関数の規格化直交条件を使って逆変換すればよいようにみえる．原理的にはもちろんそれでよい．しかし，そうすると，

$$\int_0^\pi d\theta \sin\theta f(\theta)P_\ell(\cos\theta) = \frac{2}{k} \exp\{i\delta_\ell(k)\}\sin\delta_\ell(k) \tag{5.12}$$

が得られるから，この式の左辺に式 (3.12) を入れて整理すればよいわけだが，これが意外にやっかいなのである．通常は，次節で述べるような，別の手で計算する．

§6. 部分波分解

方程式 (3.5′) を球面極座標で書くために,

$$x = r \sin\theta \cos\phi \tag{6.1a}$$

$$y = r \sin\theta \sin\phi \tag{6.1b}$$

$$z = r \cos\theta \tag{6.1c}$$

によって, 座標 r, θ, ϕ を導入する. すると,

$$\nabla^2 = \frac{\partial^2}{\partial r^2} + \frac{2}{r}\frac{\partial}{\partial r} + \frac{1}{r^2}\left[\frac{\partial^2}{\partial\theta^2} + \frac{\cos\theta}{\sin\theta}\frac{\partial}{\partial\theta} + \frac{1}{\sin^2\theta}\frac{\partial^2}{\partial\phi^2}\right] \tag{6.2}$$

である. 一方 Legendre 関数は, 微分方程式

$$\left[\frac{\partial^2}{\partial\theta^2} + \frac{\cos\theta}{\sin\theta}\frac{\partial}{\partial\theta} + \ell(\ell+1)\right]P_\ell(\cos\theta) = 0 \tag{6.3}$$

を満たす.

球対称のポテンシャルの散乱問題では, 波動関数 $\psi(\boldsymbol{x})$ は角 ϕ によらないから,

$$\psi_k^{(+)}(\boldsymbol{x}) \equiv \frac{\chi_\ell(k, r)}{r}P_\ell(\cos\theta) \tag{6.4}$$

とおくと, 式 (3.5′) は簡単に,

$$\left[\frac{\mathrm{d}^2}{\mathrm{d}r^2} + k^2 - \frac{\ell(\ell+1)}{r^2}\right]\chi_\ell(k, r) = U(r)\chi_\ell(k, r) \tag{6.5}$$

となる. この左辺の $\ell(\ell+1)/r^2$ というのは角運動量 ℓ の遠心力の項である. この方程式 (6.5) を, ある境界条件のもとに解くことを考える. そのためには, まずポテンシャルの性質をある程度制限しておかなければならない. 特に $r=0$ の点で, $U(r)$ は遠心力より強くは発散しないで, かつそれ以外の点では有限であるとする. つまり,

$$\lim_{r\to 0}\frac{U(r)}{\frac{\ell(\ell+1)}{r^2}} = 0 \tag{6.6}$$

が満たされているとする.

式 (6.5) を,

$$\frac{\dfrac{\mathrm{d}^2}{dr^2}\chi_\ell(k,r)}{\chi_\ell(k,r)} = \frac{\ell(\ell+1)}{r^2}+U(r)-k^2 \tag{6.7}$$

と書くと，$r=0$ の近くでは右辺第 1 項だけが問題になるから，

$$\chi_\ell(k,r) \approx r^{-\alpha} \tag{6.8}$$

とおいてみると，左辺と右辺が等しくなるのは，

$$\alpha(\alpha+1) = \ell(\ell+1) \tag{6.9}$$

のとき，すなわち，

$$\alpha = \ell \quad \text{または} \quad -(\ell+1) \tag{6.10}$$

のときである．したがって，

$$\chi_\ell(k,r) \approx r^{-\ell} \tag{6.11}$$

$$\chi_\ell(k,r) \approx r^{\ell+1} \tag{6.12}$$

である．しかし，ℓ は正だから，式 (6.11) のほうは式 (6.4) により $\psi(\boldsymbol{x})$ が原点で発散してしまう．したがって，式 (6.5) の解としては，式 (6.12) のほうを採用しなければならない．

Bessel 関数の理論によると（Bessel 関数に関しては良書が山ほどある．しかしここでは Bessel 関数の詳しい知識は必要ではない．気にしないでさきに進むように），式 (6.5) の右辺を 0 とおいた微分方程式は，2 種類の独立な解をもち，

$$\left[\frac{\mathrm{d}^2}{\mathrm{d}r^2}+k^2-\frac{\ell(\ell+1)}{r^2}\right]\{krj_\ell(kr)\} = 0 \tag{6.13}$$

$$\left[\frac{\mathrm{d}^2}{\mathrm{d}r^2}+k^2-\frac{\ell(\ell+1)}{r^2}\right]\{krn_\ell(kr)\} = 0 \tag{6.14}$$

で，これらの解はそれぞれ漸近形

$$S_\ell(kr) \equiv krj_\ell(kr) \to \begin{cases} \sin\left(kr-\dfrac{1}{2}\ell\pi\right) & kr \gg \ell \quad (6.15\mathrm{a}) \\[3mm] \dfrac{(kr)^{\ell+1}}{(2\ell+1)!!} & kr \ll \ell \quad (6.15\mathrm{b}) \end{cases}$$

$$C_\ell(kr) \equiv -krn_\ell(kr) = \begin{cases} \cos\left(kr - \dfrac{1}{2}\ell\pi\right) & kr \gg \ell \quad (6.16a) \\[3mm] \dfrac{(2\ell+1)!!}{(kr)^\ell}\ell & kr \ll \ell \quad (6.16b) \end{cases}$$

をもつ.

Green 関数を求めるために式 (6.13) に $\mathscr{C}_\ell(kr)$ をかけ，式 (6.14) に $\mathscr{S}_\ell(kr)$ をかけてたし算すると（式 (6.16) の $\mathscr{C}_\ell$ の定義における符号のとり方に注意），

$$\frac{\mathrm{d}}{\mathrm{d}r}\left\{\frac{\mathrm{d}}{\mathrm{d}r}\mathscr{S}_\ell(kr)\cdot\mathscr{C}_\ell(kr) - \mathscr{S}_\ell(kr)\frac{\mathrm{d}}{\mathrm{d}r}\mathscr{C}_\ell(kr)\right\} = 0 \qquad (6.17)$$

が得られるから，{ } の中は r に無関係である．したがって，これには漸近形 (6.15a) および (6.16a) を用いることにより計算できて，

$$\left\{\frac{\mathrm{d}}{\mathrm{d}r}\mathscr{S}_\ell(kr)\cdot\mathscr{C}_\ell(kr) - \mathscr{S}_\ell(kr)\frac{\mathrm{d}}{\mathrm{d}r}\mathscr{C}_\ell(kr)\right\} = k \qquad (6.18)$$

が得られる．この関係により Green 関数は，

$$G_\ell^{(+)}(r,r') \equiv -\frac{1}{k}\{\mathscr{C}_\ell(kr)\mathscr{S}_\ell(kr')\theta(r-r')$$
$$+ \mathscr{S}_\ell(kr)\mathscr{C}_\ell(kr')\theta(r'-r)\} \qquad (6.19)$$

となる．そして，容易に確かめられるように，この関数は，

$$\left[\frac{\mathrm{d}^2}{\mathrm{d}r^2} + k^2 - \frac{\ell(\ell+1)}{r^2}\right]G_\ell^{(+)}(r,r') = \delta(r-r') \qquad (6.20)$$

を満たす（演習問題参照）.

そうすると，原点の振る舞い (6.12) を考慮して，式 (6.5) の積分形は，

$$\chi_\ell(k,r) = a_\ell\mathscr{S}_\ell(kr) + \int_0^\infty \mathrm{d}r'\, G_\ell^{(+)}(r,r')U(r')\chi_\ell(k,r') \qquad (6.21)$$

となる．ただし，ここで a_ℓ というのは任意の定数で，これはあとで便利なように選ぶ.

そこで右辺の漸近形を求めると，

$$\chi_\ell(k,r) = a_\ell\mathscr{S}_\ell(kr) - \frac{1}{k}\mathscr{C}_\ell(kr)\int_0^\infty \mathrm{d}r'\,\mathscr{S}_\ell(kr')U(r')\chi_\ell(k,r') \qquad (6.22)$$

となる．ここでポテンシャルが有限のレンジをもっていることを使った．

少々前に戻り，$\phi(\boldsymbol{x})$ の漸近形を求めると，Rayleigh の展開式

$$e^{ikz} = e^{ikr\cos\theta} = \sum_{\ell=0}^{\infty} \frac{(2\ell+1)}{kr} (i)^\ell \mathcal{S}_\ell(kr) P_\ell(\cos\theta) \tag{6.23}$$

により（これも証明は省略するが，適当な本を参照されたい），

$$\psi_k^{(+)}(\boldsymbol{x}) \to A \sum_{\ell=0}^{\infty} \frac{2\ell+1}{kr} (i)^\ell \mathcal{S}_\ell(kr) P_\ell(\cos\theta)$$

$$+ A \sum_{\ell=0}^{\infty} \frac{2\ell+1}{2ikr} (i)^\ell \exp\left\{i\left(kr - \frac{1}{2}\ell\pi\right)\right\} [\exp\{2i\delta_\ell(k)\} - 1] P_\ell(\cos\theta)$$

$$= A \sum_{\ell=0}^{\infty} \frac{2\ell+1}{kr} (i)^\ell \exp\{i\delta_\ell(k)\} \left[\sin\left(kr - \frac{1}{2}\ell\pi\right)\cos\delta_\ell(k)\right.$$

$$\left. + \cos\left(kr - \frac{1}{2}\ell\pi\right)\sin\delta_\ell(k)\right] P_\ell(\cos\theta) \tag{6.24}$$

$$= A \sum_{\ell=0}^{\infty} \frac{2\ell+1}{kr} (i)^\ell \exp\{i\delta_\ell(k)\}\cos\delta_\ell(k) \left[\sin\left(kr - \frac{1}{2}\ell\pi\right)\right.$$

$$\left. + \cos\left(kr - \frac{1}{2}\ell\pi\right)\tan\delta_\ell(k)\right] P_\ell(\cos\theta) \tag{6.24'}$$

となる．式 (6.24) はまた，

$$= A \sum_{\ell=0}^{\infty} \frac{2\ell+1}{kr} (i)^\ell \exp\{i\delta_\ell(k)\}\sin\left(kr + \frac{1}{2}\ell\pi + \delta_\ell(k)\right) P_\ell(\cos\theta) \tag{6.24''}$$

とも書くことができることに注意しよう．

ところで式 (6.24') の [　] の前の因子は定数にすぎないから，$\phi(\boldsymbol{x})$ は本質的に

$$\sin\left(kr - \frac{1}{2}\ell\pi\right) + \cos\left(kr - \frac{1}{2}\ell\pi\right)\tan\delta_\ell(k) \tag{6.25}$$

のように振る舞う．これを式 (6.22) と比較すると，

$$a_\ell = 1 \tag{6.26a}$$

$$\tan\delta_\ell(k) = -\frac{1}{k}\int_0^\infty dr' \, \mathcal{S}_\ell(kr') U(r')\chi_\ell(k, r') \tag{6.26b}$$

となる．

話がたいへんむずかしくなってきたので，このあたりでいったんまとめて
おくと：

$a_\ell = 1$ とおいたときの積分方程式

$$\chi_\ell(k, r) = \mathscr{S}_\ell(kr) + \int_0^\infty \mathrm{d}r'\, G_\ell^{(+)}(r, r')\, U(r')\chi_\ell(k, r') \qquad (6.27)$$

を解き，その解を使うと，散乱波の位相は，

$$\tan \delta_\ell(k) = -\frac{1}{k}\int_0^\infty \mathrm{d}r'\, \mathscr{S}_\ell(kr')\, U(r')\chi_\ell(k, r') \qquad (6.28)$$

で与えられる.

たとえばポテンシャルの影響が小さいときには，式（6.27）を，

$$\chi_\ell(k, r) \cong \mathscr{S}_\ell(kr) \qquad (6.29)$$

で近似すると，

$$\tan \delta_\ell(k) = -\frac{1}{k}\int_0^\infty \mathrm{d}r'\, \mathscr{S}_\ell^2(kr')\, U(r') \qquad (6.30)$$

となる. これを Born 近似という. さらに位相が小さいと考えられるときに
は，

$$\tan \delta_\ell(k) \approx \delta_\ell(k) = -\frac{1}{k}\int_0^\infty \mathrm{d}r'\, \mathscr{S}_\ell^2(kr')\, U(r') \qquad (6.31)$$

である.

この節の議論は，角運動量に関する部分波に分解するやり方で，これは実
は量子力学で，球対称のポテンシャルによる散乱を取り扱うときの常套手段
であった. このとき角運動量は保存するから，入射波散乱波は角運動量の固
有関数で展開して話をしても各角運動量の波が混じってしまうことがないと
いうことを利用したのである. 厳密な式ではあるが，$\tan\delta_\ell$ を決める式
（6.26b）は，あまり使いやすいものではない. 特に χ として式（6.27）を満
たすように決めなければならない. しかし $\tan\delta_\ell$ を求めるためには，いろい
ろな近似法が考えられている. 近似は一般に，目をつけている物理系の特性
を利用することが多いから，一般論はここではやれない. あとで変分法に関
連してもう一度この問題に戻る.

部分波分解して，散乱を位相という量だけで記述することが可能であった

理由を，もう一度考えてみよう．入射波と散乱波のバランスを考慮すると，散乱は実数のパラメーターで記述することができる．この実数のパラメーターは何を表しているかというと，それは散乱波の位相であった．このことは，考えてみれば，実はこの節の議論を待つまでもなく，すでに§5で明らかであったはずである．われわれは，振動数と波長の決まった波を考えているわけだから（つまり ω と k とは決まっている），波としての自由度は，振幅と位相しかない．ところが，吸収がないという仮定のもとには，入射波と散乱波の振幅の2乗は等しくなければならない．振幅を抑えると，あとに残る自由度は位相しかない．こうして，ω と k が与えられたときの散乱問題では，実数の位相 $\delta_\ell(k)$ だけが出てくることになったわけである．

次の問題は，もし $\delta_\ell(k)$ が観測によってすべてわかったとして，それを与えるようなポテンシャル $V(r)$ が再構成できるかという，**逆散乱問題**（inverse scattering problem）である．最近，逆散乱問題は種々の応用に関連してたいへん重要になってきた．がしかし，この議論を展開するためには，この節に述べた議論だけではまだ準備がたりない．式 (2.14) を書いたとき捨ててしまった $\omega < 0$ の解も必要になる．ここでは，それが原理的に可能であるということだけを注意しておく．

演 習 問 題 VIII

1. 式 (1.1), (1.2) から，実数のポテンシャルの場合，連続の方程式 (1.3) を導け．

2.
$$\int_{-\infty}^{\infty} d\alpha \frac{\exp\{i\alpha(t-t')\}}{\alpha - i\varepsilon} \exp\left\{\frac{-i\hbar}{2m}\ell^2(t-t')\right\} = \frac{2m}{\hbar}\int_{\infty}^{\infty} d\omega \frac{\exp\{-i\omega(t-t')\}}{\ell^2 - \frac{2m}{\hbar}\omega - i\varepsilon}$$
を導け．

3. 時間に依存する $\phi(\boldsymbol{x}, t)$ の方程式から時間を消去し式 (3.5) を導け．

4. $|\boldsymbol{x}|$ が $|\boldsymbol{x}'|$ に比べてはるかに大きいとき，
$$|\boldsymbol{x} - \boldsymbol{x}'| = r\left\{1 - \frac{\boldsymbol{x} \cdot \boldsymbol{x}'}{2} + \cdots\right\}$$

を導け.

5. 式 (4.3) に至る計算をチェックしてみよ. R は大きいとする.

6. 式 (5.6) と (5.7) から式 (5.8) を導け.

7. 微分断面積

$$d\sigma(\theta) = |f(\theta)|^2 d\Omega$$

を, 式 (5.10) を用いて位相を表現してみよ.

8. 式 (5.12) を左辺が決まったとしたら, $\sin^2\delta_\ell$ はどのように表現できるか?

9. 式 (3.5′) を式 (6.5) に変換せよ.

10. Green 関数 (6.19) が (6.20) を満たすことを確かめよ.

11. Born 近似の式 (6.30) を用いて,

$$V(r) = ge^{-\kappa r} \qquad \kappa > 0$$

の場合の $\tan \delta_0$ を求めてみよ. ただし, $j_0(x) = \sin x / x$.

12. もし $U(r) < 0$ (引力) なら $\delta_\ell > 0$, $U(r) > 0$ なら $\delta_\ell < 0$ であることを Born 近似で確認し, その物理的意味を考えてみよ.

13. 式 (6.22) をみると,

$$a_\ell = \cos \delta_\ell(k)$$

ととり,

$$\sin \delta_\ell = -\frac{1}{k} \int_0^\infty dr'\, \mathscr{S}_\ell(kr') U(r') \chi_\ell(k, r')$$

としてもよいことがわかるが, これは結局式 (6.26b) と同じものである. このことを確認せよ.

第  章

調和振動子と粒子像

§1. はじめに

　古典力学に調和振動子というものが出てくる．その特徴は，振幅が振動数に無関係だということである．Galilei が教会の天井からつるされたランプの揺れるのを見て，振子の周期が振幅によらず一定であることを発見したというお話しは，あまりにも有名である．

　調和振動子では，Hooke の法則が基礎になる．つまり，粒子に働く力が，粒子の変位に比例し，変位の反対方向を向くとき，調和振動が起きる．そのときのポテンシャルを絵にかくと，図 9.1 のようになる．粒子はポテンシャルの谷の間を一定の周期で右往左往する．

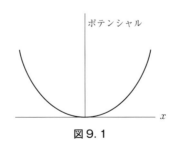

図 9.1

　Hooke の話が出たついでにちょっと触れておくと，彼は Newton と同時代の人で，主に実験をやっていた物理学者である．しかし幅が広く，顕微鏡で動植物の多彩な観測をしたり，光の波動説を唱えたり，弾性体の研究をした

り，重力問題と光の本質については，Newton と大衝突をしたようである．光の波動説を唱えた Hooke が，よく知られた Hooke の法則を発見し，しかも 20 世紀には，Hooke の法則に基づく調和振動子が光量子説の支えになっていることを知ったら，さぞ驚嘆することであろう．科学は予期しない方向に進むものである．

とにかく，この節では光量子説をはじめとして，現代の素粒子論，物性論における素励起の理論の基礎にある調和振動子について考えてみよう．あとでわかるように，Maxwell の方程式に従う電磁場ですら，電波となって遠くへ伝わっていく成分は，調和振動子に分解できる．調和振動子は，前にもいったように，振幅と振動数が互いに独立な系である．非常に荒っぽくいうと，粒子性のほうを振幅で解釈し，波動性のほうを振動数で理解しようというのが現代の考え方である．振幅と振動数は全く独立だから，波動と粒子という矛盾したものを，1 個の振動子におしつけることができるわけである．たとえば電磁場の振幅が大きいほど多くの光量子を含む．そしてこの考え方は，一般の場の系に持ち込まれて，場の量子論ができあがった．湯川先生の中間子も調和振動子の一種であるといえる．

しかし，すべての場がいつでも調和振動子の集まりになるわけではない．調和振動子に帰せられるのは，いわゆる双曲線型の微分方程式を満たすような場に限られる．場の量子論では，主としてこのような場を考えるが，場の量子化という概念はもっと広く，調和振動子に帰せられないような場合も含む．このうち，粒子像が描けるのは調和振動子になる場合に限られる．その理由はこの節の議論から明らかになるはずである．粒子とはわれわれが知っているように，1 個，2 個，…と勘定ができるもののことをいう．

いまのところ，粒子は 2 種類に大別される．1 つは，Bose 統計に従うもの，もう 1 つは Fermi 統計に従うものである．この区別も調和振動子で理解できる．Bose 統計に従う粒子のほうは，振幅がいくらでも大きくなれる調和振動子，また Fermi 統計に従う粒子のほうは，振幅に強い制限があってあまり大きくなれない調和振動子である．以下，場を調和振動子に分解するやり方を中心に，ゆっくりと勉強していこう．

§2. 古典論の調和振動子

質量 m の粒子が Hooke の法則に従う力を受けると, 運動方程式

$$m\frac{\mathrm{d}^2 x}{\mathrm{d}t^2} = -\kappa x = -\frac{\mathrm{d}}{\mathrm{d}x}\left(\frac{1}{2}\kappa x^2\right) \tag{2.1}$$

に従って運動する. ここで κ は正の定数である.

この方程式はすぐ解けて, 解は一般に,

$$x(t) = A\sin\{\omega t + \delta\} \tag{2.2}$$

となる. ここで,

$$\omega \equiv \sqrt{\frac{\kappa}{m}} \tag{2.3}$$

であり, 積分定数 A と δ とは, 与えられた初期条件で決まる. はじめの位置を x_0, 初速度を v_0 とすると, 振幅は,

$$A = \sqrt{x_0^2 + \frac{v_0^2}{\omega^2}} \tag{2.3a}$$

位相は,

$$\delta = \tan^{-1}\frac{\omega x_0}{v_0} \tag{2.3b}$$

である.

振動子のエネルギーは,

$$E = \frac{1}{2}m\dot{x}^2 + \frac{1}{2}\kappa x^2$$
$$= \kappa A^2 \tag{2.4}$$

となり, いうまでもなく時間によらない.

式 (2.1) に戻り, 時間に関する微分を1階に下げるために,

$$m\dot{x} = p \tag{2.5a}$$

という新しい変数を導入しよう (文字の上の点は時間微分を表す. 以後この記号はたびたび用いられる). すると式 (2.1) は,

$$\dot{p} = -\kappa x \tag{2.5b}$$

となる. 式 (2.5a) と (2.5b) をいっしょにすると式 (2.1) と同じである.

1個の変数 x のかわりに，2個の変数 x と p を用いたために，時間微分が1階に下がった．量子力学へいくときには，このほうが便利なのである．以下調和振動子といったら，式 (2.5) の2つの式を意味すると了解されたい．

簡単のため，以下 $m=1$ とし，また $\kappa=\omega^2$ と書くことにする．すると，運動方程式 (2.5) は，

$$\dot{x} = p \tag{2.6a}$$

$$\dot{p} = -\omega^2 x \tag{2.6b}$$

となる．Hamiltonian として，

$$H = \frac{1}{2}\{p^2+\omega^2 x^2\} \tag{2.7}$$

をとると，正準方程式として式 (2.6) が得られる．

x と p で張られる位相空間では，調和振動子は，原点を中心とする楕円上を周期的に運動する．楕円の大きさは，振動子のもつエネルギーによる．また円からのずれは ω による．エネルギー E のときの楕円の面積を求めると，

$$S = 2\pi\frac{E}{\omega} \tag{2.8}$$

となる．古典論ではこの面積，同じことだが振動子のもつエネルギー E は全く勝手で，0から無限大までの任意の値をとりうる．

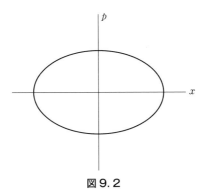

図9.2

§3. 量子論における調和振動子

調和振動子を量子論的に扱うと，エネルギー E は勝手な値は取れなくて，

$$E = \hbar\omega\left(n+\frac{1}{2}\right) \tag{3.1}$$

の値だけが許される．ここで $\hbar$ は，角運動量の次元をもった定数である．このエネルギースペクトルは，量子力学の基礎原理から出てくる．その基礎原理というのは，Hamiltonian として式 (2.7) と同型の

$$H = \frac{1}{2}\{p^2+\omega^2 x^2\} \tag{3.2}$$

ととるまでは同じだが，量子論では x や p として，単なる数ではなく，

$$xp-px \equiv [x, p] = i\hbar \boldsymbol{I} \tag{3.3}$$

を満たすような行列と考えて問題を解かねばならない．

　まず，x と p が有限の行列だと式 (3.3) は満たされないことは明らかであろう．それをみるには，VII 章の式 (2.5) で定義した，トレースに対して有限行列で成り立つ関係 (2.6) を思い出せばよい．もし x と p が有限行列だとすると，式 (3.3) の左辺のトレースは 0 である．一方右辺は単位行列だから，そのトレースは 0 にはなりえない．したがって，式 (3.3) の関係は無限の行列でしか満たされない（上の議論は，x と p が有限ではありえないことをいっているだけで，無限であるという主張ではない．実際に式 (3.3) を満たす無限の表示の存在を確認するまでは安心できない）．その行列表示についてはあとで考えるが，まず行列 (3.2) の固有値が式 (3.1) で与えられることを示そう．

　そのためには，V 章で導入した，生成・消滅演算子

$$a = \sqrt{\frac{\omega}{2\hbar}}\left\{x+\frac{i}{\omega}p\right\} \tag{3.4a}$$

$$a^\dagger = \sqrt{\frac{\omega}{2\hbar}}\left\{x-\frac{i}{\omega}p\right\} \tag{3.4b}$$

を使うのが早道である．事実式 (3.3) によると，

$$[a, a^\dagger] = \frac{1}{2\hbar}\{-i[x, p]+i[p, x]\} = \boldsymbol{I} \tag{3.5}$$

が得られるから，a と $a^\dagger$ とはそれぞれ消滅・生成演算子である．すると V 章で証明したことにより，$a^\dagger a$ は固有値 $0, 1, 2, \cdots$ をとる．

ところで，式 (3.4) を逆に解くと，

$$x = \sqrt{\frac{\hbar}{2\omega}}\{a+a^\dagger\} \tag{3.6a}$$

$$p = -i\sqrt{\frac{\hbar\omega}{2}}\{a-a^\dagger\} \tag{3.6b}$$

となり，

$$H = \frac{1}{2}\hbar\omega\{a^\dagger a + aa^\dagger\} = \hbar\omega\left(a^\dagger a + \frac{1}{2}\right) \tag{3.7}$$

したがって，この行列の固有値は，

$$E_n = \hbar\omega\left(n+\frac{1}{2}\right) \qquad n = 0,1,2,\cdots \tag{3.8}$$

となる．量子力学では固有値が物理系のとりうる値であるから，式 (3.1) が得られる．

式 (3.6) を見ればわかるように，a や $a^\dagger$ は x や p の振幅である．したがって，量子力学では，調和振動子は振幅が生成・消滅演算子になっており，その 2 乗がとびとびの値 $0,1,2,\cdots$ をとる．エネルギーとしては，図 9.3 のように，

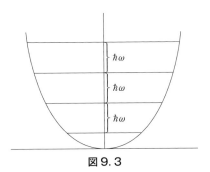

図 9.3

等間隔に並んだレベルだけが可能である．この等間隔というのが，粒子像を得る場合に重要なのである．式 (3.8) によると，量子論的調和振動子は，エネルギー $\hbar\omega$ の単位からできていることがわかる．最後の項 $\hbar\omega/2$ は最低エネルギー状態で，その上に何個 $\hbar\omega$ がのっているかを指定すると，調和振動子のエネルギーは決まる．これが，20 世紀はじめ Planck が到達したエネル

ギー量子である. Planck は熱輻射の問題を分析しているとき, 電磁場を調和振動子に分解して, 正しい輻射公式を得るためには, これらの調和振動子が $\hbar\omega$ というエネルギー量子からできていると考えなければならないという結論に達した. 同じころ Einstein が光量子説を提出していた.

x と p が, 無限の行列であり, それらが式 (3.3) の交換関係を満たすのをみるためには, V 章の式 (2.22) を使えばよい. これは演習問題にしておく.

場を調和振動子に分解する方法を述べるまえに, 量子論的調和振動子について注意しておかなければならない事情がもう 1 つある.

上の議論では, Hamiltonian (3.2) をとり, x と p に関して演算子の関係 (3.3) をおいたが, 演算子を考えるなら何も式 (3.3) でなくても,

$$x^2 = \frac{\hbar}{2\omega} \tag{3.9a}$$

$$p^2 = \frac{\hbar\omega}{2} \tag{3.9b}$$

$$xp + px = 0 \tag{3.9c}$$

のようなものでもよい. このときは Hamiltonian として,

$$H = i\omega xp \tag{3.10}$$

ととっておけば, やはり調和振動子が得られるのである. 式 (3.9) を満たすような量というのは奇妙にみえるかもしれないが, このような量は Pauli 行列で作ることができる. たとえば,

$$p = \sigma_1\sqrt{\frac{\hbar\omega}{2}} \tag{3.11a}$$

$$x = \sigma_2\sqrt{\frac{\hbar}{2\omega}} \tag{3.11b}$$

とおくと, 式 (3.9) が満たされるということがすぐわかる. そして Hamiltonian は

$$H = i\omega\sigma_2\sigma_1\frac{\hbar}{2} = \frac{1}{2}\hbar\omega\sigma_3 \tag{3.12}$$

となる. σ_3 の固有値は ± 1 だから, この場合の H の固有値は $\hbar\omega/2$ と $-\hbar\omega/2$ である. これら 2 つの固有値の間隔は, やはり $\hbar\omega$ である.

式 (3.9), (3.10) が調和振動子であることをみるには, 量子力学的運動方程式

$$i\hbar\dot{x} = [x, H] \tag{3.13a}$$

$$i\hbar\dot{p} = [p, H] \tag{3.13b}$$

を作ってみればよい. これも演習問題にしておく. 角運動量のときと同じく Pauli 行列には位相の自由度があり,

$$\sigma_1 = \begin{bmatrix} 0 & e^{i\phi} \\ e^{-i\phi} & 0 \end{bmatrix} \quad \sigma_2 = \begin{bmatrix} 0 & -ie^{i\phi} \\ ie^{-i\phi} & 0 \end{bmatrix} \quad \sigma_3 = \begin{bmatrix} 1 & 0 \\ 0 & -1 \end{bmatrix} \tag{3.14}$$

と書いてもよかったことに注意. ここでは位相 ϕ は全く勝手で, 運動の自由度はすべてこの中にはいる.

なお, この場合にも, 式 (3.4) と同型の変換をすると,

$$C = \sqrt{\frac{\omega}{2\hbar}}\left(x + \frac{i}{\omega}p\right) = \frac{i}{2}\{\sigma_1 - i\sigma_2\} \tag{3.15a}$$

$$C^\dagger = \sqrt{\frac{\omega}{2\hbar}}\left(x - \frac{i}{\omega}p\right) = \frac{i}{2}\{\sigma_1 + i\sigma_2\} \tag{3.15b}$$

となる. これは角運動量のところでみたことのある演算子である. これらが,

$$\{C, C^\dagger\} = I \tag{3.16a}$$

$$\{C, C\} = \{C^\dagger, C^\dagger\} = 0 \tag{3.16b}$$

を満たすことを確かめておくとよい. この調和振動子は, 振幅が前のように等間隔に無限まで続いてなく, ただ2つのエネルギーレベルしかとれないようなものである.

ここでは, Hamiltonian (3.10) と演算規則 (3.9) とを天下りに導入して申しわけなかったが, 場の量子論へいくと, もっと自然に導入ができる.

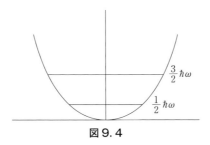

図 9.4

　最後に 1 つ注意しておくと，量子力学では，無限個のエネルギーレベルや，たった 2 つのエネルギーレベルをもつ調和振動子だけでなく，一般に 3 個，4 個，……の任意の有限個のエネルギーレベルをもつ調和振動子が考えられる．いまのところ，はじめの 2 つの場合しか使われていない．

§4. Schrödinger の方程式を満たす場

　Schrödinger の方程式は，

$$i\hbar \frac{\partial}{\partial t} \psi(\boldsymbol{x}, t) = -\frac{\hbar^2}{2m} \nabla^2 \psi(x, t) \tag{4.1}$$

で，この ψ は以下にみるように，調和振動子の集まりである．

　まず，この場が一辺 L の立方体の中に限られているとして，II 章 §4 のように，空間変数について Fourier 変換すると，

$$\psi(\boldsymbol{x}, t) = \frac{1}{\sqrt{V}} \sum_k e^{ik \cdot x} a_k(t) \tag{4.2}$$

となる．

　これを式 (4.1) に代入すると，各 Fourier 係数について，

$$i\hbar \frac{\mathrm{d}}{\mathrm{d}t} a_k(t) = \frac{\hbar^2}{2m} \boldsymbol{k}^2 a_k(t) \tag{4.3}$$

が成り立つことがわかる．もちろんこの複素共役式も成り立ち，

$$i\hbar \frac{\mathrm{d}}{\mathrm{d}t} a_k^\dagger(t) = -\frac{\hbar^2}{2m} \boldsymbol{k}^2 a_k^\dagger(t) \tag{4.4}$$

式 (3.6) と同じように，

$$q_k(t) \equiv \sqrt{\frac{\hbar}{2\omega_k}} \{a_k(t) + a_k^\dagger(t)\} \tag{4.5a}$$

$$p_k(t) \equiv -i\sqrt{\frac{\hbar\omega_k}{2}} \{a_k(t) - a_k^\dagger(t)\} \tag{4.5b}$$

という変数を導入する．ただし，

$$\omega_k = \frac{\hbar}{2m} \boldsymbol{k}^2 \tag{4.6}$$

ととった．

すると，式 (4.3)，(4.4) により，

$$\frac{\mathrm{d}}{\mathrm{d}t}q_k(t) = p_k(t) \tag{4.7a}$$

$$\frac{\mathrm{d}}{\mathrm{d}t}p_k(t) = -\omega_k^2 q_k(t) \tag{4.7b}$$

が得られる．これは，文句なしに調和振動子の運動方程式である．つまり，Schrödinger 方程式を満たす場の空間変数に対する Fourier 成分を，式 (4.5) によって q_k と p_k で書いてみると，それらは式 (4.7) という調和振動子の運動方程式を満たす．Fourier の逆変換は可能だから，式 (4.7) と (4.1) とは，式 (4.6) のもとに完全に同等である．

調和振動子の Hamiltonian は，式 (3.2) または (3.10) である．ここで式 (3.2) のほうを採用すると，Schrödinger 場の Hamiltonian は，

$$H = \frac{1}{2}\sum_k \{p_k(t)p_k(t) + \omega_k^2 q_k(t)q_k(t)\}$$

$$= \sum_k \hbar\omega_k\{a_k^\dagger(t)a_k(t)\} + \frac{1}{2}\sum_k \hbar\omega_k \tag{4.8}$$

である．これを Fourier 逆変換して ϕ に戻すと，

$$H = \frac{\hbar^2}{2m}\int_V \mathrm{d}^3x\, \nabla^\dagger\phi(\boldsymbol{x},t)\cdot\nabla\phi(\boldsymbol{x},t) \tag{4.9}$$

となる．計算は，自分で手を使ってやってほしい．ただし，式 (4.8) の右辺の最後の項は落とした．

場の量子論では，上に出てきた a_k と $a_k^\dagger$ とを，それぞれ粒子の生成・消滅演算子とする．これらは，各 $\boldsymbol{k}$ について V 章式 (2.1) の交換関係を満たす．すると，ϕ は単なる数ではなく，

$$[\phi(\boldsymbol{x},t),\phi^\dagger(\boldsymbol{x}',t)] = \frac{1}{V}\sum_k\sum_{k'}e^{ik\cdot x}e^{-ik'\cdot x'}[a_k(t),a_{k'}^\dagger(t)]$$

$$= \frac{1}{V}\sum_k e^{ik\cdot x}e^{-ik\cdot x'} = \delta(\boldsymbol{x}-\boldsymbol{x}') \tag{4.10}$$

を満たすような変換不可能な演算子の場になる．最後のところでは，p.50 のデルタ関数の表示 (5.9) を用いた．このような場からできた物理系の

Hamiltonian は式 (4.8) で，その固有値は $\hbar\omega_k$ の整数倍になる項からできている．というのは，式 (4.8) の $a_k^\dagger a_k$ の固有値は $0, 1, 2, \cdots$ だからである．$\boldsymbol{k}$ というラベルをもったエネルギー量子 $\hbar\omega_k$ が，0 個，1 個，2 個，$\cdots$ と存在しうることとなる．この意味で，これらの量子は Bose 統計に従う粒子である．$\boldsymbol{k}$ というラベルは波の波数ベクトルで，あとで Maxwell の方程式のときにみるように，ラベル $\boldsymbol{k}$ をもった量子は，運動量 $\hbar\boldsymbol{k}$ をもっていることがわかる．関係 (4.6) により，量子のエネルギー運動量関係は，

$$\hbar\omega_k = \frac{1}{2m}(\hbar\boldsymbol{k})^2 \tag{4.11}$$

となり，古典的な粒子のものと同じである．

§5.　波動方程式を満たす場

次に時間に関して 2 階の微分を含む波動方程式

$$\left\{\frac{\partial^2}{\partial t^2} - c_s^2 \nabla^2\right\} u(\boldsymbol{x}, t) = 0 \tag{5.1}$$

を考えよう．c_s は速度の次元をもった定数である．式 (5.1) は波動方程式として知られているが，空気中を伝わる音の波は，この方程式で記述される．固体中のイオンの歪みが伝わるのも，近似的にこの方程式にしたがう．このタイプの場も調和振動子に分解できる．ここではもう少し一般化して，

$$\left\{\frac{\partial^2}{\partial t^2} - c_s^2 \nabla^2 + \kappa^2\right\} u(\boldsymbol{x}, t) = 0 \tag{5.2}$$

という方程式を考えよう．ここに κ は実数の定数である．これを **Klein-Gordon の方程式**とよぶ．定数 κ が 0 になると式 (5.2) は (5.1) に戻る．Klein-Gordon 方程式の一般解については，III 章 §8 で触れた．

あとでわかるように，κ^2 の前の符号が時間微分の前の符号と同じならば，調和振動子に分解できるが，符号が反対だと調和振動子にはならない．これはたいせつな点である．前者の場合は粒子像が描けるが，後者だとそれが不可能になるからである．

例によって，場を立方体の中に入れ，空間変数について Fourier 分解する．

$$u(\boldsymbol{x}, t) = \frac{1}{\sqrt{V}} \sum_{\boldsymbol{k}} e^{i\boldsymbol{k}\cdot\boldsymbol{x}} q_{\boldsymbol{k}}(t) \tag{5.3}$$

とおくと，$u(\boldsymbol{x}, t)$ が実数のとき，Fourier 係数は，

$$q_{-\boldsymbol{k}}(t) = q_{\boldsymbol{k}}^{\dagger}(t) \tag{5.4}$$

を満たす複素数でないとつじつまがあわない．

式 (5.3) を (5.2) に代入すると，各 Fourier 成分について，

$$\frac{\mathrm{d}^2}{\mathrm{d}t^2} q_{\boldsymbol{k}}(t) + (c_s^2 \boldsymbol{k}^2 + \kappa^2) q_{\boldsymbol{k}}(t) = 0 \tag{5.5}$$

が成立する．いま，

$$\omega_{\boldsymbol{k}}^2 \equiv c_s^2 \boldsymbol{k}^2 + \kappa^2 \geq 0 \tag{5.6}$$

とおくと，式 (5.5) は，

$$\frac{\mathrm{d}^2}{\mathrm{d}t^2} q_{\boldsymbol{k}}(t) = -\omega_{\boldsymbol{k}}^2 q_{\boldsymbol{k}}(t) \tag{5.7}$$

で，これはまさに調和振動子の方程式である．式 (2.6) との違いは，ここでは $q_{\boldsymbol{k}}(t)$ が複素数であるということだけである．しかし，複素数はいつでも 2 つの実数で書くことができるから，式 (5.7) と (2.6) とは $\omega_{\boldsymbol{k}}$ の値が違うだけで，調和振動子であることには変わりはない．

通常は §2 でやったように，この方程式を，変数の数をふやして，時間に関して 1 回微分の方程式に直す．それには，

$$\dot{q}_{\boldsymbol{k}}(t) = p_{\boldsymbol{k}}^{\dagger}(t) = p_{-\boldsymbol{k}}(t) \tag{5.8a}$$

を導入し，式 (5.7) を，

$$\dot{p}_{\boldsymbol{k}}^{\dagger}(t) = -\omega_{\boldsymbol{k}}^2 q_{\boldsymbol{k}}(t) \tag{5.8b}$$

と書く．式 (5.8) は 2 式で式 (5.7) と同等である．$q_{\boldsymbol{k}}$ の時間微分を，$p_{\boldsymbol{k}}$ ではなく $p_{\boldsymbol{k}}^{\dagger}$ と書いたのは，あとですべてを場の量に戻すときの便宜にすぎない．

ここで思い出してほしいのは，κ^2 の前の符号のことである．もしこれがマイナスだと，式 (5.6) の κ^2 の前の符号もマイナスになる．すると式 (5.6) の右辺は必ずしも正でなくなり，式 (5.7) は必ずしも調和振動子にはならない．それは，$c_s^2 \boldsymbol{k}^2$ が κ^2 よりも小さいときに起こる．Fourier 成分の中には小さな $\boldsymbol{k}$ も含まれているから，いつでも調和振動子でない成分が出てくるこ

とになる．したがって，波動方程式 (5.2) の κ^2 の前の符号は，いつでも時間微分の項と同じにとっておかなければ，粒子像が描けないのである．∇^2 の前の符号も同様に，時間微分の項とは反対にとっておかないと調和振動子にならない．

　いったん調和振動子に直れば，Hamiltonian を作るのは容易で，

$$H = \frac{1}{2}\sum_k \{p_k^\dagger p_k + \omega_k^2 q_k^\dagger q_k\} \tag{5.9}$$

ととればよい．そしてこれを Fourier の逆変換で，場の量に直せばよい．すると，

$$H = \frac{1}{2}\int_V \mathrm{d}^3x\{\pi(\boldsymbol{x},t)\pi(\boldsymbol{x},t) + c_s^2\nabla u(\boldsymbol{x},t)\cdot\nabla u(x,t)$$
$$+ \kappa^2 u(\boldsymbol{x},t)u(\boldsymbol{x},t)\} \tag{5.10}$$

となる（計算は再び演習問題）．ただし，

$$\pi(\boldsymbol{x},t) = \frac{1}{\sqrt{V}}\sum_k p_k^\dagger(t)e^{i\boldsymbol{k}\cdot x} = \frac{1}{\sqrt{V}}\sum_k p_k(t)e^{-i\boldsymbol{k}\cdot x} \tag{5.11a}$$

$$u(\boldsymbol{x},t) = \frac{1}{\sqrt{V}}\sum_k q_k^\dagger(t)e^{-i\boldsymbol{k}\cdot x} = \frac{1}{\sqrt{V}}\sum_k q_k(t)e^{i\boldsymbol{k}\cdot x} \tag{5.11b}$$

である．いうまでもなく，Hamiltonian には時間微分が含まれないように，p_k に対する場 $\pi(\boldsymbol{x},t)$ を導入した．式 (5.9) から (5.10) を導くとき，条件 (5.8) を忘れないように．

　場の理論屋はむしろ式 (5.10) から出発する．そして，上の式 (5.11) や，それらを生成・消滅演算子で書いた表現や運動方程式が頭に浮かぶ．調和振動子も頭に浮かぶ．ただし，このような計算を，H をみるごとにいちいちくり返すわけではなく，慣れたら H をみたとたん，このようなことが頭の中で自然に回転し，Hamiltonian (5.10) の固有値が目に浮かぶ．

　くり返しになるが，この場合にも調和振動子を量子論的に扱うと，Hamiltonian は Boson の生成・消滅演算子で書くことができる．結果は，

$$H = \sum_k \hbar\omega_k\left\{a_k^\dagger a_k + \frac{1}{2}\right\} \tag{5.12}$$

となる．こう書くためには，

$$q_k = \sqrt{\frac{\hbar}{2\omega_k}}\{a_k + a_{-k}^\dagger\} \tag{5.13a}$$

$$p_k = -i\sqrt{\frac{\hbar\omega_k}{2}}\{a_{-k} - a_k^\dagger\} \tag{5.13b}$$

とおくのがよい. すぐわかるように,

$$[p_k, q_k] = -i\frac{\hbar}{2}\sqrt{\frac{\omega_k}{\omega_{k'}}}\{[a_{-k}, a_{-k'}^\dagger] - [a_k^\dagger, a_{k'}] + [a_{-k}, a_{k'}] - [a_k^\dagger, a_{-k'}^\dagger]\} \tag{5.14}$$

が出るから,

$$[a_k, a_{k'}^\dagger] = \delta_{k,k'} \tag{5.15a}$$

$$[a_k, a_{k'}] = [a_k^\dagger, a_{k'}^\dagger] = 0 \tag{5.15b}$$

を要求すると,

$$[p_k, q_{k'}] = -i\hbar\delta_{k,k'} \tag{5.16}$$

となる. 逆に式 (5.16) から (5.15) を出してもよい. いずれにしろ, 式 (5.12) の固有値は,

$$E\{n_k\} = \sum_k \hbar\omega_k\left\{n_k + \frac{1}{2}\right\} \tag{5.17}$$

である. ここで, 各 k について,

$$n_k = 0, 1, 2, \cdots \tag{5.18}$$

である. 式 (5.17) では, 各 k についてエネルギーが $\hbar\omega_k$ という単位から成っており, この単位を 1 個, 2 個, …と数えられるようになっている. この n_k を, ラベル k, エネルギー $\hbar\omega_k$ をもった粒子の数と考える. したがって, 方程式 (5.2) を満たす量子化された場 $u(x,t)$ は, エネルギー $\hbar\omega_k$ をもった量子からできているということができる. この量子は, $\kappa=0$ のとき, フォノンとよばれる. 湯川中間子も似たようなもので, このときは c_s が光速 c, そして中間子の質量は $m = \hbar\kappa/c^2$ となる.

k は Fourier 展開により, 無限の可能な値

$$k = \frac{2\pi}{L}n \qquad n = 0, \pm 1, \pm 2, \cdots \tag{5.19}$$

をとる. 式 (5.19) の n と粒子数の n_k とを混同しないように. 前者は可能

なモードの数で，粒子数とは全く関係がない.

　統計力学の正準集合をこれにあてはめてみよう．正準集合では，各モードを別々に扱うから，分配関数はすぐ計算できる．k というモードの分配関数は，

$$\sum_{n_k=0}^{\infty} \exp\left\{-\beta\hbar\omega_k\left(n_k+\frac{1}{2}\right)\right\}$$

$$= \exp\left(-\frac{1}{2}\hbar\omega_k\right)\{1+\exp(-\beta\hbar\omega_k)+\exp(-2\beta\hbar\omega_k)+\cdots\}$$

$$= \exp\left(-\frac{1}{2}\hbar\omega_k\right)\frac{1}{1-\exp(-\beta\hbar\omega_k)} \tag{5.20a}$$

したがって，全体では，すべてのモードについてかけあわせて，分配関数は

$$Z_c = \prod_n\left\{\exp\left(-\frac{1}{2}\hbar\omega_k\right)\frac{1}{1-\exp(-\beta\hbar\omega_k)}\right\} \tag{5.20b}$$

となる．Bose 統計に特徴的な形が出てきた．エネルギーの平均値は，

$$\langle E\rangle_c = -\frac{\partial}{\partial\beta}\ln Z_c = -\frac{\partial}{\alpha\beta}\ln\left\{\exp\left(-\frac{1}{2}\hbar\omega_k\right)\frac{1}{1-\exp(-\beta\hbar\omega_k)}\right\}$$

$$= \sum_n\left\{\frac{1}{2}\hbar\omega_k+\frac{\hbar\omega_k}{\exp(\beta\hbar\omega_k-1)}\right\} \tag{5.21}$$

この系を包む体積が大きいとすると，II 章，式 (6.1) が使えて，k についての和を積分でおきかえることができる．つまり，

$$\sum_n \rightarrow \left(\frac{L}{2\pi}\right)^3\int \mathrm{d}^3k \tag{5.22}$$

とおきかえる．すると，エネルギーの平均密度は，

$$\frac{\langle E\rangle_c}{V} = \frac{1}{(2\pi)^3}\int \mathrm{d}^3k\left\{\frac{1}{2}\hbar\omega_k+\frac{\hbar\omega_k}{\exp(\beta\hbar\omega_k)-1}\right\} \tag{5.23}$$

となる．ただし，

$$V = L^3 \tag{5.24}$$

式 (5.23) の右辺第 1 項は，すぐわかるように発散する．これはエネルギー固有値 (5.17) の，粒子数がゼロでも残る項によるものである．通常この項は，物理的に意味のないものとして，はじめから引き去っておく．すると

エネルギーの平均密度は,

$$\frac{\langle E\rangle_c}{V} = \frac{1}{(2\pi)^3}\int \mathrm{d}^3k \left\{\frac{\hbar\omega_k}{\exp(\beta\hbar\omega_k)-1}\right\} \tag{5.25}$$

となる. この項は, 分母があるために発散しない.

κ が 0 の場合には, 式 (5.6) により,

$$\omega_k = c_s k \tag{5.26}$$

だから, これを式 (5.25) に代入すると, 積分は, 公式

$$\int_0^\infty \mathrm{d}x \frac{x^3}{e^{ax}-1} = \frac{1}{15}\left(\frac{\pi}{a}\right)^4 \tag{5.27}$$

によって遂行できる. 細かい計算をしなくても, この場合には次元から,

$$\frac{\langle E\rangle_c}{V} \propto \left(\frac{1}{\beta}\right)^4 \propto T^4 \tag{5.28}$$

という結果が得られる. つまりエネルギーの平均密度は温度の 4 乗に比例する.

このような計算が, すべて調和振動子の量子論から出てきたことに注意してほしい. ただし, これに関連して最後に 1 つだけ注意しておくと, κ^2 の前の符号がマイナスのときには, Hamiltonian は式 (5.10) で κ^2 の前の符号を逆にしておく. 一方, $\pi(x,t)$ と $u(x',t)$ との同時刻交換関係は, κ^2 の前の符号によらず,

$$[\pi(\boldsymbol{x},t), u(\boldsymbol{x}',t)] = -i\hbar\delta(\boldsymbol{x}-\boldsymbol{x}')$$

$$[\pi(\boldsymbol{x},t), \pi(\boldsymbol{x}',t)] = [u(\boldsymbol{x},t), u(\boldsymbol{x}',t)] = 0 \tag{5.29a, b}$$

となる. そしてこれは量子論の基本原理と矛盾しない. 別の言葉でいうと, κ^2 の前の符号に無関係に, 量子論的取り扱いが可能である. にもかかわらず, κ^2 の前の符号を正にとっておかないと, 粒子像は得られない.

§6. Maxwell の場と調和振動子

Maxwell の方程式を SI 単位系で書くと,

$$\nabla \cdot \boldsymbol{E}(\boldsymbol{x}, t) = \frac{1}{\varepsilon_0}\rho(\boldsymbol{x}, t) \tag{6.1a}$$

$$\nabla \times \boldsymbol{E}(\boldsymbol{x}, t) + \frac{\partial}{\partial t}\boldsymbol{B}(\boldsymbol{x}, t) = 0 \tag{6.1b}$$

$$\nabla \cdot \boldsymbol{B}(\boldsymbol{x}, t) = 0 \tag{6.1c}$$

$$\nabla \times \boldsymbol{B}(\boldsymbol{x}, t) - \varepsilon_0\mu_0\frac{\partial}{\partial t}\boldsymbol{E}(\boldsymbol{x}, t) = \mu_0\boldsymbol{J}(\boldsymbol{x}, t) \tag{6.1d}$$

である. 使った記号はスタンダードなものだから, いちいち説明はいらない であろう. 力学系との相互作用を論じるときには, これらのほかに Lorentz の力を導入しなければならない. が, これはいま考えない.

　Maxwell の方程式は複雑な格好をしていて, だいたい方程式の数と変数の 数が一致していない. このままでは調和振動子の片りんさえみえない. 実際 以下に示すように, Maxwell の場の全体が調和振動子の集まりになるわけで はなく, 遠くのほうに電磁波として伝わっていく成分だけが, 調和振動子に なる. これはもちろん前もってわかるわけではなく, いろいろとやってみた 結果である. その "いろいろ" をここでやってみせるのはかえって混乱する から, そこのところはとばして, まず $\boldsymbol{E}$ と $\boldsymbol{J}$ とを縦成分と横成分に分ける. 縦成分を $\boldsymbol{E}_L, \boldsymbol{J}_L$ と書く. 横成分のほうは $\boldsymbol{E}_T, \boldsymbol{J}_T$ と書く. 横とか縦とかいっ た意味はだんだんわかるが, 数学的には,

$$\nabla \cdot \boldsymbol{E}_T(\boldsymbol{x}, t) = 0 \qquad \nabla \cdot \boldsymbol{J}_T(\boldsymbol{x}, t) = 0 \tag{6.2a}$$
$$\nabla \times \boldsymbol{E}_L(\boldsymbol{x}, t) = 0 \qquad \nabla \times \boldsymbol{J}_L(\boldsymbol{x}, t) = 0 \tag{6.2b}$$

を意味する.

　定義 (6.2a) から, 横成分 $\boldsymbol{E}_T$ は, 方程式 (6.1a) にはきかず, (6.1a) は,

$$\nabla \cdot \boldsymbol{E}_L(\boldsymbol{x}, t) = \frac{1}{\varepsilon_0}\rho(\boldsymbol{x}, t) \tag{6.3a}$$

となる. 式 (6.1b) のほうには, 逆に縦成分はきかず,

$$\nabla \times \boldsymbol{E}_T(\boldsymbol{x}, t) + \dot{\boldsymbol{B}}(\boldsymbol{x}, t) = 0 \tag{6.3b}$$

となる. つまり Maxwell 方程式 (6.1a) と (6.1b) とは, それぞれ縦成分と 横成分を別々に決める式である.

　磁場 $\boldsymbol{B}$ のほうは, 式 (6.1c) によりいつでも横成分しかなく,

$$\nabla \cdot \boldsymbol{B}(\boldsymbol{x}, t) = 0 \tag{6.3c}$$

また, 式 (6.1d) は,

$$\nabla \times \boldsymbol{B}(\boldsymbol{x}, t) - \varepsilon_0 \mu_0 \dot{\boldsymbol{E}}_T(\boldsymbol{x}, t) = \mu_0 \boldsymbol{J}_T(\boldsymbol{x}, t) \tag{6.3d}$$

となる. ただし,

$$\boldsymbol{J}_T(\boldsymbol{x}, t) \equiv \boldsymbol{J}(\boldsymbol{x}, t) + \varepsilon_0 \dot{\boldsymbol{E}}_L(\boldsymbol{x}, t) \tag{6.4}$$

である.

式 (6.3b) に戻り, その左から $\nabla \times$ をほどこして, p.102 の公式 (4.7) を使うと,

$$\nabla \times \{\nabla \times \boldsymbol{E}_T(\boldsymbol{x}, t)\} + \nabla \times \dot{\boldsymbol{B}}(\boldsymbol{x}, t)$$

$$= -\nabla^2 \boldsymbol{E}_T(\boldsymbol{x}, t) + \nabla(\nabla \cdot \boldsymbol{E}_T(\boldsymbol{x}, t)) + \frac{\partial}{\partial t}\{\mu_0 \boldsymbol{J}_T(\boldsymbol{x}, t) + \varepsilon_0 \mu_0 \dot{\boldsymbol{E}}_T(\boldsymbol{x}, t)\}$$

$$= \left\{-\nabla^2 + \varepsilon_0 \mu_0 \frac{\partial^2}{\partial t^2}\right\} \boldsymbol{E}_T(\boldsymbol{x}, t) + \mu_0 \dot{\boldsymbol{J}}_T(\boldsymbol{x}, t) = 0 \tag{6.5}$$

となる. ここで, 式 (6.2a), (6.3d) を用いた. $\varepsilon_0 \mu_0 = 1/c^2$ を用いて書き直すと,

$$\left\{-\nabla^2 + \frac{1}{c^2}\frac{\partial^2}{\partial t^2}\right\} \boldsymbol{E}_T(\boldsymbol{x}, t) = -\mu_0 \dot{\boldsymbol{J}}_T(\boldsymbol{x}, t) \tag{6.6}$$

が得られる. ここで調和振動子がみえてきたと思う.

磁場のほうは同様にして,

$$\left\{-\nabla^2 + \frac{1}{c^2}\frac{\partial^2}{\partial t^2}\right\} \boldsymbol{B}(\boldsymbol{x}, t) = \mu_0 \nabla \times \boldsymbol{J}_T(\boldsymbol{x}, t) \tag{6.7}$$

となり, やはり調和振動子がみえてくる. これらの方程式をみると, 電磁場が速度 c で走ることも明らかであろう.

電磁場に付随する物理量は, 古典電磁気学でよく定義されている. その導出はここではやらないが, 電磁エネルギー密度は,

$$\mathcal{E}(\boldsymbol{x}, t) = \frac{1}{2}\varepsilon_0 \boldsymbol{E}^2(\boldsymbol{x}, t) + \frac{1}{2\mu_0}\boldsymbol{B}^2(\boldsymbol{x}, t) \tag{6.8a}$$

その流れは,

$$\boldsymbol{J}^{(e)}(\boldsymbol{x}, t) = \frac{1}{\mu_0}\boldsymbol{E}(\boldsymbol{x}, t) \times \boldsymbol{B}(\boldsymbol{x}, t) \tag{6.8b}$$

一方, 電磁場の運動量の密度は, Poynting ベクトル

$$\boldsymbol{J}^{(p)}(\boldsymbol{x}, t) = \varepsilon_0 \boldsymbol{E}(\boldsymbol{x}, t) \times \boldsymbol{B}(\boldsymbol{x}, t) \tag{6.9}$$

で与えられ，その流れは Maxwell の応力テンソルである（これはいまいらないから，式を書かない．ついでながら，Poynting とは人の名前である）．

ベクトル場を Fourier 変換する方法は，II 章 §6 で説明した．それをいま E_T と B に応用してみる．$e_k^{(3)}$ として k の方向の単位ベクトルをとると，$e_k^{(1)}$ と，$e_k^{(2)}$ とは，k に直交する．それらを使って，

$$E_T(x, t) = \frac{i}{\sqrt{V}} \sum_{r=1,2} \sum_k \sqrt{\frac{\hbar \omega_k}{2\varepsilon_0}} e^{(r)}(k)$$
$$\times \{a_k^{(r)}(t) e^{ik \cdot x} - a_k^{(r)\dagger}(t) e^{-ik \cdot x}\} \tag{6.10}$$

$$B(x, t) = \frac{1}{\sqrt{V}} \sum_{r=1,2} \sum_k \sqrt{\frac{\hbar}{2\omega_k \varepsilon_0}} k \times e^{(r)}(k)$$
$$\times \{a_k^{(r)}(t) e^{ik \cdot x} - a_k^{(r)\dagger}(t) e^{-ik \cdot x}\} \tag{6.11}$$

を得る．ここで，

$$\omega_k = ck \tag{6.12}$$

である．

無造作にこれらの式を書いたが，これらを係数までちゃんと出すには少々骨がおれる．いろいろやってみて，これがいちばん都合がよい形であると判断したわけである．都合がよいという意味は，これらが Maxwell の方程式を満たし，かつ全体系のエネルギーが，下の式 (6.15) になるということである．E_T と B とは横成分だから，これらはそれぞれ式 (6.2a), (6.3c) を満たさなければならない．それは 2 つのベクトル $e_k^{(1)}$ と $e_k^{(2)}$ が k に直交するようにとってあるから，明らかであろう．

さて，式 (6.3b) や (6.3d) は満たされているだろうか？　一般の場合，つまり J_T が 0 でない場合の証明はややこしいから，ここで，

$$J_T = 0 \tag{6.13}$$

の場合だけ調べよう．式 (6.13) をとると，式 (6.3d), (6.6), (6.7) の右辺は 0 である．それを満たすのは容易で，

$$i\frac{\mathrm{d}}{\mathrm{d}t} a_k^{(r)}(t) = \omega_k a_k^{(r)}(t) \tag{6.14a}$$

$$i\frac{\mathrm{d}}{\mathrm{d}t} a_k^{(r)\dagger}(t) = -\omega_k a_k^{(r)\dagger}(t) \tag{6.14b}$$

とすればよい. これらは前に述べた調和振動子の方程式 (2.5) と同じもので
ある (それをみるには, 式 (5.13) を用いて q_k と p_k の変数に直せばよい).

さて, 式 (6.10) および (6.11) を用いて, 系の全エネルギー, すなわち式
(6.8a) を 1 辺が L の立方体の内部にわたって積分したものを計算してみる.
計算はややめんどうだが, 高級な数学は使わないで,

$$H_T = \frac{1}{2} \int_V \mathrm{d}^3 x \left\{ \varepsilon_0 \boldsymbol{E}_T^2 + \frac{1}{\mu_0} \boldsymbol{B}^2 \right\} = \sum_{r=1,2} \sum_{\boldsymbol{k}} \hbar \omega_k \left\{ a_k^{(r)\dagger} a_k^{(r)} + \frac{1}{2} \right\} \quad (6.15)$$

となる. これがほしかったから, $\boldsymbol{E}_T$ と $\boldsymbol{B}$ を式 (6.10), (6.11) の形に書いた
のであった. この形 (6.15) は, いままででいやになるほど何度も出てきた.
物理的解釈はもう容易であろう.

全運動量も, Poynting ベクトルを同じように積分して得られ,

$$\boldsymbol{G} \equiv \int_V \mathrm{d}^3 x \, \boldsymbol{J}^{(\mathrm{p})} = \varepsilon_0 \int_V \mathrm{d}^3 x \, \boldsymbol{E}_T \times \boldsymbol{B} = \sum_{r=1,2} \sum_{\boldsymbol{k}} \hbar \boldsymbol{k} a_k^{(r)\dagger} a_k^{(r)} \quad (6.16)$$

となる. これは電磁場の運動量が $\hbar \boldsymbol{k}$ という単位からできていることを示し
ている. 式 (6.15) といっしょにすると, 電磁場はエネルギー $\hbar \omega_k$, 運動量
$\hbar \boldsymbol{k}$ の単位からできていることになる. この単位を**光子** (photon, 光量子とも
よぶ) という. これが光量子説の表現なのである.

§5 の計算に習って, 光量子系の正準集合平均を計算すると, Planck の放
射エネルギー分布が出るはずである. これはまたまた演習問題にする.

ことのついでに, いままで考えなかった縦成分がどんなものかを調べてお
こう. そのために式 (6.3a) まで戻る. 縦成分には定義 (6.2b) という制限が
あるから, これを満たすために,

$$\boldsymbol{E}_L(\boldsymbol{x}, t) = -\nabla A_0(\boldsymbol{x}, t) \quad (6.17)$$

とおく. $A_0(\boldsymbol{x}, t)$ とはあるスカラー関数で, こうおいておくと定義 (6.2b)
は自動的に満たされるから, もう式 (6.2b) は考えなくてよい. そこで, 式
(6.17) を式 (6.3a) に代入すると,

$$\nabla^2 A_0(\boldsymbol{x}, t) = -\frac{1}{\varepsilon_0} \rho(\boldsymbol{x}, t) \quad (6.18)$$

が得られる. これを積分するのは容易であろう.

$$\nabla^2 \frac{1}{|\boldsymbol{x}-\boldsymbol{x}'|} = -4\pi\delta(\boldsymbol{x}-\boldsymbol{x}') \tag{6.19}$$

を Green 関数として使うと,

$$A_0(\boldsymbol{x},t) = \frac{1}{4\pi\varepsilon_0}\int_V \mathrm{d}^3x \frac{1}{|\boldsymbol{x}-\boldsymbol{x}'|}\rho(\boldsymbol{x}',t) \tag{6.20}$$

となる. 式 (6.17) にこれを代入すると,

$$\boldsymbol{E}_L(\boldsymbol{x},t) = -\frac{1}{4\pi\varepsilon_0}\int_V \mathrm{d}^3x \nabla \frac{1}{|\boldsymbol{x}-\boldsymbol{x}'|}\rho(\boldsymbol{x}',t) \tag{6.21}$$

となる. これは電荷分布 $\rho(\boldsymbol{x},t)$ による Coulomb 場である.

　ベクトル場を扱ったついでに, IV 章で触れたスピンのことをちょっと思い出しておこう. p. 112 の表 4.1 によると, ベクトル場はスピン 1 をもつ. したがって, 電磁場に付随する量子, 光量子はスピン 1 をもつ. いいかえると, 光量子は先天的に角運動量 $1(\times\hbar)$ をもっている.

§7. 再び Schrödinger 場について (Fermi 統計に従う粒子)

　いままで, 場を調和振動子に分解し, しかも各調和振動子を, Bose 粒子の生成・消滅演算子で表現してきた結果, 場はエネルギー $\hbar\omega_k$, 運動量 $\hbar\boldsymbol{k}$ をもった Bose 粒子の集団となった.

　そこで, Fermi 粒子の集団を得るにはどうしたらよいかを考えよう. 再び Schrödinger 方程式に戻り, 式 (4.2) と同じように,

$$\psi(\boldsymbol{x},t) = \frac{1}{\sqrt{V}}\sum_k e^{i\boldsymbol{k}\cdot\boldsymbol{x}}C_k(t) \tag{7.1}$$

と Fourier 展開する. 式 (4.3), (4.7) の計算は, C_k でもそのままあてはまるから, 調和振動子の構造は同じである. ただし, 今回は式 (3.16) を満たすような演算子を考え,

$$C_k(t)C_{k'}^\dagger(t)+C_{k'}^\dagger(t)C_k(t) \equiv \{C_k(t),C_{k'}^\dagger(t)\} = \delta_{k,k'} \tag{7.2a}$$

$$C_k(t)C_{k'}(t)+C_{k'}(t)C_k(t) \equiv \{C_k(t),C_{k'}(t)\} = 0 \tag{7.2b}$$

とする. すると,

$$H = \sum_k \hbar\omega_k C_k^\dagger C_k$$

$$= \frac{1}{V} \int_V \mathrm{d}^3x \int_V \mathrm{d}^3x' \sum_k \hbar\omega_k \psi^\dagger(\boldsymbol{x},t)\psi(\boldsymbol{x}',t)\exp\{i\boldsymbol{k}\cdot(\boldsymbol{x}-\boldsymbol{x}')\}$$

$$= \frac{1}{V} \int_V \mathrm{d}^3x \int_V \mathrm{d}^3x' \sum_k \frac{\hbar^2\boldsymbol{k}^2}{2m} \psi^\dagger(\boldsymbol{x},t)\psi(\boldsymbol{x}',t)\exp\{i\boldsymbol{k}\cdot(\boldsymbol{x}-\boldsymbol{x}')\}$$

$$= \frac{1}{V} \int_V \mathrm{d}^3x \int_V \mathrm{d}^3x' \sum_k \frac{\hbar^2}{2m} \exp\{i\boldsymbol{k}\cdot(\boldsymbol{x}-\boldsymbol{x}')\} \nabla\psi^\dagger(\boldsymbol{x},t)\cdot\nabla'\psi(\boldsymbol{x}',t)$$

$$= \int_V \mathrm{d}^3x \int_v \mathrm{d}^3x' \sum_k \frac{\hbar^2}{2m} \delta(\boldsymbol{x}-\boldsymbol{x}') \nabla\psi^\dagger(\boldsymbol{x},t)\cdot\nabla'\psi(\boldsymbol{x}',t)$$

$$= \int_V \mathrm{d}^3x \frac{\hbar^2}{2m} \nabla\psi^\dagger(\boldsymbol{x},t)\cdot\nabla\psi(\boldsymbol{x},t) \tag{7.3}$$

となり，式 (4.9) と同型ではあるが，$\psi(x,t)$ の演算子としての性質は違ったものになる．式 (4.10) のかわりに，

$$\{\psi(\boldsymbol{x},t),\psi^\dagger(\boldsymbol{x}',t)\} = \frac{1}{V} \sum_k \sum_{k'} \{C_k, C_{k'}\}\exp(i\boldsymbol{k}\cdot\boldsymbol{x})\exp(-i\boldsymbol{k}'\cdot\boldsymbol{x}')$$

$$= \frac{1}{V} \sum_k \sum_{k'} \delta_{k,k'}\exp(i\boldsymbol{k}\cdot\boldsymbol{x})\exp(-i\boldsymbol{k}'x')$$

$$= \frac{1}{V} \sum_k \exp\{i\boldsymbol{k}\cdot(\boldsymbol{x}-\boldsymbol{x}')\} = \delta(\boldsymbol{x}-\boldsymbol{x}') \tag{7.4a}$$

$$\{\psi(\boldsymbol{x},t),\psi(\boldsymbol{x}',t)\} = 0 \tag{7.4b}$$

となる．そして式 (7.3) の固有値は，V 章でみたように，

$$E\{n_k\} = \sum_k \hbar\omega_k n_k \tag{7.5}$$

で，この場合，

$$n_k = 0 \text{ または } 1 \tag{7.6}$$

である．つまり，$\hbar\omega_k$ というエネルギーをもった量子は，0 個か 1 個しかありえないことになる．したがって，これは Fermi 統計に従う粒子である．粒子は運動量 $\hbar\boldsymbol{k}$ をもっているので，Schrödinger 場の全運動量をつくると，

$$\boldsymbol{P} = \sum_k \hbar\boldsymbol{k} C_k^\dagger C_k = \frac{\hbar}{i} \int_V \mathrm{d}^3x \, \psi^\dagger(\boldsymbol{x},t)\nabla\psi(\boldsymbol{x},t) \tag{7.7}$$

である．これは，Fermi 粒子でも Bose 粒子でも同じ形になる．

　ついでに，正準集合の分布関数を計算してみると，

$$Z_c = \prod_k \sum_{n_k=0,1} \exp(-\beta\hbar\omega_k n_k) = \prod_k \{1 + e(-\beta\hbar\omega_k)\} \tag{7.8}$$

となり，Fermi 粒子系に特徴的な分布になる．

　最後の疑問は，どのようなときに Fermi 粒子の演算子を使い，どのような
ときに Bose 粒子の演算子を仮定するのかということであろう．この答えは，
非相対論的な場の理論の中にはいまのところ存在せず，相対論的な場の理論
まで待たなければならない．相対論的場の理論では，**Pauli の定理**というの
があって，整数スピンをもった場（スカラーやベクトル場，たとえば湯川粒
子，フォノン，光子など）では，式 (5.15) のような Bose 演算子を用い，半
奇整数スピンをもった場（スピノルの足を奇数個もった場，たとえば電子，
陽子，中性子など）に対しては，式 (7.2) のような Fermi 演算子を用いなけ
ればいけない．そうしないと，エネルギーが負になってしまったり，因果律
に矛盾したりする．

§8.　場の理論の立場

　いままで，いくつかの場を調和振動子に書き直す手法を披露してきたが，
なぜこんな回り道をとるのかという疑問に答えておかなければならない．つ
まり，なぜ場から出発して調和振動子にもっていかなければならないのか？
調和振動子がほしいのなら，場から出発しないで，なぜ調和振動子の集まり
から出発しないのか？

　場から出発する理由は，少なくとも３つある．１つは歴史的なもので，電
磁場は量子論が出る前に発見されていた．そして，その電磁場が粒子性をも
つことがあとで発見された．第２の理由は，すべての場が調和振動子に帰着
されるわけではないという事実，それは §6 の最後でみたように，Coulomb
場などに現れる．

　第３の理由は，これが最もたいせつなのだが，場の立場では，空間の回転
に対する変換性が明瞭なのである．場は，IV 章で説明したように，空間の回
転に対する性質から，スカラー，スピノル，ベクトルなどと分類される．こ
れらを調和振動子に分解してしまうと，変換性がみえなくなる．スカラー，

スピノル，ベクトルで書いておくと，発達したテンソル解析や微分幾何学を自由に使うことができる．したがって，物理系の対称性を基本とする現代の基礎物理学には，調和振動子というイメージはたいせつでも，その形式は不便なのである．あまり形式にとらわれすぎて，調和振動子のイメージをたびたび忘れてしまう人々もいるにはいるが．

演 習 問 題 IX

1. Hamiltonian（2.7）から，正準方程式により調和振動子の方程式を導け．

2. Hamiltonian（3.2）をもつ量子論的調和振動子で，最低エネルギー状態の固有ベクトルは，$a|0\rangle = 0$ および $\langle 0|0\rangle = 1$ を満たす．このとき，
    $$\langle 0|x|0\rangle \qquad \langle 0|p|0\rangle \qquad \langle 0|x^2|0\rangle \qquad \langle 0|p^2|0\rangle$$
    を計算せよ．

3. 前問の調和振動子で，x と p の揺らぎ，Δx と Δp を計算し，不確定性関係
    $$\Delta x \times \Delta p \geq \frac{1}{2}\hbar$$
    を確かめよ．ただし，Δx と Δp は，
    $$(\Delta x)^2 \equiv \langle 0|x^2|0\rangle - (\langle 0|x|0\rangle)^2$$
    $$(\Delta p)^2 \equiv \langle 0|p^2|0\rangle - (\langle 0|p|0\rangle)^2$$
    で定義される．

4. 式（3.6）と，p.137 の式（2.22）を用い，x と p の行列表示を求めよ．

5. 代数関係（3.9）と運動方程式（3.13）を用いて，x と p が調和振動子の運動方程式を満たすことを確認せよ．

6. 式（4.8）に Fourier 逆変換を用い，式（4.9）を導け．

7. 交換関係（4.10）を確かめよ．また，
    $$[\phi(\boldsymbol{x}, t), \phi(\boldsymbol{x}', t)]$$
    を計算せよ．

8. 式（5.4）を確かめよ．

9. 式（5.9）から式（5.10）を導きだしてみよ．また逆に式（5.10）から式

(5.9) を導け.

10. 式 (5.9) に式 (5.13) を代入し，式 (5.12) を導け.

11. 式 (5.11) で与えられた 2 個の量の，同時刻における交換関係を式 (5.16) を用いて計算してみよ.

12. Maxwell 方程式から，式 (6.6)，(6.7) を導く計算を，本文を見ないでおいかけてみよ.

13. 式 (6.8) において，

$$\frac{\partial}{\partial t}\mathcal{E}(\boldsymbol{x}, t) + \nabla \cdot \boldsymbol{J}^{(\mathrm{e})}(\boldsymbol{x}, t) = 0$$

が満たされていることを確認せよ.

14. 式 (6.8b) と (6.9) を比べると，

$$\boldsymbol{J}^{(\mathrm{e})}(\boldsymbol{x}, t) = \frac{1}{\varepsilon_0 \mu_0}\boldsymbol{J}^{(\mathrm{p})}(\boldsymbol{x}, t) = c^2 \boldsymbol{J}^{(\mathrm{p})}(\boldsymbol{x}, t)$$

が成り立っている．これは物理的に何を意味するのであろうか？

15. 式 (6.10)，(6.11) が，Maxwell の方程式

$$\nabla \times \boldsymbol{E}_T(\boldsymbol{x}, t) + \frac{\partial}{\partial t}\boldsymbol{B}(\boldsymbol{x}, t) = 0$$

を満たすことを示せ．ただし，

$$i\dot{a}_{\boldsymbol{k}}^{(r)}(t) = \omega_{\boldsymbol{k}}a_{\boldsymbol{k}}^{(r)}(t)$$

とする.

16. 式 (6.15) の最後の表現を導け.

17. 式 (6.15) に正準集合理論をあてはめ，Planck の放射分布式を導け.

18. 式 (7.3) を，本文を見ずに導いてみよ.

19. 式 (7.8) から，

$$\langle E \rangle_c = -\frac{\partial}{\partial \beta}\ln Z_c$$

によって，Fermi 分布の平均エネルギーを計算せよ.

変 分 法

§1. はじめに

　理論物理学において，変分法がよく用いられることは，解析力学や量子力学の近似法などに関連してよくご存じのことと思う．解析力学における変分法は何だか形式的でわかりにくいし，量子力学では，変分法を Ritz の方法と関連して，近似方法の1つとして勉強するためにその本質を見逃しがちである．そこでこの章では，変分法を復習しておくことにしよう．量子力学でも統計力学でも，近似方法としてのみならず，理論全体の一貫性を保証するだいじな道具が変分法なのである．

　変分法のことについては，拙著"量子力学を学ぶための解析力学入門"（講談社）で少々触れたので，ここではあまり初等的なことは述べない．変分法は，Lagrange の未定係数法といっしょにして使うことが多いが，このことも拙著で説明したので，既知として進む．

　変分法の基礎になるのは，次の定理である．

　関数 $F(x)$ が変域 (a, b) で連続，また $\eta(x)$ と，$\eta(x)$ の微分が同じ変域で連続，かつ $\eta(a) = \eta(b) = 0$ なる任意の関数とする．このとき，もし，

$$\int_a^b \mathrm{d}x\, F(x)\eta(x) \equiv 0 \tag{1.1}$$

なら，$a < x < b$ 内のいたるところで，

$$F(x) = 0 \tag{1.2}$$

である.

　この定理の証明はやさしいから,ここでは行なわない.もし式 (1.2) が成り立たないなら,$\eta(x)$ を適当に選ぶことによって,式 (1.1) と矛盾してしまうことをいえばよい.この定理は変分法のいたるところで使われる.

　いま $F(x)$ が,ある関数 $f(x)$ とその微分 $f_x(x)$ の関数であるとし,

$$I \equiv \int_a^b \mathrm{d}x\, F[f(x), f_x(x)] \tag{1.3}$$

とおこう.この積分の値は,もちろん関数 $f(x)$ に依存する.この $f(x)$ を任意の無限小関数 $\eta(x)$ だけ変化させると,積分の値 I も無限小だけ変化するから,それを $I+\delta I$ とする.すなわち,

$$I+\delta I \equiv \int_a^b \mathrm{d}x\, F[f(x)+\eta(x), f_x(x)+\eta_x(x)] \tag{1.4}$$

$\eta(x)$ は無限小だから,それで右辺を展開して,2 次以上の無限小を省略すると,

$$
\begin{aligned}
I+\delta I &= \int_a^b \mathrm{d}x \left\{ F + \frac{\partial F}{\partial f(x)}\eta(x) + \frac{\partial F}{\partial f_x(x)}\eta_x(x) \right\} \\
&= I + \int_a^b \mathrm{d}x \left\{ F + \frac{\partial F}{\partial f(x)} - \frac{\mathrm{d}}{\mathrm{d}x}\frac{\partial F}{\partial f_x(x)} \right\}\eta(x) \\
&\quad + \int_a^b \mathrm{d}x \frac{\mathrm{d}}{\mathrm{d}x}\left\{ \frac{\partial F}{\partial f_x(x)}\eta(x) \right\}
\end{aligned} \tag{1.5}
$$

最後の項は積分の上限と下限の値で書かれ,

$$
\begin{aligned}
\delta I &= \int_a^b \mathrm{d}x \left\{ \frac{\partial F}{\partial f(x)} - \frac{\mathrm{d}}{\mathrm{d}x}\frac{\partial F}{\partial f_x(x)} \right\}\eta(x) \\
&\quad + \frac{\partial F}{\partial f_x(x)}\eta(x) \Bigg|_a^b
\end{aligned} \tag{1.5$'$}
$$

となる.右辺第 1 項の被積分関数は,I 章で導入した Euler-Lagrange 微分であることに注意.式 (1.5$'$) は,この段階では,無限小の任意の関数 $\eta(x)$ に対して成り立つ単なる恒等式である.というよりも,δI の定義であると考えたほうがよいかもしれない.

　また,恒等式 (1.5$'$) は,多変数関数の場合にも容易に拡張できる.結果だ

け書いておくと,

$$\delta I = \int_V dxdy \cdots \left\{ \frac{\partial F}{\partial f(x,y,\cdots)} - \frac{\partial}{\partial x}\frac{\partial F}{\partial f_x(x,y,\cdots)} \right.$$

$$\left. - \frac{\partial}{\partial y}\frac{\partial F}{\partial f_y(x,y,\cdots)} - \cdots \right\}\eta(x)$$

$$+ \int_{\partial V}\left\{ dS_x\frac{\partial F}{\partial f_x} + dS_y\frac{\partial F}{\partial f_y} + \cdots \right\}\eta(x) \tag{1.6}$$

となる. 右辺第2項は, Gauss の定理を用いて, 領域 V にわたる積分を, 表面 ∂V にわたる積分に直した項である.

F が $f(x,y,\cdots)$ だけでなく, 2個以上の関数の関数である場合への形式的拡張も容易であるから, ここではいちいち説明しない.

また, 関数 F の中にもっと高階の微分が含まれていてもよい. しかし, 前章までの例でみたように, 従属関数の数をふやすことによって, いつでも微分の回数を下げることができるので, ここでは F がある関数（複数）の1階微分までしか含んでいない場合に話を限る.

§2. 力学における変分原理に関する注意

変分法を物理に関連して使う場合, きわめて抽象的に運動方程式を導いたりする場合と, 反対に, 具体的に運動方程式を解いたり近似解を探したりする場合とがある（変分法はその他にも使われるが）. 前者に関しては, 解析力学でおなじみであろう. しかし, 変分法は解析力学のはじめであって, 運動方程式を変分原理から導いてからあとがたいへんであり, それから一貫して諸々の物理量を定義したり, それらの間の関係式を導いたりする.

Lagrangian というたった1つの量から, 運動方程式だけでなく, 物理量の定義とか保存量とか, すべての力学量を一貫して取り扱っていこうというのが基本的なアイディアである. 運動方程式だけを問題にするのだったら, 何もわざわざ変分原理に戻る必要もなかろう. Lagrangian というたった1つの量から, 一定の処方によって, 物理系全体の無矛盾性を保証していこうというわけである. たとえば, 出発点の Lagrangian に近似を入れておくと, それから出てくる運動方程式の間の無矛盾性も保証されるし, それに付随す

る物理量の定義もすべて一貫していくのである．さらに I 章で述べたように，Euler-Lagrange 微分は，変数変換に対して一定の変換性をもつから，したがって，Euler-Lagrange 方程式は変数変換に対して不変である．このことを利用すると，物理量を記述するのに便利な変数への変換をたいへん楽に行なうことができる．これらのことは I 章に書いたから，ここでちょっと思い出してほしい．

2 個の質点からなる系を考える．質点の位置をそれぞれ $\boldsymbol{x}^{(1)}$ と $\boldsymbol{x}^{(2)}$，各質量を m_1, m_2 とするとき，通常は Lagrangian を，

$$L = \frac{1}{2}m_1 \dot{\boldsymbol{x}}^{(1)2} + \frac{1}{2}m_2 \dot{\boldsymbol{x}}^{(2)2} - V(|\boldsymbol{x}^{(1)} - \boldsymbol{x}^{(2)}|) \tag{2.1}$$

と書く．V は，2 粒子の間に働くポテンシャルである．

力学の変分原理は，この Lagrangian を，ある時刻 t_1 から t_2 まで積分したものが，変数 $\boldsymbol{x}^{(1)}$ と $\boldsymbol{x}^{(2)}$ の変化に対して停留値をとると表現する．すなわち，

$$I \equiv \int_{t_1}^{t_2} \mathrm{d}t\, L \tag{2.2}$$

を定義し，

$$\delta I = 0 \tag{2.3}$$

とおく．このとき $\eta(t_1) = \eta(t_2) = 0$ を満たす変分を考えると，前の恒等式 (1.5′) と I 章の基本定理によって，Euler-Lagrange の方程式

$$\frac{\partial L}{\partial \boldsymbol{x}^{(1)}} - \frac{\mathrm{d}}{\mathrm{d}t}\frac{\partial L}{\partial \dot{\boldsymbol{x}}^{(1)}} = 0 \tag{2.4a}$$

$$\frac{\partial L}{\partial \boldsymbol{x}^{(2)}} - \frac{\mathrm{d}}{\mathrm{d}t}\frac{\partial L}{\partial \dot{\boldsymbol{x}}^{(2)}} = 0 \tag{2.4b}$$

が，$\boldsymbol{x}^{(1)}$ と $\boldsymbol{x}^{(2)}$ の運動方程式となる．この場合，

$$m_1 \ddot{\boldsymbol{x}}^{(1)} = -\nabla_1 V(|\boldsymbol{x}^{(1)} - \boldsymbol{x}^{(2)}|) \tag{2.5a}$$

$$m_2 \ddot{\boldsymbol{x}}^{(2)} = -\nabla_2 V(|\boldsymbol{x}^{(1)} - \boldsymbol{x}^{(2)}|) \tag{2.5b}$$

である．

力学はこれがはじまりで，さらに L が与えられると，運動量は，

$$\boldsymbol{p}^{(1)} = \frac{\partial L}{\partial \dot{\boldsymbol{x}}^{(1)}} \tag{2.6a}$$

$$\boldsymbol{p}^{(2)} = \frac{\partial L}{\partial \dot{\boldsymbol{x}}^{(2)}} \tag{2.6b}$$

で定義され，Hamiltonian は，

$$H = \boldsymbol{p}^{(1)} \cdot \dot{\boldsymbol{x}}^{(1)} + \boldsymbol{p}^{(2)} \cdot \dot{\boldsymbol{x}}^{(2)} - L \tag{2.7}$$

から，<u>時間微分を消去したもの</u>であると定義される．

そこで，へそ曲がりの宇宙人が現れ，式 (2.1) ではなく，

$$L' = m_1 \dot{\boldsymbol{x}}^{(1)} \cdot \dot{\boldsymbol{x}}^{(2)} + \frac{1}{2} (m_2 - m_1) \dot{\boldsymbol{x}}^{(2)2} + \frac{m_1}{m_2} V (|\boldsymbol{x}^{(1)} - \boldsymbol{x}^{(2)}|) \tag{2.8}$$

という Lagrangian をもってきたとしよう．この Lagrangian L' を用いて，Euler-Lagrange の方程式を作ってみると，確かに運動方程式 (2.5) が得られる（信じられなかったら，自ら手を使ってやってみられたい）．したがって，運動方程式だけに興味があるのならば，L でも，へそ曲がりの L' でも全く同等である．

では L と L' では何が違うのか？

L と L' を眺めてすぐ気がつくことは，粒子 1 と 2 は，L では対等に取り扱われているが，L' ではそうはなっていない．各粒子は同じ運動方程式に従って運動してはいるが，L で記述される 2 粒子系と，L' のそれとは何かが違っている．

まず L のほうから，運動量とエネルギーを式 (2.6), (2.7) によって計算してみると，

$$\boldsymbol{p}^{(1)} = \frac{\partial L}{\partial \dot{\boldsymbol{x}}^{(1)}} = m_1 \dot{\boldsymbol{x}}^{(1)} \tag{2.9a}$$

$$\boldsymbol{p}^{(2)} = \frac{\partial L}{\partial \dot{\boldsymbol{x}}^{(2)}} = m_2 \dot{\boldsymbol{x}}^{(2)} \tag{2.9b}$$

したがって，Hamiltonian は，

$$H = \frac{1}{2m_1} \boldsymbol{p}^{(1)2} + \frac{1}{2m_2} \boldsymbol{p}^{(2)2} + V \tag{2.10}$$

というよく知られた形になる．

一方，L' のほうを使って同じ量を計算すると，

$$\boldsymbol{p}^{(1)} = m_1 \dot{\boldsymbol{x}}^{(2)} \tag{2.11a}$$

$$\boldsymbol{p}^{(2)} = m_1 \dot{\boldsymbol{x}}^{(1)} + (m_2 - m_1) \dot{\boldsymbol{x}}^{(2)} \tag{2.11b}$$

$$H' = \frac{1}{2} \frac{1}{m_1^2} (m_2 - m_1) \boldsymbol{p}^{(1)'2} + \frac{1}{m_1} \boldsymbol{p}^{(1)'} \cdot \boldsymbol{p}^{(2)'} - \frac{m_1}{m_2} V \tag{2.12}$$

というとんでもないものが出てくる．あいかわらず，1 と 2 に対して非対称になっている．宇宙の彼方では，式 (2.11) や (2.12) のほうがよいのかもしれない．われわれには珍奇なものだが，へそ曲がりの宇宙人たちは式 (2.11) や (2.12) を彼らなりに一貫して使っているということも可能である．

　われわれが，L' ではなく L を採用する根拠は，運動方程式にだけあるのではなく，2 つの粒子に関する対称性や，エネルギーと運動量に関する関係 (2.10) に基づくものである．いいかえるならば，Lagrangian というものは，運動方程式よりもたくさんのインフォメーション（対称性とか，エネルギーや運動量の関係とか）をもったものである．同じ運動方程式を与えるからといって，L と L' とが同じとはいえない．

　以下，上に述べたことはいちいち断らないが，もし異なった関数の変分が同じ方程式を与える場合に出くわしたら，いつでもこのことを思い出してほしい．

§3. Euler-Lagrange の方程式

　以下，量子力学に出てくる微分方程式のあるものを変分の立場から調べていくが，実際に微分方程式の解を見つけるという仕事はここでは議論しない．微分方程式の解については，適当な成書を参照してほしい．たとえば，p. 187 に挙げた小谷・梅沢の参考書の付録には，いろいろな微分方程式の解がリストされている．ここで議論しようというのは，変分法の立場から，固有値問題を解くとき便利なように，微分方程式を特別の形に書いておこうということである．

　話を，1 実変数 x に依存する 1 実関数 $u(x)$ に限ることとする．このとき，

$$I \equiv \int_a^b \mathrm{d}x\, f(x) \{ (u'(x))^2 + \alpha(x) u(x) u'(x) + \beta(x) u^2(x) \} \tag{3.1}$$

に停留値をとらせるために，この量の $u(x)$ についての変分が 0 になること
を要求する．ここで，$f(x), \alpha(x)$ や $\beta(x)$ は，ある与えられた実関数で，必
要なだけ微分できるとする．$'$ は，x に関する微分である．式 (3.1) の変分
を 0 とおき，Euler-Lagrange の方程式をたてると，

$$\frac{\mathrm{d}}{\mathrm{d}x}\{2f(x)u'(x)+f(x)\alpha(x)u(x)\}$$

$$-\{f(x)\alpha(x)u'(x)+2f(x)\beta(x)u(x)\}$$

$$= 2[f(x)u''(x)+f'(x)u'(x)+g(x)u(x)] = 0 \tag{3.2}$$

ただし，

$$g(x) \equiv \left\{\frac{1}{2}(f'(x)\alpha(x)+f(x)\alpha'(x))-f(x)\beta(x)\right\} \tag{3.3}$$

である．式 (3.2) は，自己随伴型微分方程式である．そして，$u(x)$ がこれ
を満たすとき，式 (3.1) は停留値をとる．

さて，そこでたとえば Hermite 多項式の満たす微分方程式

$$\left[\frac{\mathrm{d}^2}{\mathrm{d}x^2}-2\gamma^2 x\frac{\mathrm{d}}{\mathrm{d}x}+2\gamma^2 n\right]H_n(\gamma x) = 0$$

$$n = 0, 1, 2, \cdots \tag{3.4}$$

と，式 (3.2) を比較すると，

$$f(x) \equiv \exp(-\gamma^2 x^2) \tag{3.5a}$$

$$\beta(x) \equiv \frac{1}{2}(\alpha'(x)-2\gamma^2 x\alpha(x))-2\gamma^2 n \tag{3.5b}$$

が得られる．したがって，

$$I_H \equiv \int_{-\infty}^{\infty}\mathrm{d}x\exp(-\gamma^2 x^2)\Big[(u'(x))^2+\alpha(x)u(x)u'(x)$$

$$+\left\{\frac{1}{2}\alpha'(x)-\gamma^2 x\alpha(x)-2\gamma^2 n\right\}u^2(x)\Big] \tag{3.6}$$

の停留値は，Hermite の多項式で与えられることがわかる．ここで $\alpha(x)$ と
いう関数は，全く任意である．これは，次に例を挙げるように，問題を解く
ために都合のよいように勝手に選べばよい．

[例　1]

そこで例として固有値問題

$$\frac{1}{2}\left\{-\frac{\mathrm{d}^2}{\mathrm{d}x^2}+\omega^2 x^2\right\}\psi(x) = E\psi(x) \tag{3.7}$$

を，解かずして解くことを考えよう．式 (3.7) という固有値問題は，

$$I \equiv \frac{1}{2}\int_{-\infty}^{\infty}\mathrm{d}x\left\{\left(\frac{\mathrm{d}\psi(x)}{\mathrm{d}x}\right)^2+\omega^2 x^2\psi^2(x)-2E\psi^2(x)\right\} \tag{3.8}$$

に停留値をとらせるということと同じである．事実式 (3.8) から Euler-Lagrange の方程式を作ってみると，式 (3.7) に一致する．そこで，式 (3.8) を (3.6) の形に変形できないかを考える．そのために，

$$\psi(x) \equiv \exp\left(-\frac{1}{2}\gamma^2 x^2\right)u(x) \tag{3.9}$$

とおくと（まだ γ は何かわからない），

$$I = \frac{1}{2}\int_{-\infty}^{\infty}\mathrm{d}x\,\exp(-\gamma^2 x^2)\,[\,(u'(x))^2-2\gamma^2 xu(x)u'(x)$$

$$+\{(\gamma^4+\omega^2)x^2-2E\}u^2(x)\,] \tag{3.10}$$

が得られる．この式と式 (3.6) を比べてみると，

$$\alpha(x) = -2\gamma^2 x \tag{3.11a}$$

$$\alpha'(x) = -2\gamma^2 \tag{3.11b}$$

ととり，かつ，

$$\gamma^2 = \omega \tag{3.12}$$

と決めると，

$$E = \omega\left(n+\frac{1}{2}\right) \qquad n = 0, 1, 2, \cdots \tag{3.13}$$

であれば，I が停留値をとり，したがって固有値問題 (3.7) が解けたことになる．そして固有関数は，

$$\psi_n(x) \propto \exp\left(-\frac{1}{2}\omega x^2\right)H_n(\sqrt{\omega}\,x) \tag{3.14}$$

である．H_n はいうまでもなく n 次の Hermite 多項式である．

　ここでは，固有値問題 (3.7) の物理的背景を説明しなかったが，固有値

(3.13) が，前に求めた調和振動子のそれ，IX 章の式 (3.1)，(3.8) などに一致していることに気がつかれたであろう．ここでは，まともに問題を解かないで，"他人の褌で相撲をとる"ような手を使って固有値問題の解を見つけた．他人の褌でもっと相撲をとるためには，他人の褌を並べて表にしておくと便利である．

§4. 量子力学に出てくる微分方程式

量子力学で素直な固有値問題を解こうとするとき出てくる 2, 3 の微分方程式と，それらの解について，簡単に復習しておこう．実際に解を見つける仕事は，その道の成書を参照していただくことにして，ここでは，それらを §3 の式 (3.1) の形に準備することを主眼にする．なぜ，微分方程式に頼らずに変分法を使おうとするのかというと，それは次のような利点があるからである．通常物理に出てくる微分方程式は 2 階の微分方程式である．変数変換をするとき，2 階の微分はたいへんやっかいである．変分法では，いままでみてきたように，停留値をとる量は，1 階の微分しか含んでいない．したがって，微分方程式に直接立ち向かうよりも変分法に頼るほうが，一般には計算が楽なのである．しかも，以下にでてくる変分の式 (4.5) や (4.23) を眺めていると，どんな変換が有効であるか，だんだんとわかってくるようになる．

1. Hermite の多項式

これは §3 ですでに扱ったが，Hermite 多項式 $H_n(x)$ は，微分方程式

$$\left[\frac{\mathrm{d}}{\mathrm{d}x^2} - 2\gamma^2 x \frac{\mathrm{d}}{\mathrm{d}x} + 2\gamma^2 n\right] H_n(\gamma x) = 0$$

$$n = 0, 1, 2, \cdots \tag{4.1}$$

を満たす．

$$\phi_n(x) \equiv \frac{1}{\sqrt{2^n n! \sqrt{\pi}}} \exp\left(-\frac{1}{2}x^2\right) H_n(x) \tag{4.2}$$

を作ると，これは規格化直交条件

$$\int_{-\infty}^{\infty} \mathrm{d}x\, \phi_n(x)\phi_m(x) = \delta_{n,m} \tag{4.3}$$

を満たす.

Hermite 多項式を,

$$\exp(-\lambda^2 + 2\lambda x) = \sum_{n=0}^{\infty} \frac{\lambda^n}{n!} H_n(x) \tag{4.4}$$

で定義することもある. この式の左辺を, Hermite 多項式の母関数という.
これはまた,

$$\exp-(\lambda - x)^2 = \sum_{n=0}^{\infty} \frac{\lambda^n}{n!} H_n(x)\exp(-x^2) \tag{4.4'}$$

と書いておいてもよい. この式の右辺の各項は, $x \to \pm\infty$ で常に 0 になる.

量

$$I(\mathrm{Hermite}) \equiv \int_{-\infty}^{\infty} \mathrm{d}x\, \exp(-\gamma^2 x^2)\Bigg[(u'(x))^2 + \alpha(x)u(x)u'(x)$$

$$+ \left\{ \frac{1}{2}\alpha'(x) - \gamma^2 x\alpha(x) - 2\gamma^2 n \right\} u^2(x) \Bigg] \tag{4.5}$$

は $\alpha(x)$ が何であっても, $u(x)$ が Hermite の多項式であるとき, 停留値を
とる. $n = 0, 1, 2, \cdots$ である.

2. Legendre の多項式

微分方程式

$$\left[(1-x^2)\frac{\mathrm{d}^2}{\mathrm{d}x^2} - 2x\frac{\mathrm{d}}{\mathrm{d}x} + \ell(\ell+1) \right] P_\ell(x) = 0$$

$$\ell = 0, 1, 2, \cdots \qquad |x| \le 1 \tag{4.6}$$

を満たす解のうち, $|x|=1$ で発散しない解を第 1 種の Legendre 多項式とい
う. 規格化直交条件

$$\int_{-1}^{1} \mathrm{d}x\, P_\ell(x)P_m(x) = \frac{2}{2\ell+1}\delta_{\ell,m} \tag{4.7}$$

を満たすものがよく使われる. これはすでに VIII 章の散乱の議論でみたと
ころである. 母関数は,

$$\{1-2\lambda x+\lambda^2\}^{-\frac{1}{2}} = \sum_{\ell=0}^{\infty} \lambda^\ell P_\ell(x) \tag{4.8}$$

である．この場合にも，Hermite の多項式のときと同じようにして，

$$I(\text{Legendre}) \equiv \int_{-1}^{1} \mathrm{d}x (1-x^2)$$

$$\times \Bigg[(u'(x))^2 + \alpha(x) u(x) u'(x)$$

$$+ \left\{ \frac{1}{2}\alpha'(x) - \frac{x}{1-x^2}\alpha(x) - \frac{\ell(\ell+1)}{2(1-x^2)} \right\} u^2(x) \Bigg] \tag{4.9}$$

を作ると，$\alpha(x)$ が何であっても，これに停留値をもたせるのは Legendre の多項式である．

　Legendre の多項式と深い関係にある，随伴 Legendre 多項式というのも，物理学にはよく出てくる．それは，

$$P_\ell^m(x) \equiv (1-x^2)^{\frac{1}{2}|m|} \frac{\mathrm{d}^{|m|}}{\mathrm{d}x^{|m|}} P_\ell(x) \tag{4.10}$$

で定義される．この多項式が満たす微分方程式は，

$$\left[(1-x^2)\frac{\mathrm{d}^2}{\mathrm{d}x^2} - 2x\frac{\mathrm{d}}{\mathrm{d}x} + \left\{ \ell(\ell+1) - \frac{m^2}{1-x^2} \right\} \right] P_\ell^m(x) = 0 \tag{4.11}$$

で，直交関係

$$\int_{-1}^{1} \mathrm{d}x\, P_\ell^m(x) P_{\ell'}^{m'}(x) = \frac{2}{2\ell+1} \frac{(\ell-|m|)!}{(\ell+|m|)!} \delta_{\ell,\ell'} \delta_{m,m'} \tag{4.12}$$

を満たすものがよく使われる．停留値をとるのは，

$$I(\text{A Legendre}) = \int_{-1}^{1} \mathrm{d}x (1-x^2)$$

$$\times \Bigg[(u'(x))^2 + \alpha(x) u(x) u'(x)$$

$$+ \left\{ \frac{1}{2}\alpha'(x) - \frac{x}{1-x^2}\alpha(x) - \frac{\ell(\ell+1)}{1-x^2} + \frac{m^2}{(1-x^2)^2} \right\} u^2(x) \Bigg]$$

$$\tag{4.13}$$

となり，やや複雑である．

変数変換の容易であることを示すために，たとえば，

$$x = \cos \theta \tag{4.14}$$

とすると，

$$\frac{\mathrm{d}}{\mathrm{d}x} = -\frac{1}{\sin \theta} \frac{\mathrm{d}}{\mathrm{d}\theta} \tag{4.15}$$

であり，2階微分は必要ない．すると式 (4.13) は，

$$I(\text{A Legendre}) = \int_0^\pi \mathrm{d}\theta \sin \theta \left[\left(\frac{\mathrm{d}u}{\mathrm{d}\theta} \right)^2 - \alpha \sin \theta u \frac{\mathrm{d}u}{\mathrm{d}\theta} \right.$$
$$\left. - \left\{ \frac{1}{2} \frac{\mathrm{d}\alpha}{\mathrm{d}\theta} \sin \theta + \alpha \cos \theta + \ell(\ell+1) - \frac{m^2}{\sin^2 \theta} \right\} u^2 \right] \tag{4.13'}$$

となる．

VII 章に出てきた角運動量の固有関数は，実は，

$$Y_\ell^m(\theta, \phi) \equiv (-1)^{\frac{m+|m|}{2}} \left[\frac{2\ell+1}{4\pi} \frac{(\ell-|m|)!}{(\ell+|m|)!} \right]^{\frac{1}{2}} P_\ell^m(\cos \theta) e^{im\phi} \tag{4.16}$$

であった．これは球関数とよばれ，微分方程式

$$\left[\frac{\partial^2}{\partial \theta^2} + \frac{\cos \theta}{\sin \theta} \frac{\partial}{\partial \theta} + \frac{1}{\sin^2 \theta} \frac{\partial^2}{\partial \phi^2} - \ell(\ell+1) \right] Y_\ell^m(\theta, \phi) = 0 \tag{4.17a}$$

および

$$\left[i \frac{\partial}{\partial \phi} + m \right] Y_\ell^m(\theta, \phi) = 0$$
$$m = -\ell, -\ell+1, \cdots, \ell-1, \ell \tag{4.17b}$$

を満たす．規格化直交条件は，

$$\int_0^\pi \mathrm{d}\theta \sin \theta \int_0^{2\pi} \mathrm{d}\phi \, Y_{\ell'}^{m'*}(\theta, \phi) Y_\ell^m(\theta, \phi) = \delta_{\ell,\ell'} \delta_{m,m'} \tag{4.18}$$

となる．

3. Laguerre の多項式

量子力学において，水素原子のエネルギーの準位を求めるときに出てくるのが，Laguerre の多項式である．基本になる微分方程式は，

$$\left[\frac{\mathrm{d}^2}{\mathrm{d}x^2}+\left(\frac{1}{x}-\gamma\right)\frac{\mathrm{d}}{\mathrm{d}x}+n\frac{\gamma}{x}\right]L_n(\gamma x)=0$$

$$n=0,1,2,\cdots \tag{4.19}$$

だが，これを特別の場合として含む Laguerre の陪多項式の方程式

$$\left[\frac{\mathrm{d}^2}{\mathrm{d}x^2}+\left(\frac{1+m}{x}-\gamma\right)\frac{\mathrm{d}}{\mathrm{d}x}+(n-m)\frac{\gamma}{x}\right]L_n^m(\gamma x)=0$$

$$n=0,1,2,\cdots \qquad n\ge m \tag{4.19'}$$

を考えるほうが便利である．

この多項式の母関数は，

$$\frac{(-\lambda)^m}{(1-\lambda)^{m+1}}\exp\left\{-\frac{\lambda}{1-\lambda}x\right\}=\sum_{n=m}^{\infty}\frac{\lambda^n}{n!}L_n^m(x) \tag{4.20}$$

で，直交関係は，

$$\int_0^\infty \mathrm{d}x\, x^m e^{-x}L_n^m(x)L_{n'}^m(x)=\frac{(n!)^3}{(n-m)!}\delta_{n,n'} \tag{4.21}$$

である．このとき，漸近形は，

$$L_n^m(x)\to\frac{(n+m)!}{n!}(-x)^n \qquad |x|\to 0 \tag{4.22}$$

で与えられる．

Laguerre の陪多項式は，任意の $\alpha(x)$ に対して，

$$I(\text{B Legendre})\equiv\int_0^\infty \mathrm{d}x\, x^{m+1}e^{-\gamma x}\bigg[(u'(x))^2+\alpha(x)u(x)u'(x)$$

$$+\left\{\frac{1}{2}\alpha'(x)+\frac{1}{2}\alpha(x)\left(\frac{1+m}{x}-\gamma\right)-\frac{\gamma(n-m)}{x}\right\}u^2(x)\bigg]$$

$$\tag{4.23}$$

を停留値にする．特に，

$$\alpha(x)=0 \tag{4.24}$$

と選ぶと，

$$I=\int_0^\infty \mathrm{d}x\, x^{m+1}e^{-\gamma x}\left[(u'(x))^2-\gamma\frac{n-m}{x}u^2(x)\right] \tag{4.25}$$

となる．水素原子のエネルギー準位の計算には，

$$\alpha(x) = \frac{2\ell}{x} - \gamma \qquad m = 2\ell + 1 \tag{4.26}$$

とおいたときの

$$I = \int_0^\infty \mathrm{d}x \, x^{m+1} e^{-\gamma x} \Big[u'^2 + \Big(\frac{2\ell}{x} - \gamma \Big) uu'$$

$$+ \Big\{ \frac{1}{2}\gamma^2 - \gamma \frac{n}{x} + \frac{\ell(\ell+1)}{x^2} \Big\} u^2 \Big] \tag{4.27}$$

が役に立つ．その計算は後で考える．

4. Tschebyscheff 多項式

Tschebyscheff の方程式

$$\Big[(1-x^2)\frac{\mathrm{d}^2}{\mathrm{d}x^2} - x\frac{\mathrm{d}}{\mathrm{d}x} + n^2 \Big] u(x) = 0 \tag{4.28}$$

には，2 組の互いに独立な解があり，それぞれ $T_n(x), U_n(x)$ $(n=0,1,2,\cdots)$ と表す．

$$T_n(x) = n \text{ 次の多項式}$$

$$\frac{U_{n+1}(x)}{\sqrt{1-x^2}} \equiv Q_n(x) = n \text{ 次の多項式}$$

で，$T_n(x)$ と $Q_n(x)$ を，それぞれ第 1 種，第 2 種の Tschebyscheff 多項式とよぶ．母関数は，

$$\frac{1-\lambda x}{1-2\lambda x+\lambda^2} = \sum_{n=0}^\infty \lambda^n T_n(x) \qquad |\lambda| \le 1 \tag{4.29a}$$

$$\frac{1}{1-2\lambda x+\lambda^2} = \sum_{n=0}^\infty \lambda^n Q_n(x) \qquad |\lambda| \le 1 \tag{4.29b}$$

である．また，特別な点における値は，

$$T_n(1) = 1 \qquad T_n(-1) = (-1)^n \tag{4.30a}$$

$$T_{2n}(0) = (-1)^n \qquad T_{2n+1}(0) = 0 \tag{4.30b}$$

$$U_n(1) = 0 \qquad U_n(-1) = 0 \tag{4.31a}$$

$$U_{2n}(0) = 0 \qquad U_{2n+1}(0) = (-1)^n \tag{4.31b}$$

で，直交条件は，

$$\int_{-1}^{1} dx \frac{1}{\sqrt{1-x^2}} T_n(x) T_m(x) = \begin{cases} 0 & n \neq m \\ \dfrac{1}{2}\pi & n = m \neq 0 \\ \pi & n = m = 0 \end{cases} \qquad (4.32)$$

$$\int_{-1}^{1} dx \frac{1}{\sqrt{1-x^2}} U_n(x) U_m(x) = \begin{cases} 0 & n \neq m \\ \dfrac{1}{2}\pi & n = m \neq 0 \\ 0 & n = m = 0 \end{cases} \qquad (4.33)$$

で与えられる.

$$T_n(x) = \frac{1}{2}[(x+i\sqrt{1-x^2})^n + (x-i\sqrt{1-x^2})^n] \qquad (4.34)$$

$$U_n(x) = \frac{1}{2}[(x+i\sqrt{1-x^2})^n - (x-i\sqrt{1-x^2})^n] \qquad (4.35)$$

という表現もときどき使われる.

Tschebyscheff の多項式で,停留値をとるのは,

$$I(\text{Tschebyscheff}) = \int_{-1}^{1} dx \sqrt{1-x^2} \Bigg[(u'(x))^2 + \alpha(x) u(x) u'(x)$$
$$+ \left\{ \frac{1}{2}\left(\alpha'(x) - \frac{x}{1-x^2}\alpha(x) \right) - \frac{n^2}{\sqrt{1-x^2}} \right\} u^2(x) \Bigg]$$
$$(4.36)$$

$\alpha(x)$ はここでも全く任意である.

5. Bessel 関数

微分方程式

$$\left[x^2 \frac{d^2}{dx^2} + x\frac{d}{dx} + (\gamma^2 x^2 - n^2) \right] u(\gamma x) = 0 \qquad (4.37)$$

には,通常 $J_n(\gamma x)$, $N_n(\gamma x)$ と書かれる互いに独立な 2 種類の解があり,こ
れらは Bessel 関数とよばれる. 母関数は,n が整数の場合,

$$\exp\left[\frac{x}{2}\left(\lambda - \frac{1}{\lambda} \right) \right] = \sum_{n=-\infty}^{\infty} \lambda^n J_n(x) \qquad (4.38)$$

である.

物理によく出てくるのは，n が半整数のとき $n=\ell+1/2$ で，

$$j_\ell(x) \equiv \sqrt{\frac{\pi}{2x}} J_{\ell+\frac{1}{2}}(x) \tag{4.39}$$

$$n_\ell(x) \equiv \sqrt{\frac{\pi}{2x}} N_{\ell+\frac{1}{2}}(x) \tag{4.40}$$

を，それぞれ第 1 種，第 2 種の球 Bessel 関数とよぶ. これらは微分方程式

$$\left[x^2\frac{\mathrm{d}^2}{\mathrm{d}x^2}+2x\frac{\mathrm{d}}{\mathrm{d}x}+\{\gamma^2x^2-\ell(\ell+1)\}\right]u(\gamma x) = 0 \qquad \ell = 0, 1, 2, \cdots \tag{4.41}$$

を満たす.

球 Bessel 関数は，初等関数で表現でき，

$$j_\ell(x) = (-1)^\ell(2x)^\ell\frac{\mathrm{d}^\ell}{\mathrm{d}(x^2)^\ell}\left(\frac{\sin x}{x}\right) \tag{4.42}$$

$$n_\ell(x) = (-1)^{\ell+1}(2x)^\ell\frac{\mathrm{d}^\ell}{\mathrm{d}(x^2)^\ell}\left(\frac{\cos x}{x}\right) \tag{4.43}$$

である. 漸近形は $x\to0$ で，

$$j_\ell(x) \to \frac{x^\ell}{(2\ell+1)!!} \tag{4.42'}$$

$$n_\ell(x) \to -\frac{(2\ell-1)!!}{x^{\ell+1}} \tag{4.43'}$$

$x\to\infty$ で，

$$j_\ell(x) \to \frac{1}{x}\sin\left\{x-\frac{1}{2}\ell\pi\right\} \tag{4.42''}$$

$$n_n(x) \to -\frac{1}{x}\cos\left\{x-\frac{1}{2}\ell\pi\right\} \tag{4.43''}$$

である. これらは VIII 章の散乱問題で使った.

$$I(\text{Spherical Bessel}) \equiv \int_0^\infty \mathrm{d}x\, x^2\left[(u'(x))^2+\alpha(x)u(x)u'(x)\right.$$

$$+\left\{\frac{1}{2}\alpha'(x)+\frac{\alpha(x)}{x}+\left(\frac{\ell(\ell+1)}{x^2}-1\right)\right\}u^2(x)\right]$$

$$(4.44)$$

は, $u(x)$ が球 Bessel 関数のとき停留値をとる.

§5. 水素原子のエネルギー準位

§4 では, ある種の微分方程式を, 大急ぎで変分の形に直した. 数学的に厳密な, 解の存在条件などはいちいち書かなかったが, そのような点に興味があれば, 寺沢寛一 "自然科学者のための数学概論" (岩波書店, 1954) などを参照されたい.

ここで, 量子力学における水素原子のエネルギー準位を求めるという問題を, 変分法を用いて考えてみよう.

この問題は,

$$\left[-\frac{\hbar^2}{2\mu}\nabla^2-\frac{Ze^2}{r}\right]\psi(x)=E\psi(x) \qquad (5.1)$$

という固有値問題を解き, 固有値 E を求めることである. ここで μ は, 原子核の質量 M と電子の質量 m の換算質量で,

$$\frac{1}{\mu}=\frac{1}{M}+\frac{1}{m} \qquad (5.2)$$

で与えられる. Ze は原子核の電荷で, 電子のそれは $-e$ である.

固有値問題 (5.1) は,

$$I=\int_{-\infty}^{\infty}\mathrm{d}^3x\left[\nabla\psi^*(x)\nabla\psi(x)-\frac{2\mu}{\hbar^2}\left(E+\frac{Ze^2}{r}\right)\psi^*(x)\psi(x)\right] \qquad (5.3)$$

$$=\int_0^\pi\mathrm{d}\theta\sin\theta\int_0^{2\pi}\mathrm{d}\phi\int_0^{2\pi}\mathrm{d}r\,r^2\left[\frac{\partial\psi^*}{\partial r}\frac{\partial\psi}{\partial r}+\frac{1}{r^2}\frac{\partial\psi^*}{\partial\theta}\frac{\partial\psi}{\partial\theta}\right.$$

$$\left.+\frac{1}{r^2\sin^2\theta}\frac{\partial\psi^*}{\partial\phi}\frac{\partial\psi}{\partial\phi}-\frac{2\mu}{\hbar^2}\left(E+\frac{Ze^2}{r}\right)\psi^*\psi\right] \qquad (5.3')$$

の停留値を求めることと同等である. 事実 (5.3) の Euler-Lagrange の方程式を作ってみると, 式 (5.1) が得られる. 式 (5.3) から (5.3') へいくには, 極座標に直し,

$$\frac{\partial}{\partial x} = \sin\theta\cos\phi\frac{\partial}{\partial r} + \frac{\cos\theta\cos\phi}{r}\frac{\partial}{\partial\theta} - \frac{\sin\phi}{r\sin\theta}\frac{\partial}{\partial\phi} \tag{5.4a}$$

$$\frac{\partial}{\partial y} = \sin\theta\sin\phi\frac{\partial}{\partial r} + \frac{\cos\theta\sin\phi}{r}\frac{\partial}{\partial\theta} + \frac{\cos\phi}{r\sin\theta}\frac{\partial}{\partial\phi} \tag{5.4b}$$

$$\frac{\partial}{\partial z} = \cos\theta\frac{\partial}{\partial r} - \frac{\sin\theta}{r}\frac{\partial}{\partial\theta} \tag{5.4c}$$

を用いればよい．2 階微分は必要ない．

いま，変数 r と θ, ϕ とが分離し，

$$\psi = R(r)Y(\theta,\phi) \tag{5.5}$$

という形に書くことができたとすると，式 (5.3') は，

$$I = \int_0^\pi \mathrm{d}\theta\sin\theta\int_0^{2\pi}\mathrm{d}\phi\int_0^\infty\mathrm{d}r\, r^2\left[\frac{\mathrm{d}R}{\mathrm{d}r}\frac{\mathrm{d}R}{\mathrm{d}r}\,|Y|^2 + \frac{1}{r^2}R^2\frac{\partial Y^*}{\partial\theta}\frac{\partial Y}{\partial\theta}\right.$$
$$\left. + \frac{1}{r^2\sin^2\theta}R^2\frac{\partial Y^*}{\partial\phi}\frac{\partial Y}{\partial\phi} - \frac{2\mu}{\hbar^2}\left(E + \frac{Ze^2}{r}\right)R^2|Y|^2\right] \tag{5.6}$$

となる．

演習問題 11 によると，Y を，

$$\int_0^\pi \mathrm{d}\theta\sin\theta\int_0^{2\pi}\mathrm{d}\phi\, Y_\ell^{m*}(\theta,\phi)Y_\ell^m(\theta,\phi) = 1 \tag{5.7}$$

と規格化したとき，I は，

$$I = \int_0^\infty \mathrm{d}r\, r^2\left[\left(\frac{\mathrm{d}R}{\mathrm{d}r}\right)^2 - \frac{2\mu}{\hbar^2}\left(E + \frac{Ze^2}{r}\right)R^2 + \frac{\ell(\ell+1)}{r^2}R^2\right] \tag{5.8}$$

$$= \frac{Z}{a_0}\int_0^\infty \mathrm{d}x\, x^2\left[\left(\frac{\mathrm{d}R}{\mathrm{d}x}\right)^2 + \left(\lambda - \frac{2}{x} + \frac{\ell(\ell+1)}{x^2}\right)R^2\right] \tag{5.8'}$$

となる．式 (5.8) から (5.8') へいくには，スケールを変えて，

$$x \equiv \frac{Ze^2\mu}{\hbar^2}r \equiv \frac{Z}{a_0}r \tag{5.9a}$$

$$\lambda \equiv -\frac{a_0^2}{Z^2}\frac{2\mu}{\hbar^2}E \tag{5.9b}$$

とおいただけである．

式 (5.8) は，ほとんど前の式 (4.27) の形に近いが，まだ完全には同じで

はない. もう一息である. そこで,

$$R = x^\ell \exp\left(-\frac{1}{2}\gamma x\right) u(x) \tag{5.10}$$

とおくと,

$$\frac{dR}{dx} = x^\ell \exp\left(-\frac{1}{2}\gamma x\right)\left(\frac{d}{dx} + \frac{\ell}{x} - \frac{1}{2}\gamma\right)u \tag{5.10'}$$

したがって,

$$
\begin{aligned}
I &= \frac{Z}{a_0}\int_0^\infty dx\, x^{2\ell+2}\exp(-\gamma x)\left[\left(\frac{d}{dx} + \frac{\ell}{x} - \frac{\gamma}{2}\right)u\left(\frac{d}{dx} + \frac{\ell}{x} - \frac{\gamma}{2}\right)u \right.\\
&\qquad \left. + \left(\lambda - \frac{2}{x} + \frac{\ell(\ell+1)}{x^2}\right)u^2\right]\\
&= \frac{Z}{a_0}\int_0^\infty dx\, x^{2\ell+2}\exp(-\gamma x)\left[(u')^2 + \left(\frac{2\ell}{x} - \gamma\right)uu' \right.\\
&\qquad \left. + \left\{\frac{1}{4}\gamma^2 + \lambda - (\gamma\ell+2)\frac{1}{x} + \frac{2\ell^2+\ell}{x^2}\right\}u^2\right]
\end{aligned}
\tag{5.11}
$$

となり,

$$\gamma\ell + 2 = \gamma n \quad \therefore \quad \gamma = \frac{2}{n-\ell} \tag{5.12a}$$

$$\frac{1}{4}\gamma^2 + \lambda = \frac{1}{2}\gamma^2 \quad \therefore \quad \lambda = \left(\frac{1}{n-\ell}\right)^2 \tag{5.12b}$$

ととると, 式 (4.27) の形になる. ここで $n=1,2,3,\cdots$ である. そこで, $n-\ell$ をあらためて n と書くと, 新しい n も,

$$n = 1, 2, 3, \cdots \tag{5.13}$$

をとり, それに対して,

$$\lambda = -\frac{a_0}{Z^2}\frac{2\mu}{\hbar^2}E = \frac{1}{n^2} \tag{5.14}$$

$$\therefore \quad E_n = -\frac{Z^2 e^2}{2a_0^2}\frac{1}{n^2} \quad n = 1, 2, 3, \cdots \tag{5.14'}$$

というよく知られた, 水素原子のエネルギー準位が得られる.

固有関数のほうは, Laguerre の陪多項式で, 式 (5.10) によって,

$$R(r) \propto \left(\frac{Z}{a_0}r\right)^\ell \exp\left(-\frac{1}{n}\frac{Z}{a_0}r\right) L_{n+\ell}^{2\ell+1}\left(\frac{Z}{a_0}r\right) \tag{5.15}$$

となる．比例定数は規格化条件によって決まる．固有関数は，指数関数のために，r が大きなところでうまい具合に 0 に近づく．これは，電子が核から遠いところに見いだされる確率が少ないことを表している．水素原子では，電子は核の近くに束縛されているはずだからである（核のまわりを回っているかどうかはここでは直接見えないが，角運動量 ℓ がはいっているから，"回っている"予想はつく）．

水素原子の場合は，Laguerre のおかげで正確に問題が解けた．こんな幸運はめったになく，たいていの問題では，なんらかの近似を使わなければならない．変分法を用いて固有値問題を近似的に解くことについては，§7 で考える．

変分法を使って固有値問題を解く方法は，前にもいったように，変数変換がやさしいという利点がある．では，どのような変換をすればよいかという問題は，もちろん扱っている物理系の対称性などが目安になる．たとえば，中心力ポテンシャルを扱う問題では，一般に座標 x, y, z よりも，球面極座標 r, θ, ϕ のほうが便利である．

そのほか，束縛状態を取り扱うなら，固有関数は遠方で 0 にならなければならないから，$\exp(-i\gamma r)$ の指数関数や $\exp\left(-\frac{1}{2}\gamma^2 x^2\right)$ の Gauss 関数などの因子を分離することになる．式 (4.5) の Hermite の多項式や，式 (4.23) の Laguerre の多項式の変分の式を見ながら，結果ができるだけ簡単になるように工夫しなければならない．

§6. 平衡系の統計力学における変分法

物質の巨視的性質を微視的な観点から説明しようという課題では，平衡系に関するかぎり，現代の統計力学が十分よい答えを与えるといってよいと思う．巨視的な量としては，系のもつエネルギー，体積，粒子数などのような示量的な量と，圧力，温度，化学ポテンシャルのような示強的な量がある．このうち 3 個を指定すると，熱力学的関数（エントロピーとか Helmholtz の自由エネルギー）が定まり，それからいろいろな物理量が計算できる．これ

は，巨視的な古典熱力学の立場である．微視的な立場の統計力学では，3個の巨視的な量を与えたとき，微視的な確率分布関数が定まる．確率分布関数から，物理量の平均値が計算できる．実用的には熱力学と統計力学とを混然と併用することが多い（これが統計力学という学問を勉強するとき，むずかしいと感じるおもな原因ではないだろうか）．

巨視的な量を3個与えたとき，その巨視的状態を与える微視的状態は，ほとんど数え切れないくらい多数ある．それらの微視的状態が，どれだけの割合で，与えられた平衡的巨視的状態に寄与しているであろうか．それを示すのが，確率分布関数である．

では，確率分布関数はどのようにして決めるのか．それを決めるためには何か指導原理がいる．その原理とは"無知の原理"である．無知の程度を示す量として，以下に示す"S"という量を導入し，それを最大にするように決める．そのときの"S"の最大値Sが，熱力学におけるエントロピーである．「"S"を最大にする」というところで，変分法がものをいう．

まず，上にいったことを数学的に表現しなければならない．微視的状態を指定するためには，通常，位置座標と運動量で張られる位相空間を用いる．N粒子系ならば，$3N+3N=6N$次元の位相空間を考え，その中の1点を，簡単のためΓとすると，それによって各粒子がどんな位置をとり，どんな運動量をもっているかがわかる．Γは，つまり微視的状態を示す量である．たとえば巨視的に，系のもつエネルギーE，全粒子数N，体積Vが与えられたとき，微視的状態Γがその巨視的状態に寄与する確率を$f(\Gamma)$と書く．$f(\Gamma)$は確率だから，全体の微視的状態についてたしあわせると1になっているはずで，

$$\sum_{\Gamma} f(\Gamma) = 1 \tag{6.1}$$

である（つまり，Γはサイコロの目にあたる）．この確率分布関数$f(\Gamma)$は，系の力学的構造にもよるだろうし，われわれの無知の程度にもよる．力学的構造を表現するには，いままで何度もいったように，運動方程式などは不十分で，たった1つの量 Lagrangian か Hamiltonian を使うのがいちばんよい．

無知の程度を示す量として，

$$"S" \equiv -k_B \sum_{\Gamma} f(\Gamma) \ln f(\Gamma) \tag{6.2}$$

を導入する（k_B はある定数．統計力学では k_B は Boltzmann の定数）．$f(\Gamma)$ は確率だから，常に 1 より小さい正数，したがって式（6.2）は正の量である．もしわれわれが，どの微視的状態に系があるのかを知っていると，たとえばたった 1 つの微視的状態に系があり，すべての他の状態にある確率が 0 ならば，容易にわかるように，式（6.2）は 0 になる．寄与する微視的状態の数が増えるに従ってわれわれの無知の度合いは高くなり，式（6.2）は増えていく．どの微視的状態が寄与するのか全然わからなくなったとき，つまりすべての微視的状態が等しく寄与するとき，式（6.2）は最大になる．

以上のことを変分法で取り扱うためには，式（6.1）の条件を考慮するために，Lagrange の未定係数 λ を使って，

$$"S" \equiv -k_B\left[\sum_{\Gamma} f(\Gamma) \ln f(\Gamma) + \lambda\left\{\sum_{\Gamma} f(\Gamma) - 1\right\}\right] \tag{6.2'}$$

と書き直し，それを最大にするように $f(\Gamma)$ を定める．両辺の変分をとると，

$$\delta "S" = -k_B\left[\sum_{\Gamma} (\ln f(\Gamma) + 1 + \lambda)\delta f(\Gamma)\right] - k_B \delta\lambda\left(\sum_{\Gamma} f(\Gamma) - 1\right) \tag{6.3}$$

$"S"$ が最大値をとるのは，全く勝手な $\delta f(\Gamma)$ と $\delta\lambda$ に対して，式（6.3）が 0 となるとき（必要条件）で，

$$\ln f(\Gamma) + 1 + \lambda = 0 \tag{6.4}$$

$$\sum_{\Gamma} f(\Gamma) = 1 \tag{6.4'}$$

したがって，式（6.4）から，確率分布関数は，微視的状態によらず，

$$f(\Gamma) = \exp\{-(1+\lambda)\} \tag{6.5}$$

であることがわかる（完全無知状態）．

λ を決めるためには，式（6.5）を（6.4'）に代入してやればよい．エネルギーが E と $E+\delta E$ の間にあり，体積 V，粒子数 N をもった微視的状態の数を $W(N, E, V, \delta E)$ とすると，式（6.5）と（6.4'）から，

$$f(\Gamma) = \exp\{-(1+\lambda)\} = \frac{1}{W(N, E, V, \delta E)} \tag{6.6}$$

となる（サイコロの面の数が 6 個，したがって各面のもつ確率は全部等しく，
1/6 であるのと全く同じ）．W は微視的状態の数で，全系の Hamiltonian が
与えられていれば，原理的に計算できる量である．そして，そのときの "S"
の最大値 S は，

$$S = -k_B \sum_{\Gamma} \frac{1}{W} \ln \frac{1}{W} = k_B \ln W(N, E, V, \delta E) \tag{6.7}$$

となる．これが，Boltzmann-Planck の，巨視的量と微視的量を結びつける
画期的な関係式である．式（6.7）から，熱力学の助けを借りて温度とか圧力
などが計算できる．以上がいわゆる，小正準集合の理論である．

正準集合の理論も，全く同様に定式化することができる．ただしこの場合
には，巨視的状態は，粒子数 N，エネルギー E，体積 V ではなく，粒子数 N，
エネルギーの平均値 $\langle E \rangle_c$，体積 V を指定する．つまりこの場合には，式
（6.1）に加え，

$$\langle E \rangle_c = \sum_{\Gamma} E(\Gamma) f_c(\Gamma) \tag{6.8}$$

をも条件として，式（6.2）を最大にする．すなわち，

$$\text{"}S\text{"} = -k_B \sum_{\Gamma} f_c(\Gamma) \ln f_c(\Gamma) - k_B \lambda \left\{ \sum_{\Gamma} f_c(\Gamma) - 1 \right\}$$

$$- k_B \beta \left\{ \sum_{\Gamma} E(\Gamma) f_c(G) - \langle E \rangle_c \right\} \tag{6.9}$$

を最大にする．変分

$$\delta\text{"}S\text{"} = -k_B \sum_{\Gamma} \delta f_c(\Gamma) \{ \ln f_c(\Gamma) + 1 + \lambda + \beta E(\Gamma) \}$$

$$- k_B \delta\lambda \left\{ \sum_{\Gamma} f_c(\Gamma) - 1 \right\} - k_B \delta\beta \left\{ \sum_{\Gamma} E(\Gamma) f_c(G) - \langle E \rangle_c \right\} \tag{6.10}$$

を 0 とおくことにより，

$$\ln f_c(\Gamma) = -1 - \lambda - \beta E(\Gamma) \tag{6.11a}$$

$$\sum_{\Gamma} f_c(\Gamma) = 1 \tag{6.11b}$$

$$\sum_{\Gamma} E(\Gamma) f_c(\Gamma) = \langle E \rangle_c \tag{6.11c}$$

が得られる．このとき式（6.2）が最大値をとる．

$$\exp\{-(1+\lambda)\} \equiv \frac{1}{Z_c} \tag{6.12}$$

とおくと，式（6.11a）より，

$$f_c(\Gamma) = \frac{1}{Z_c}\exp\{-\beta E(\Gamma)\} \tag{6.13}$$

かつ，式（6.11b）より，

$$Z_c = \sum_{\Gamma}\exp\{-\beta E(\Gamma)\} \tag{6.14}$$

が得られる．式（6.11c）からは，

$$\langle E \rangle_c = \frac{1}{Z_c}\sum_{\Gamma} E(\Gamma)\exp\{-\beta E(\Gamma)\} = -\frac{\partial}{\partial \beta}\ln Z_c \tag{6.15}$$

となり，温度の逆数 β とエネルギーの平均値との関係が得られる（通常は，β を先に与えられたものとして，エネルギーの平均値を計算するのに式（6.15）を使う）．

$f_c(\Gamma)$ が式（6.13）のように決まると，それを式（6.9）に代入したとき，正準集合の理論におけるエントロピーは，

$$S_c = k_B\left\{1-\beta\frac{\partial}{\partial \beta}\right\}\ln Z_c \tag{6.16}$$

となる．

以上が正準集合の理論である．他の集合理論も同じだからこのあたりで止めておくが，最後に2つだけ注意しておくと：エントロピーを最大にするだけが能ではないということである．たとえば正準集合の理論において，Helmholtz の自由エネルギー

$$"F" = \sum_{\Gamma} f_c(\Gamma)\left\{E(\Gamma)+\frac{1}{\beta}\ln f_c(\Gamma)\right\} \tag{6.17}$$

を最少にするように確率分布関数を決めてもよい．これは演習問題にしておく．

　非平衡系へ統計力学を拡張するには，式 (6.2) のような，時間に依存しない確率分布関数を考えるだけではたりないことは明らかである．確率分布関数の時間的変化を，変分原理に折り込まなければならない．それには何か物理的な原理が必要であるが，いまのところ万人が納得するようなものは提出されていない．

§7. 近似方法としての変分法

　正確に解くことができる固有値問題は，数が限られている．そこで，変分法を，近似解を求めるために使うことを考えよう．話を具体的にするために，§3 で扱った調和振動子の固有値問題 (3.8)

$$I \equiv \frac{1}{2}\int_{-\infty}^{\infty}\mathrm{d}x\left\{\left(\frac{\mathrm{d}\psi(x)}{\mathrm{d}x}\right)^2+\omega^2x^2\psi^2(x)-2E\psi^2(x)\right\}+E \qquad (7.1)$$

に戻ろう．ただし式 (7.1) では，右辺に E が加えてある．これは意味深長である．この項は，実は関数 $\psi(x)$ の規格化を正しく考慮する役割をする．それをみるためには，E を Lagrange の未定係数と考えて，式 (7.1) の E による変分を 0 とおいてやればよい．§3 でみたように，この量の ψ についての変分を 0 とおくと，もとの固有値問題 (3.7) が再現される．そして，I の停留値は，このとき E となる．

　この場合は正確な解がわかっているが，いまはそれを知らないとしよう．あてずっぽうに，

$$\psi_0(x) \equiv A\exp\left(-\frac{1}{2}\gamma^2x^2\right) \qquad (7.2)$$

とおき，これを式 (7.1) に代入して，I が停留値をとるように γ を決めてみる．I は代入の結果，

$$I = \frac{1}{2}A^2\int_{-\infty}^{\infty}\mathrm{d}x\exp(-\gamma^2x^2)\{(\gamma^4+\omega^2)x^2-2E\}+E \qquad (7.3)$$

となるから，積分公式

$$\int_{-\infty}^{\infty}\mathrm{d}x\exp(-\gamma^2x^2) = \frac{\sqrt{\pi}}{\gamma} \qquad (7.4\mathrm{a})$$

$$\int_{-\infty}^{\infty} \mathrm{d}x \, x^2 \exp(-\gamma^2 x^2) = \frac{1}{2\gamma^2} \frac{\sqrt{\pi}}{\gamma} \tag{7.4b}$$

を使うと,

$$I = \frac{1}{2} A^2 \frac{\sqrt{\pi}}{\gamma} \left\{ \frac{1}{2\gamma^2} (\gamma^4 + \omega^2) - 2E \right\} + E \tag{7.5}$$

が得られる. これが停留値（この場合は最小値）をとるのは,

$$\frac{\partial I}{\partial A^2} = \frac{\sqrt{\pi}}{4\gamma} \left\{ \frac{1}{\gamma^2} (\gamma^4 + \omega^2) - 4E \right\} = 0 \tag{7.6a}$$

$$\frac{\partial I}{\partial \gamma} = A^2 \frac{\sqrt{\pi}}{2\gamma^2} \left\{ \frac{1}{2} \left(\gamma^2 - \frac{3\omega^2}{\gamma^2} \right) + 2E \right\} = 0 \tag{7.6b}$$

$$\frac{\partial I}{\partial E} = -A^2 \frac{\sqrt{\pi}}{\gamma} + 1 = 0 \tag{7.6c}$$

が満たされるときである. A^2 は式（7.6c）により 0 ではないから,

$$\gamma^2 = \omega \tag{7.7}$$

$$E = \frac{1}{2} \omega \tag{7.8}$$

と決まる. 式（7.6c）から, あてずっぽうの関数（7.2）を規格化する A^2 は決まり,

$$A^2 = \sqrt{\frac{\omega}{\pi}} \tag{7.9}$$

となる.

　ここで決まったエネルギー（7.8）は, 正しいエネルギー（3.13）の $n=0$ とおいたものである. そしてこの固有値をもつ固有関数は, 上の議論によると,

$$\phi_0(x) = \left(\frac{\omega}{\pi} \right)^{\frac{1}{4}} \exp \left(-\frac{1}{2} \gamma^2 x^2 \right) \tag{7.10}$$

で, これも式（3.14）の $n=0$ の場合に一致している.

　ここでやったことを復習すると, 次のようになる. もとの固有値問題は, 式（7.1）の変分を 0 とおくことと同等である. そこで, 2 つの未知のパラメーター A と γ をもった, あてずっぽうの関数（これを"試し関数"とよぶ）式（7.2）を仮定し, I に代入して, まずさきに積分を実行し, I をパラメータ

－A と γ の関数として表現する．その関数 (7.5) をパラメーター A と γ で微分したものを 0 とおくと，式 (7.7)，(7.8) のように，固有関数と固有値が決まる．E で変分した結果は，試し関数を正しく規格化する．

つまり，いまやったことは，全く任意の変分を考えるかわりに，関数を式 (7.2) の型に制限してから変分をとったことになる．この場合，出発点にとった試し関数 (7.2) が，幸いにもよいものであったために，正確な解と一致するような結果が得られた．また，試し関数として積分が遂行できたので，上のような計算が可能であった．

もし出発点として，少々感が悪くて，式 (7.1) ではなく，

$$\phi_0(x) = A \exp\left(-\frac{1}{2}\gamma|x|\right) \tag{7.11}$$

をとり，これを式 (7.1) に代入したとすると，

$$I = A^2 \int_0^\infty dx \, \exp(-\gamma x)\left\{\omega^2 x^2 + \frac{1}{4}\gamma^2 - 2E\right\} + E \tag{7.12}$$

となる．この場合にも積分は実行できて，

$$= \frac{A^2}{\gamma}\left\{\frac{2\omega^2}{\gamma^2} + \frac{\gamma^2}{4} - 2E\right\} + E \tag{7.12'}$$

が得られる．したがって，I の停留値を求めるために，

$$\frac{\partial I}{\partial A^2} = \frac{1}{\gamma}\left\{\frac{2\omega^2}{\gamma^2} + \frac{\gamma^2}{4} - 2E\right\} = 0 \tag{7.13a}$$

$$\frac{\partial I}{\partial \gamma} = \frac{A^2}{\gamma^2}\left\{-\frac{6\omega^2}{\gamma^2} + \frac{\gamma^2}{4} + 2E\right\} = 0 \tag{7.13b}$$

$$\frac{\partial I}{\partial E} = -2\frac{A^2}{\gamma} + 1 \tag{7.13c}$$

とおくと，

$$\gamma^2 = 2\sqrt{2}\,\omega \tag{7.14a}$$

$$E = \sqrt{2}\,\omega \tag{7.14b}$$

$$A^2 = \frac{\gamma}{2} \tag{7.14c}$$

と決まる．したがって，固有関数は，

$$\phi_0(x) = \sqrt{\frac{\gamma}{2}} \exp(-\gamma |x|) \tag{7.15}$$

となる．これが，近似的固有値（7.14b）に属する近似的固有関数である．

E の固有値は，式（7.8）よりもかなり高いところに出てきた．

このように，パラメーター表示を使って変分をとるやり方では，はじめに採用した試し関数のよしあしによって，正しい固有値と固有関数が得られることもあるが，一般には固有値は，正しいものより高いところに出る．これは変分法の一般的性質で，証明可能である．その証明をしておくと：

もとの固有値が正確に解くことができ，固有関数 $u_n(x)$ が得られたとする（上の例では式（3.14））．この完全規格化直交系で，試し関数を展開すると，

$$\phi_0(x) = \sum_{n=0}^{\infty} c_n u_n(x) \tag{7.16}$$

である．これを式（7.1）に代入すると，

$$I = \frac{1}{2} \int_{-\infty}^{\infty} dx \sum_{n,m} c_n c_m \{ u_n' u_m' + (\omega^2 x^2 - 2E) u_n u_m \} + E$$

$$= \frac{1}{2} \sum_{n,m} c_n c_m (2E_n - 2E) \delta_{n,m} + E$$

$$= \sum_n c_n^2 (E_n - E) + E \tag{7.17}$$

これが最小値をとるのは，まず，

$$\frac{\partial I}{\partial E} = \sum_n c_n^2 - 1 = 0 \tag{7.18}$$

したがって，

$$E = \frac{\sum_m c_m^2 E_m}{\sum_n c_n^2} \geq \frac{\sum_m c_m^2 E_0}{\sum_n c_n^2} = E_0 \tag{7.19}$$

のときである．したがって，変分で決められた E は，正しい最低固有値 E_0 よりも必ず上に出る．最低固有値が得られるのは，偶然に，

$$\phi_0(x) = u_0(x) \tag{7.20}$$

であるときに限られる．

試し関数は勝手なものでよいが，あまりとんでもないものを選ぶと，Iの積分ができない．したがって，試し関数は，

(1) 物理的条件（境界条件など）を満たしていること

(2) Iの積分が実行できること

を基準にして選ばなければならない．

変分法は，さらに高いレベルの固有値を決めるのにも使うことができる．基底状態の試し関数 $\phi_0(x)$ が決まったならば，次にそれと直交する試し関数 $\phi_1(x)$ を仮定し，また I に代入して同じ操作をくり返せばよい．

上の調和振動子の例では，式（7.2）の次に，

$$\phi_1(x) = Bx \exp\left(-\frac{1}{2}\gamma^2 x^2\right) \tag{7.21}$$

とおき，同じようにして B と γ を決めてみると，下から2番目のエネルギー準位と固有関数が得られる（演習問題参照）．

この節では，調和振動子に例をとって話をしたが，この手法はもっと複雑な場合にももちろん応用できる．ただし，この手法にも大きな弱点がある．それは，このやり方では，はじめにとる試し関数が，どれだけ正しいものからずれているかを評価するのがむずかしいことである．摂動論のように，組織的に近似を上げていくことができない．ただし，幸いなことに，もし試し関数と正しい固有関数のずれが ε のオーダーならば，得られる固有値の正しいものからのずれは，ε^2 のオーダーになるということを，証明することができる．したがって，固有値のほうの精度は，固有関数のそれに比べてかなり高い．このことを一般的に証明して，自ら納得しておくとよい（演習問題参照）．

統計力学における変分原理，特に Helmholtz の自由エネルギー（6.12）も近似計算に利用されることがたびたびある．（拙著，統計力学入門，p.223〈新装版 p.232〉参照）

変分法は，散乱問題において，位相のずれ $\delta_\ell(k)$ の近似計算にも利用される．これを最後に議論しておこう．

§8. 散乱問題における変分法

　§6で考えた統計力学の変分法では，確率分布関数の変化に対する停留値（この場合は最大値）がエントロピーになるような量 "S" を考え，それを最大にするように確率分布関数を定めた．いいかえると，エントロピーとは，"S" という量の最大値である．

　§7では，I という量の停留値が，ちょうど固定値 E になるように固有関数を定めた．いいかえると，固有値 E は I の停留値である．

　さて，散乱問題を変分法で取り扱うには，何をどのようにすればよいのか．ここで目標とするのは，ポテンシャル $U(r)$ が与えられたとき，散乱の位相をいかに計算するかという問題である．

　そのために，§3の議論を思い出そう．散乱の位相は VIII 章の式 (6.26b)

$$k \tan \delta_\ell(k) = -\int_0^\infty \mathrm{d}r\, \mathscr{S}_\ell(kr) U(r) \chi_\ell(k, r) \tag{8.1}$$

で与えられる．ここの，$\chi_\ell(k, r)$ は VIII 章の方程式 (6.27)

$$\chi_\ell(k, r) = \mathscr{S}_\ell(kr) + \int_0^\infty \mathrm{d}r'\, G_\ell(r, r') U(r') \chi_\ell(k, r') \tag{8.2}$$

を満たす．$G_\ell(r, r')$ は Green 関数で，VIII 章の式 (6.19) で与えられ，

$$G_\ell(r, r') = G_\ell(r', r) \tag{8.3}$$

という性質をもつ．いま簡単のため，

$$A \equiv \int_0^\infty \mathrm{d}r\, U(r) \chi_\ell^2(k, r)$$

$$-\int_0^\infty \mathrm{d}r \int_0^\infty \mathrm{d}r'\, \chi_\ell(k, r) U(r) G_\ell(r, r') U(r') \chi_\ell(k, r') \tag{8.4a}$$

$$B \equiv \int_0^\infty \mathrm{d}r\, \mathscr{S}_\ell(kr) U(r) \chi_\ell(k, r) \tag{8.4b}$$

とおき，

$$I_1 \equiv A - 2B \tag{8.5}$$

を考える．$\chi_\ell(k, r)$ についてこの量の変分をとると，式 (8.3) のために，
$\delta I_1 = \delta A - 2\delta B$

$$= 2 \int_0^\infty dr\, U(r) \Big[\chi_\ell(k,r) - \int_0^\infty dr'\, G_\ell(r,r') U(r') \chi_\ell(k,r') \Big] \delta\chi_\ell(k,r)$$

$$- 2 \int_0^\infty dr\, \mathcal{S}_\ell(kr) U(r) \delta\chi_\ell(k,r)$$

$$= 2 \int_0^\infty dr\, U(r) \Big[\chi_\ell(k,r) - \mathcal{S}_\ell(kr)$$

$$- \int_0^\infty dr'\, G_\ell(r,r') U(r') \chi_\ell(k,r') \Big] \delta\chi_\ell(k,r) \tag{8.6}$$

となる. ポテンシャル $U(r)$ は与えられた関数だから, これが任意の $\delta\chi_\ell(k,r)$ に対して 0 となるならば, $\chi_\ell(k,r)$ は方程式 (8.2) を満たしていなければならない. いいかえると, 式 (8.5) の I_1 という量は, 式 (8.2) が成り立つとき停留値をとる. 式 (8.2) が成り立つならば,

$$A = B \tag{8.7}$$

したがって, I_1 の停留値は,

$$I_{\mathrm{stationary}} = -B = k \tan \delta_\ell(k) \tag{8.8}$$

である. つまり I_1 は, 方程式 (8.2) が成り立つとき停留値をとり, その停留値は式 (8.8) である.

したがって, 式 (8.5) は, 散乱問題における位相を求めるための変分法の式として利用することができる. つまり, 適当なパラメーターを含む勝手な試し関数 $\chi_\ell(k,r)$ を仮定し, それを式 (8.5) に代入し, 式 (8.5) の I_1 が停留値をとるようにパラメーターを決めると, その停留値が $k \tan \delta$ となるわけである. この場合 A と B の積分の中には, ポテンシャル $U(r)$ がはいっているから, 試し関数を作るとき, ポテンシャルが消えてしまうような遠方のふるまいはきかない.

式 (8.5) の I_1 という量は, 式 (8.2) が成り立つとき式 (8.8) によって $k \tan \delta$ になるが, 式 (8.2) が成り立っていなくても一般に $k \tan \delta$ に似たようなものであろう. このことを近似式として使うこともできる. たとえば, 式 (8.5) の $\chi_\ell(k,r)$ として $S_\ell(kr)$ を代入し, 式 (8.4a) 第2項を無視すると,

$$k \tan \delta_\ell(k) = -\int_0^\infty dr\, U(r) \mathcal{S}_\ell^2(kr) \tag{8.9}$$

となる．これは VIII 章の Born 近似の式（6.30）にほかならない．

式（8.5）の左辺の停留値が $k \tan \delta$ になるという了解のもとに，式（8.5）を単に，

$$k \tan \delta_\ell(k) = A - 2B \tag{8.10}$$

と書いてある本が多いが，ここでは概念的な問題をはっきりさせるために，あえてこの記号は避けて，

$$\text{``}k \tan \delta_\ell(k)\text{''} = A - 2B \tag{8.11}$$

と書くことにする．

散乱問題の変分法的表現は，式（8.11）とは別の形に書くこともできる．いま，

$$I_2 = \frac{B^2}{A} \tag{8.12}$$

という量を考える．これを変分すると，

$$\delta I_2 = -\frac{1}{A^2}\{2AB\delta B - B^2 \delta A\}$$

$$= -\frac{B}{A^2}\{A(2\delta B - \delta A) - (B-A)\delta A\} \tag{8.13}$$

となるから，やはり式（8.2）が成り立つ場合，

$$A = B \tag{8.14a}$$

$$\delta A = 2\delta B \tag{8.14b}$$

だから，式（8.13）の右辺は 0，つまり，I_2 は停留値をとる．その停留値は式（8.14a）により，前と同じく，

$$I_{\text{stationary}} = -B = k \tan \delta_\ell(k) \tag{8.15}$$

である．したがって，停留値が $k \tan \delta$ になるという了解のもとに，単に，

$$\text{``}k \tan \delta_\ell(k)\text{''} = -\frac{B^2}{A} \tag{8.16}$$

を，散乱問題の変分法の式と考えてよい．

この表現（8.16）は，前の式（8.5）や（8.11）と比べて，少々便利な点がある．それは，式（8.6）の右辺の分子と分母には，ともに $\chi_\ell(k, r)$ が 2 次ではいっていることである．したがって，$\chi_\ell(k, r)$ の試し関数の規格化がきか

ないので，規格化は無視してもよいからである．しかし，これにも欠点がある．それは，低エネルギー散乱を扱うために，右辺を k の "べき" に展開することができないからである．

Schwinger はそこで，式 (8.16) の分子と分母をひっくり返し，

$$\text{"}k \cot \delta_\ell(k)\text{"} = -\frac{A}{\dfrac{1}{k^2}B^2} \tag{8.17}$$

を提唱した．すぐわかるように，

$$\delta \text{"}k \cot \delta_\ell(k)\text{"} = -\frac{A}{\dfrac{1}{k^2}B^2}\{(B-A)\delta A - A(2\delta B - \delta A)\} \tag{8.18}$$

だから，式 (8.2) あるいは式 (8.14) が成り立つ場合には，やはり左辺は 0，つまり式 (8.17) の左辺が停留値をとり，その停留値は $k \cot \delta$ である．

Schwinger の表現 (8.17) は，上に述べた規格化不要の利点があり，しかも低エネルギー散乱への応用も可能である．表現 (8.17) の右辺を，k でべき展開することが可能なのである．低エネルギーでは，角運動量 $\ell = 0$ がおもな寄与をするから，通常 $\ell \neq 0$ を省略する．式 (8.17) の分子と分母を別々に k^2 のべきで展開して整理すると，むずかしくはないが，少々しんどい計算のあと，

$$\text{"}k \cot \delta_0(k)\text{"} = -\frac{1}{a} + r_0 k^2 + \cdots \tag{8.19}$$

というかたちにまとまる．a と r_0 とは原理的に計算できる量だが，これらはむしろ，低エネルギー散乱を分析するためのパラメーターとして使われることが多い．a のことを**散乱の長さ**（scattering length），また r_0 のことを**有効距離**（effective range）とよぶ．両方とも長さの次元をもっている．

これらのパラメーターが有効なのは，

$$k^2 a r_0 \ll 1 \qquad k r_0 \ll 1 \tag{8.20}$$

の範囲である．

散乱半径 a の意味を知るために，式 (8.19) の右辺第 2 項以上を無視すると，

$$\delta_0 \approx ka \tag{8.21}$$

$$\therefore \quad f = \frac{1}{2ik}\{\exp(2i\delta_0)-1\} \approx -a \tag{8.22}$$

したがって，散乱の微分断面積は VIII 章の式（3.17）により，

$$d\sigma = a^2 d\Omega \tag{8.23}$$

となる．

演 習 問 題 X

1. 方程式

$$\ddot{x}+\omega_0^2 x+\varepsilon x^3 = 0$$

を与える Lagrangian を作れ．

2. Lagrangian（2.8）から $x^{(1)}$ と $x^{(2)}$ の運動方程式を導いてみよ．m_1, m_2 は，ともに 0 でない正の数である．

3. 前問の Lagrangian から，式（2.11）を使って Hamiltonian（2.12）を導いてみよ．

4. 式（3.1）の Euler-Lagrange の方程式を作り，微分方程式（3.2）を導いてみよ．

5. Hermite の微分方程式（3.4）から，どうやったら式（3.5a）が得られるだろうか？

6. 試し関数として $u(x)=ax+bx^3$ をとり，式（4.5）が停留値をとるように，a と b を定めてみよ．

7. 式（3.6）から Euler-Lagrange の方程式を作り，式（3.4）が再現されることを確めよ．

8. 式（4.4）の左辺を，λ で最初の 3 項まで正確に展開し，H_0, H_1, H_2 を求めよ．

9. 式（4.8）の左辺を，第 3 項まで正確に展開し，P_0, P_1, P_2 を求めよ．

10. 式（4.9）から Euler-Lagrange の方程式を作り，式（4.6）が再現されることを確認せよ．

11. 方程式（4.17）が満たされるとき，停留値をとるような I を作れ．

12. $x = \cos\theta$ とおき，Tschebyscheff の方程式 (4.28) を，θ に関する微分方程式に書き直すとどうなるか？ その微分方程式の解を θ の関数として求めよ.

13. Tschebyscheff の多項式の表示 (4.34) は，前問の解答から得られる. 式 (4.34) を前問の結果から導いてみよ.

14. 式 (5.4) を用い，式 (5.3) から (5.3′) を導いてみよ.

15. 大正準集合の理論では，エネルギーと粒子数の平均値を指定する. この場合の確率分布関数を，"S" を最大にするようにして求めてみよ.

16. Helmholtz の自由エネルギー (6.17) を最小にするような確率分布関数は，式 (6.14) に一致することを確めよ.

17. 試し関数 (7.21) を (7.1) に代入し，B と γ を，I が停留値をとるように決めてみよ. 問題 8 の $H_1(x)$ との関係は？

18. 変分法において，試し関数と正確な関数の差が ε のオーダーであるとき，固有値の誤差は ε^2 のオーダーである. このことを証明せよ.

Pauli スピン行列

　Pauli のスピン行列について，必要なことをここでまとめておく．Pauli の
スピン行列は 2 行 2 列の 3 個の行列から成り立っている．それらを通常

$$\sigma_1 = \begin{bmatrix} 0 & 1 \\ 1 & 0 \end{bmatrix} \quad \sigma_2 = \begin{bmatrix} 0 & -i \\ i & 0 \end{bmatrix} \quad \sigma_3 = \begin{bmatrix} 1 & 0 \\ 0 & -1 \end{bmatrix} \tag{1}$$

で表す．実は，これだけでは，任意の 2 行 2 列の行列を展開することができ
ない．これら 3 個にもう 1 個

$$\sigma_0 = \begin{bmatrix} 1 & 0 \\ 0 & 1 \end{bmatrix} \tag{2}$$

を加えて，全部で 4 個の行列を考えると，任意の 2 行 2 列の行列は，これら
4 個の線形結合で表すことができる．それは，これらの 4 個を使うと，4 個の
行列

$$\begin{bmatrix} 1 & 0 \\ 0 & 0 \end{bmatrix}, \begin{bmatrix} 0 & 1 \\ 0 & 0 \end{bmatrix}, \begin{bmatrix} 0 & 0 \\ 1 & 0 \end{bmatrix}, \begin{bmatrix} 0 & 0 \\ 0 & 1 \end{bmatrix}$$

を作ることができるからである．

　とにかく，上の 4 個の行列 (1) と (2) を σ_A $(A = 0, 1, 2, 3)$ と表す．一方，
(1) の 3 個だけなら σ_i $(i = 1, 2, 3)$ と書く．つまり $A, B, C, \cdots$ とかの大文
字は 0, 1, 2, 3 を意味し，i, j, k などの小文字は，1, 2, 3 を表す．

　(1) の表現から，次の反交換関係と交換関係が成り立つ：

$$\sigma_i \sigma_j + \sigma_j \sigma_i \equiv \{\sigma_i, \sigma_j\} = 2\delta_{ij} \tag{3}$$

$$\sigma_i \sigma_j - \sigma_j \sigma_i \equiv [\sigma_i, \sigma_j] = 2i\varepsilon_{ijk}\sigma_k \tag{4}$$

これらから

$$\sigma_i \sigma_j = \delta_{ij} + i\varepsilon_{ijk}\sigma_k \tag{5}$$

を導くのは容易であろう．たとえば

$$\sigma_1\sigma_2 = i\sigma_3$$

$$\sigma_1{}^2 = \sigma_2{}^2 = \sigma_3{}^2 = \sigma_0$$

である.

$$Tr[\sigma_k] = 0 \tag{6}$$

$$Tr[\sigma_0] = 2 \tag{7}$$

を得るのも容易である. これらの関係を使うと

$$Tr[\sigma_A\sigma_B] = 2\delta_{AB} \tag{8}$$

が得られるが, これは直交関数系のときの, 直交性に相当する.

さて, 任意の 2 行 2 列の行列 Y は σ_A の線形結合で表されるので, それを

$$Y = \sum_{A=0}^{3} \sigma_A y_A \tag{9}$$

とおく. y_A は展開係数で, それを求めるには, 直交関数系のときにやったの
と同じことをすればよい. 左から σ_B をかけてトレースをとると

$$Tr[\sigma_B Y] = \sum_{A=0}^{3} Tr[\sigma_B\sigma_A]y_A$$

$$= \sum_{A=0}^{3} 2\delta_{AB}y_A = 2y_B \tag{10}$$

となる.

次に, 完全性にあたる条件を求めるには, (10) を (9) に代入し, Y が任
意であるということを使うとよい. すると

$$Y = \frac{1}{2}\sum_{A=0}^{3} \sigma_A Tr[\sigma_A Y] \tag{11}$$

これを, 行列要素で書くと

$$(Y)_{\alpha\beta} = \frac{1}{2}\sum_{A=0}^{3} (Y)_{\mu\nu}(\sigma_A)_{\nu\mu}(\sigma_A)_{\alpha\beta} \tag{11'}$$

しかし Y は任意だから, (11) は

$$\delta_{\alpha\mu}\delta_{\nu\beta} = \frac{1}{2}\sum_{A=0}^{3} (\sigma_A)_{\nu\mu}(\sigma_A)_{\alpha\beta} \tag{12}$$

を意味する. これは σ_A の間に成り立つ恒等式で, **Fierz の恒等式**とよばれる.
これが完全性に対応する. (12) を

$$\delta_{a\mu}\,\delta_{\nu\beta} = \frac{1}{2}\sum_{i=1}^{3}(\sigma_i)_{\nu\mu}(\sigma_i)_{a\beta} + \frac{1}{2}\delta_{\nu\mu}\,\delta_{a\beta} \tag{13}$$

と書いてもよい.

(11) を

$$Y = \frac{1}{2}\sum_i Tr[\sigma_i Y]\sigma_i + \frac{1}{2}Tr[Y]I \tag{14}$$

と書いて，次に 2 行 2 列の行列 X をかけてトレースをとると

$$Tr[YX] = \frac{1}{2}\sum_i Tr[Y\sigma_i]Tr[\sigma_i X] + \frac{1}{2}Tr[Y]Tr[X] \tag{15}$$

が得られるから

$$\sum_i Tr[Y\sigma_i]Tr[\sigma_i X] = 2Tr[YX] - Tr[Y]Tr[X] \tag{15'}$$

となる．この恒等式は，IV 章で使った．なかなか便利な式である．

式 (5) をなんども使うと，次のような式が計算できる．

$$(\boldsymbol{\sigma}\cdot\boldsymbol{A})(\boldsymbol{\sigma}\cdot\boldsymbol{B}) = (\boldsymbol{A}\cdot\boldsymbol{B}) + i\boldsymbol{\sigma}\cdot(\boldsymbol{A}\times\boldsymbol{B})$$

$$(\boldsymbol{\sigma}\cdot\boldsymbol{A})(\boldsymbol{\sigma}\cdot\boldsymbol{B})(\boldsymbol{\sigma}\cdot\boldsymbol{C}) = i\boldsymbol{A}\cdot(\boldsymbol{B}\times\boldsymbol{C})$$
$$+\boldsymbol{\sigma}\cdot\{\boldsymbol{A}(\boldsymbol{B}\cdot\boldsymbol{C}) - \boldsymbol{B}(\boldsymbol{A}\cdot\boldsymbol{C}) + \boldsymbol{C}(\boldsymbol{A}\cdot\boldsymbol{B})\}$$

などである．右辺はすべて σ_0 と，$\boldsymbol{\sigma}$ の線形結合になっている．

デルタ関数を含む積分

デルタ関数を含む有用な積分を 2, 3 挙げておこう.

〈1 粒子の状態密度〉

非相対論的粒子

$$\rho_\omega^{NR}\,\mathrm{d}\Omega_k\cdots = \frac{V}{(2\pi)^3}\int\mathrm{d}^3k\,\delta\left(\omega - \frac{\boldsymbol{k}^2}{2m}\right)\cdots$$

$$= \frac{V}{(2\pi)^3}m\sqrt{2m\omega}\,\mathrm{d}\Omega_k\cdots \tag{1}$$

相対論的粒子

$$\rho_\omega^R\,\mathrm{d}\Omega_k\cdots = \frac{V}{(2\pi)^3}\int\mathrm{d}^3k\,\delta(\omega - c\sqrt{\boldsymbol{k}^2 + \kappa^2})\cdots$$

$$= \frac{V}{(2\pi)^3}\frac{\omega}{c^3}\sqrt{\omega^2 - c^2\kappa^2}\,\mathrm{d}\Omega_k \tag{2}$$

また次のような積分は，統計力学において多くの粒子を問題にするときの状態密度を計算するのに有用である.

$$\int_{-\infty}^{\infty}\mathrm{d}x_1\cdots\mathrm{d}x_N\,\delta(x_1{}^2 + \cdots + x_N{}^2 - R^2) = \pi^{\frac{N}{2}}R^{N-2}/\Gamma\left(\frac{N}{2}\right) \tag{3}$$

$$\int_{-\infty}^{\infty}\mathrm{d}x_1\cdots\mathrm{d}x_N\,x_1{}^2\,\delta(x_1{}^2 + \cdots + x_N{}^2 - R^2) = \pi^{\frac{N}{2}}R^N/2\Gamma\left(\frac{N}{2}+1\right) \tag{4}$$

ここに，Γ と書いたのは，ガンマ関数のことで，n が正整数なら

$$\Gamma(n+1) = n! \tag{5}$$

$$\Gamma\left(n+\frac{1}{2}\right) = (2n+1)!!\sqrt{\pi}/2^n \tag{6}$$

である.

演習問題 I

1. 式 (2.3) より，

$$\ddot{y}_j = \frac{\partial^2 y_j}{\partial x_l \partial x_k} \dot{x}_k \dot{x}_l + \frac{\partial y_j}{\partial x_l} \ddot{x}_l$$

$$\therefore \quad \frac{\partial \ddot{y}_j}{\partial \dot{x}_i} = 2 \frac{\partial^2 y_j}{\partial x_l \partial x_i} \dot{x}_l = 2 \frac{\mathrm{d}}{\mathrm{d}t} \left[\frac{\partial y_j}{\partial x_i} \right]$$

$$\frac{\partial \ddot{y}_j}{\partial x_i} = \frac{\partial^3 y_j}{\partial x_l \partial x_k \partial x_i} \dot{x}_k \dot{x}_l + \frac{\partial^2 y_j}{\partial x_l \partial x_i} \ddot{x}_l = \frac{\mathrm{d}^2}{\mathrm{d}t^2} \left[\frac{\partial y_j}{\partial x_i} \right]$$

これらを用いると

$$\frac{\partial}{\partial x_i} - \frac{\mathrm{d}}{\mathrm{d}t} \frac{\partial}{\partial \dot{x}_i} + \frac{\mathrm{d}^2}{\mathrm{d}t^2} \frac{\partial}{\partial \ddot{x}_i}$$

$$= \frac{\partial y_j}{\partial x_i} \left[\frac{\partial}{\partial y_j} - \frac{\mathrm{d}}{\mathrm{d}t} \frac{\partial}{\partial \dot{y}_j} + \frac{\mathrm{d}^2}{\mathrm{d}t^2} \frac{\partial}{\partial \ddot{y}_j} \right] + \cdots$$

が得られる．

2. $W = W(x_1, x_2, \cdots, x_N)$ とすると

$$\frac{\mathrm{d}W}{\mathrm{d}t} = \frac{\partial W}{\partial x_l} \dot{x}_l$$

$$\therefore \quad \frac{\partial}{\partial x_i} \left[\frac{\mathrm{d}W}{\mathrm{d}t} \right] = \frac{\partial^2 W}{\partial x_i \partial x_l} \dot{x}_l$$

$$-\frac{\mathrm{d}}{\mathrm{d}t} \frac{\partial}{\partial \dot{x}_i} \left(\frac{\mathrm{d}W}{\mathrm{d}t} \right) = -\frac{\mathrm{d}}{\mathrm{d}t} \left[\frac{\partial W}{\partial x_i} \right] = -\frac{\partial^2 W}{\partial x_i \partial x_l} \dot{x}_l$$

となり，前半が証明される．逆の証明は次のようにする．いま

$$\left[\frac{\partial}{\partial x_i} - \frac{\mathrm{d}}{\mathrm{d}t}\frac{\partial}{\partial \dot{x}_i}\right]G \equiv 0 \tag{a}$$

とすると，左辺は

$$\frac{\partial G}{\partial x_i} - \frac{\mathrm{d}}{\mathrm{d}t}\frac{\partial G}{\partial \dot{x}_i} = \frac{\partial G}{\partial x_i} - \frac{\partial^2 G}{\partial \dot{x}_i \partial x_l}\dot{x}_l - \frac{\partial^2 G}{\partial \dot{x}_i \partial \dot{x}_l}\ddot{x}_l \tag{b}$$

これが恒等的に 0 とならなければならないが，$\ddot{x}_l$ はこの最後の項以外にありえないから，その係数が 0 でなければならない．したがって

$$\frac{\partial^2 G}{\partial \dot{x}_i \partial \dot{x}_l} \equiv 0 \tag{c}$$

$$\therefore \quad G = f_k(x_1, \cdots, x_N)\dot{x}_k + g(x_1, \cdots, x_N) \tag{d}$$

これを (b) に代入すると

$$\frac{\partial g}{\partial x_i} = 0$$

が得られるから，$g=$const そこで

$$f_k(x_1, \cdots, x_N) \equiv \frac{\partial W}{\partial x_k}$$

なる W を導入すると

$$G = \frac{\mathrm{d}W}{\mathrm{d}t} + \text{const.}$$

3．球面座標をとると

$$\left.\begin{array}{l} x = r\sin\theta\cos\phi \\ y = r\sin\theta\sin\phi \end{array}\right\} \tag{a}$$

$$\left.\begin{array}{l} p_x = m\dot{x} \\ p_y = m\dot{y} \end{array}\right\} \tag{b}$$

(a) を (b) に代入して計算すると

$$L_z = xp_y - yp_x = mr^2\dot{\phi}\sin^2\theta$$

となる．

4．式 (3.14) により得られる関係

$$\boldsymbol{x}^{(1)} = \boldsymbol{X} + \frac{m_2}{M}\boldsymbol{x}$$

$$x^{(2)} = X - \frac{m_1}{M} x$$

を用いる.

5. 略

6. 略

7.
$$L = \frac{1}{2} m \dot{x}^2 + gmx$$

したがって, 空間推進に対して不変ではない.

8.
$$L = m \dot{X}^2 - \frac{m}{4} \dot{x}^2 + V(|x|)$$

となる. 第2項の負号のために, エネルギーが負になる.

9.
$$\det \left[\frac{\partial^2 L}{\partial \dot{q}_i \partial \dot{q}_j} \right] \neq 0$$

10.
$$m \ddot{x} = \dot{p} - \frac{e}{c} \frac{\mathrm{d}x_i}{\mathrm{d}t} \cdot \frac{\partial}{\partial x_i} A - \frac{e}{c} \frac{\partial}{\partial t} A$$

$$\dot{p} = -\frac{\partial H}{\partial x}$$

の2式を組み合わせればよい.

11. 略

12.
$$\frac{\mathrm{d}}{\mathrm{d}t} W_1(q, Q : t) = \frac{\partial W_1}{\partial q_i} \dot{q}_i + \frac{\partial W_1}{\partial Q_i} \dot{Q}_i + \frac{\partial W_1}{\partial t}$$

と書いて, 両辺を比較する.

13. Poisson 括弧の定義を用いて, たんねんに計算する以外にない.

14. 拙著:"量子力学を学ぶための解析力学入門"参照.

演習問題 II

1.
$$\dot{q}_n = \frac{\partial H}{\partial p_n} = p_n{}^*$$

$$q_n = \frac{1}{\sqrt{L}} \int_{-\frac{L}{2}}^{\frac{L}{2}} \mathrm{d}x e^{-ik_n x} \phi(x, t)$$

$$p_n = \frac{1}{\sqrt{L}} \int_{-\frac{L}{2}}^{\frac{L}{2}} \mathrm{d}x e^{ik_n x} \dot{\psi}(x, t)$$

これらを用いると

$$H = \frac{1}{2} \int_{-\frac{L}{2}}^{\frac{L}{2}} \mathrm{d}x \left\{ \dot{\psi}(x,t)\dot{\psi}(x,t) + c^2 \frac{\partial \psi(x,t)}{\partial x} \frac{\partial \psi(x,t)}{\partial x} \right\}$$

となる.

2.
$$\frac{1}{\sqrt{2\pi}} \int_{-\infty}^{\infty} \mathrm{d}x\, e^{-ikx} \varepsilon(x) = \frac{1}{\sqrt{2\pi}} \left\{ \int_0^\infty \mathrm{d}x\, e^{-ikx} e^{-\varepsilon x} - \int_{-\infty}^0 \mathrm{d}x\, e^{-ikx} e^{\varepsilon x} \right\}$$

$$= \frac{1}{\sqrt{2\pi}} \left\{ \frac{1}{\varepsilon + ik} - \frac{1}{\varepsilon - ik} \right\}$$

$$= \frac{1}{\sqrt{2\pi}} \frac{-2ik}{\varepsilon^2 + k^2}$$

3.
$$e^{-\frac{1}{2}ax^2} e^{-ikx} = e^{-\frac{1}{2}a\left(x - \frac{i}{a}k\right)^2} e^{-\frac{1}{2a}k^2}$$

を用いる.

4.
$$\mathrm{d}^3x = r^2 \mathrm{d}r \sin\theta\, \mathrm{d}\theta\, \mathrm{d}\phi$$

を用いよ.

5. 一般論によって,これは分散関係を満たしているが,式 (6.26) を直接確かめよ.

6. $\nabla \cdot \boldsymbol{B}(x) = 0$ だから,$\boldsymbol{e}_k^{(1)}, \boldsymbol{e}_k^{(2)}$ 方向の成分しか効かない.

演習問題 III

1. $ax = y$ とおくと

$$\int_{-\infty}^{\infty} \mathrm{d}x\, \delta(ax)f(x) = \begin{cases} \dfrac{1}{a} \displaystyle\int_{-\infty}^{\infty} \mathrm{d}y\, \delta(y)f\left(\dfrac{y}{a}\right) = \dfrac{1}{a}f(0) & a > 0 \\[3ex] \dfrac{1}{a} \displaystyle\int_{\infty}^{-\infty} \mathrm{d}y\, \delta(y)f\left(\dfrac{y}{a}\right) = -\dfrac{1}{a}f(0) & a < 0 \end{cases}$$

2.

$$\delta((x-a)(x-b)) = \begin{cases} \delta((a-b)(x-a)) \\ \qquad = \dfrac{1}{|a-b|}\delta(x-a) \qquad x \sim a \\ \delta((b-a)(x-b)) \\ \qquad = \dfrac{1}{|a-b|}\delta(x-b) \qquad x \sim b \end{cases}$$

3.
$$\delta(x^2-a^2) = \delta((x-a)(x+a)) = \frac{1}{2|a|}\{\delta(x-a)+\delta(x+a)\}$$

4.
$$f(x) = \prod_i (x-x_i)g(x)$$

を用いるとよい.

5. Stokes の式は,

$$\int_{\partial S}\mathrm{d}\boldsymbol{l}\,(\cdots) = \int_s \mathrm{d}\boldsymbol{S} \times \nabla\,(\cdots)$$

図 3.3 を参照すると, S 上では

$$\delta(f(\boldsymbol{x})-c)\theta(d-g(\boldsymbol{x}))$$

であるから, 面要素のときと同様にすればよい.

6. 右辺第 1 項が回路の運動による項.

7.
$$\frac{\mathrm{d}}{\mathrm{d}t}\int_S \mathrm{d}\boldsymbol{S}\cdot\boldsymbol{E} = \frac{1}{\varepsilon_0}\int_S \mathrm{d}\boldsymbol{S}\cdot\left(\frac{\mathrm{d}\boldsymbol{x}_S}{\mathrm{d}t}\rho-\boldsymbol{J}\right) - \int_{\partial S}\mathrm{d}\boldsymbol{l}\cdot\left(c^2\boldsymbol{B}+\frac{\mathrm{d}\boldsymbol{x}_l}{\mathrm{d}t}\times\boldsymbol{E}\right)$$

8. 対称性から

$$\int d^3x\, x_i\,\delta(r-a)\,\delta(\boldsymbol{e}\cdot\boldsymbol{x}) = Ae_i$$

$\boldsymbol{e}=(0,0,1)$ として A をきめると $A=0$,
次に対称性から

$$\int \mathrm{d}^3x\, x_i x_j\,\delta(r-a)\,\delta(\boldsymbol{e}\cdot\boldsymbol{x}) = A\delta_{ij}+Be_ie_j$$

同様にして A,B を決めると

$$A+B = 0$$

$$3A + B = \int \mathrm{d}^3 x \, \boldsymbol{x}^2 \delta(r-a)\delta(\boldsymbol{e}\cdot\boldsymbol{x}) = 2\pi a^3$$

$$\therefore \quad A = -B = \pi a^3$$

9.
$$\rho = \begin{cases} \rho_0 & r < a \\ 0 & r > a \end{cases}$$

$$= \rho_0 \theta(a-r)$$

$$\frac{\partial E_r}{\partial r} + \frac{2}{r} E_r = \frac{\rho_0}{\varepsilon_0}\theta(a-r)$$

を解くと

$$E_r = \frac{\rho_0}{3\varepsilon_0} r\theta(a-r) + \frac{\rho_0}{3\varepsilon_0}\frac{a^3}{r^2}\theta(r-a)$$

10. 式 (6.7) を用いると，式 (6.9) が解であることはすぐわかる．$t \to t_0$ とすると，積分は 0 となる．

11. 10 と同じ．

12. ω を複素面で考えると，$i\varepsilon$ のために被積分関数の極は下半面にのみ現れる．$t - t_0 < 0$ のときは，積分路を図 a のようにとると，その中に極はないから，0 となる．

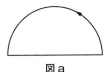

図 a

13. 問題 II. 4 と同じ．

14.
$$\delta(k^2 + \kappa^2) = \delta(\boldsymbol{k}^2 + \kappa^2 - k_0{}^2)$$

演習問題 IV

1. 変換された座標軸の方向を見いだすためには次のようにする（図 b）．x' 軸上では $y' = 0$ だから，

$$y' = -x\sin\theta + y\cos\theta = 0$$

によって x' 軸が定まる．次に y' 軸上では $x' = 0$ だから

$$x' = x\cos\theta + y\sin\theta = 0$$

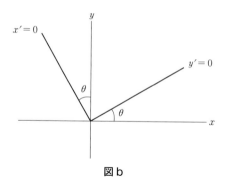

図 b

によって y' 軸が定まる.

2. a_{ij} が対角的であるときについて考えると,直交行列の性質により

$$a_{11}{}^2 = a_{22}{}^2 = a_{33}{}^2 = 1$$

したがって

$$a_{11} = \pm 1, \quad a_{22} = \pm 1, \quad a_{33} = \pm 1$$

したがって,$\det(a) = -1$ であるのは,a_{11}, a_{22}, a_{33} のうち,どれか 1 個か全部が -1 のときである.これは,反転である.(次の問題参照)

3.
$$x' = -x$$
$$y' = -y$$
$$z' = z$$

は,式 (4.10) において $\theta = \pi$ としたときである.つまり,z 軸のまわりの $180°$ の回転である.

4.
$$\varepsilon_{ijk}\,\varepsilon_{klm} = a\,(\delta_{il}\,\delta_{jm} - \delta_{im}\,\delta_{jl})$$

とおいて,a を決めればよい.

5. 前問の式を使うと

$$(\boldsymbol{A} \times \boldsymbol{B}) \cdot (\boldsymbol{C} \times \boldsymbol{D}) = (\boldsymbol{A} \cdot \boldsymbol{C})(\boldsymbol{B} \cdot \boldsymbol{D}) - (\boldsymbol{A} \cdot \boldsymbol{D})(\boldsymbol{B} \cdot \boldsymbol{C})$$

6.
$$(T_i T_j)_{lk} = -\varepsilon_{ilm}\,\varepsilon_{jmk} = \delta_{ij}\,\delta_{lk} - \delta_{ik}\,\delta_{jl}$$
$$(T_j T_i)_{lk} = \delta_{ij}\,\delta_{lk} - \delta_{jk}\,\delta_{il}$$
$$\therefore \quad ([T_i, T_j])_{lk} = \delta_{jk}\,\delta_{il} - \delta_{ik}\,\delta_{jl}$$

一方

$$i\varepsilon_{ijn}(T_n)_{lk} = \varepsilon_{ijn}\,\varepsilon_{nlk} = \delta_{il}\,\delta_{jk} - \delta_{jl}\,\delta_{ik}$$

7.
$$((\boldsymbol{T}\cdot\boldsymbol{e})^2)_{ij} = (T_k T_l)_{ij} e_k e_l$$
$$= -\varepsilon_{kim}\varepsilon_{imj} e_k e_l = \delta_{ij} - e_i e_j$$
$$((\boldsymbol{T}\cdot\boldsymbol{e})^3)_{ij} = ((\boldsymbol{T}\cdot\boldsymbol{e})^2)_{il}(\boldsymbol{T}\cdot\boldsymbol{e})_{lj}$$
$$= (\delta_{il} - e_i e_l)(-i\varepsilon_{mlj} e_m)$$
$$= -i\varepsilon_{mij} e_m = (\boldsymbol{T}\cdot\boldsymbol{e})_{ij}$$

8. まず
$$a_{il} a_{jm} a_{kn} \varepsilon_{lmn}$$
が, i, j, k について反対称であることを示す. そこで $i=1, j=2, k=3$ とおき
$$a_{1l} a_{2m} a_{3n} \varepsilon_{lmn} = \det(A)$$
であることを示せばよい.

9. 式 (4.18) に a_{kt} をかけて k について加える.
すると
$$a_{il} a_{jm} \varepsilon_{lmt} = \varepsilon_{ijk} a_{kt}$$
が得られるから. この式を書き直す.

10.
$$S_1 = \begin{bmatrix} a & -b^* \\ b & a^* \end{bmatrix} \quad S_2 = \begin{bmatrix} c & -d^* \\ d & c^* \end{bmatrix}$$
とすると
$$S_1 S_2 = \begin{bmatrix} ac - b^* d & -(bc + a^* d)^* \\ bc + a^* d & (ac - b^* d)^* \end{bmatrix}$$
$$|ac - b^* d|^2 + |bc + a^* d|^2 = (|c|^2 + |d|^2)(|a|^2 + |b|^2)$$
したがって
$$|c|^2 + |d|^2 = |a|^2 + |b|^2 = 1$$
なら. $S_1 S_2$ は単模ユニタリー変換となる.

11.
$$[\sigma_i, \boldsymbol{\sigma}\cdot\boldsymbol{A}] = [\sigma_i, \sigma_j] A_j = 2i\varepsilon_{ijk}\sigma_k A_j$$
$$\{\sigma_i, \boldsymbol{\sigma}\cdot\boldsymbol{A}\} = \{\sigma_i, \sigma_j\} A_j = 2A_i$$

12. 略

13.
$$S = A + i\boldsymbol{\sigma}\cdot\boldsymbol{B}$$
$$A = \cos\frac{\theta}{2}, \quad \boldsymbol{B} = \boldsymbol{e}\sin\frac{\theta}{2}$$

あとは

$$Tr[\sigma_i \sigma_j] = 2\delta_{ij}$$

$$Tr[\sigma_i \sigma_j \sigma_k] = 2i\varepsilon_{ijk}$$

$$Tr[\sigma_i \sigma_j \sigma_k \sigma_l] = 2(\delta_{ij}\delta_{kl} - \delta_{ik}\delta_{jl} + \delta_{il}\delta_{jk})$$

を用いればよい.

14.
$$T_{ij} = \left\{ \frac{1}{2}(T_{ij} + T_{ji}) - \frac{1}{3}\delta_{ij}T_{kk} \right\} + \frac{1}{2}(T_{ij} - T_{ji}) + \frac{1}{3}\delta_{ij}T_{kk}$$
$$\qquad\qquad\qquad 5 \qquad\qquad\qquad\qquad 3 \qquad\qquad 1$$

15. $\theta = 2\pi$ とすると

$$\cos\frac{\theta}{2} = -1, \quad \sin\frac{\theta}{2} = 0$$

$$\therefore \quad S = -1$$

つまり，座標系を 360° 回転しても，スピノールは，もとへもどらず，符号が変わる.

演習問題 VI

1. $AB = BA$ から，各行各列を等しいとおいて比べてみる. すると，

$$B = \begin{bmatrix} b_{11} & b_{12} \\ -\dfrac{a_{21}}{a_{12}}b_{12} & b_{11} + \dfrac{a_{22} - a_{11}}{a_{12}}b_{12} \end{bmatrix}$$

のとき，A, B は交換する.

2. A の第2行は，第1行の2倍になっている. したがって，$\varDelta = 0$ のはず.

3. 式 $(2.11')$ を使うと，

$$\frac{\partial \varDelta_A}{\partial a_{21}} = -(a_{12}a_{33} - a_{13}a_{32})$$

$$\frac{\partial \varDelta_A}{\partial a_{22}} = (a_{11}a_{33} - a_{31}a_{12})$$

$$\frac{\partial \varDelta_A}{\partial a_{23}} = -(a_{11}a_{32} - a_{31}a_{12})$$

したがって，たとえば，

$$a_{2k}\frac{\partial \Delta_A}{\partial a_{2k}} = \Delta_A, \qquad a_{1k}\frac{\partial \Delta_A}{\partial a_{2k}} = a_{2k}\frac{\partial \Delta_A}{\partial a_{1k}} = 0$$

となる.

4. まず

$$\Delta_A\,\varepsilon_{\ell mn}\cdots = \varepsilon_{ijk}\cdots a_{i\ell}\,a_{jm}\,a_{kn}\cdots$$

に気をつける. これを証明するには, 右辺が $\ell, m, n, \cdots$ について全反対称
であることをいい, それから $\ell=1, m=2, n=3, \cdots$ とおいてやればよい.
すると,

$$\begin{aligned}
\det(AB) &= \varepsilon_{ijk}\cdots (a_{i\ell}\,b_{\ell 1})\,(a_{jm}\,b_{m2})\,(a_{kn}\,b_{n3})\cdots\\
&= \varepsilon_{ijk}\cdots a_{i\ell}\,a_{jm}\,a_{kn}\cdots b_{\ell 1}\,b_{m2}\,b_{n3}\cdots\\
&= \Delta_A\,\varepsilon_{\ell mn}\cdots b_{\ell 1}\,b_{m2}\,b_{n3}\cdots = \Delta_A\,\Delta_B
\end{aligned}$$

5. $$A^{-1}AB = B \quad \therefore \qquad B^{-1}A^{-1}AB = I$$

6. $$A = \frac{1}{2}(A+A^T) + \frac{1}{2}(A-A^T)$$

7. このとき

$$a_{ij} = \begin{bmatrix} \cos\theta & \sin\theta & 0 \\ -\sin\theta & \cos\theta & 0 \\ 0 & 0 & 1 \end{bmatrix} \quad \therefore \quad \begin{aligned} x' &= x\cos\theta + y\sin\theta \\ y' &= -x\sin\theta + y\cos\theta \\ z' &= z \end{aligned}$$

8. 直交行列は,

$$a_{ik}\,a_{jk} = \delta_{ij}$$

を満たす. これは, $n\times n$ 個の量に対する $\dfrac{n\times n - n}{2}+n$ 個の条件である.
したがって,

$$n\times n - \left\{\frac{n\times n - n}{2}+n\right\} = \frac{1}{2}n(n-1)$$

個が独立にとれる.

9. $$(UV)^\dagger = V^\dagger U^\dagger = V^{-1}U^{-1} = (UV)^{-1}$$

10. 展開公式 (8.3) と,

$$[(\boldsymbol{T}\cdot\boldsymbol{e})^2]_{ij} = \delta_{ij} - e_i e_j$$
$$[(\boldsymbol{T}\cdot\boldsymbol{e})^3]_{ij} = [(\boldsymbol{T}\cdot\boldsymbol{e})]_{ij} = -i\varepsilon_{ijk}e_k$$

を用いる.

11.

$$\frac{I+i\boldsymbol{\beta}\cdot\boldsymbol{\sigma}}{I-i\boldsymbol{\beta}\cdot\boldsymbol{\sigma}} = \frac{I+i\boldsymbol{\beta}\cdot\boldsymbol{\sigma}}{I-i\boldsymbol{\beta}\cdot\boldsymbol{\sigma}}\frac{I+i\boldsymbol{\beta}\cdot\boldsymbol{\sigma}}{I+i\boldsymbol{\beta}\cdot\boldsymbol{\sigma}}$$

$$= \frac{1}{1-\beta^2}[I-\beta^2+2i\boldsymbol{\beta}\cdot\boldsymbol{\sigma}]$$

12.

$$\det(T_3-\lambda I) = \begin{vmatrix} -\lambda & -i & 0 \\ i & -\lambda & 0 \\ 0 & 0 & -\lambda \end{vmatrix} = (-\lambda)^3+\lambda = 0$$

13. p. 62 を見よ.

14.

$$U^{-1}T_3U = \begin{bmatrix} a & 0 & 0 \\ 0 & b & 0 \\ 0 & 0 & c \end{bmatrix} \quad U = \begin{bmatrix} \dfrac{1}{\sqrt{2}} & \dfrac{1}{\sqrt{2}} & 0 \\ \dfrac{i}{\sqrt{2}} & -\dfrac{i}{\sqrt{2}} & 0 \\ 0 & 0 & 1 \end{bmatrix}$$

$$a = 1 \quad b = -1 \quad c = 0$$

15.

$$U = \begin{bmatrix} \cos\dfrac{\theta}{2} & -\sin\dfrac{\theta^{-i\phi}}{2} \\ \sin\dfrac{\theta}{2}e^{i\phi} & \cos\dfrac{\theta}{2} \end{bmatrix}e^{i\zeta}$$

で変換すると,

$$U^{-1}\boldsymbol{\sigma}\cdot\boldsymbol{x}U = r\sigma_3$$

16.

$$a_{ij} = \begin{bmatrix} \cos\theta & \sin\theta \\ -\sin\theta & \cos\theta \end{bmatrix}$$

したがって,

$$\det(A-\lambda I) = \begin{vmatrix} \cos\theta-\lambda & \sin\theta \\ -\sin\theta & \cos\theta-\lambda \end{vmatrix} = \lambda^2-2\lambda\cos\theta+1 = 0$$

$$\therefore \quad \lambda = e^{\pm i\theta}$$

$$\therefore \quad U^{-1}AU = \begin{bmatrix} e^{i\theta} & 0 \\ 0 & e^{-i\theta} \end{bmatrix}$$

を与えるユニタリー変換は,

$$U = \frac{1}{\sqrt{2}} \begin{bmatrix} 1 & 1 \\ i & -i \end{bmatrix}$$

となる.

17. もし
$$U^{-1}HU = H_D \qquad U^{-1}KU = K_D$$
となったとすると，右辺は交換する．したがって，H と K も交換しなければならなくなる.

18. 行列の対数を定義した式より，
$$\delta \ln(I+\lambda K) = (I+\lambda K)^{-1}\delta\lambda K$$
$$\therefore \ \mathrm{Tr}[\delta\ln(I+\lambda K)] = \delta\,\mathrm{Tr}[\ln(I+\lambda K)] = \mathrm{Tr}[(I+\lambda K)^{-1}\delta\lambda K]$$
しかし，定義により，
$$\mathrm{Tr}[(I+\lambda K)^{-1}\delta\lambda K] = \frac{1}{\det(I+\lambda K)}\frac{\partial\det(I+\lambda K)}{\partial a_{ij}}\delta a_{ij}$$
$$= \delta\ln[\det(I+\lambda K)]$$
$$\therefore \ \mathrm{Tr}[\ln(I+\lambda K)] = \ln[\det(I+\lambda K)]$$
$$\therefore \ \exp\mathrm{Tr}[\ln(I+\lambda K)] = \det(I+\lambda K)$$

19. 式（8.2′）から，
$$U = \frac{1}{I-i(K_1+K_2)} = \frac{1}{I-iK_1} + \frac{1}{I-iK_1}iK_2\frac{1}{I-i(K_1+K_2)}$$
$$= U_1 + U_1iK_2U$$

演習問題 VII

1. 略

2. J_1J_2, J_2J_3, J_3J_1 を順次計算する．次にそれらのエルミート共役をとると，J_2J_1 などがわかる.

3. $[\boldsymbol{J}^2, J_i] = J_j[J_j, J_i] + [J_j, J_i]J_i = i\varepsilon_{jik}J_jJ_k + i\varepsilon_{jik}J_kJ_j = 0$

4. 定義を用いて直接計算するほかにない.

5. 略

6.
$$\mathrm{Tr}[AB] = \sum_i\left\{\sum_j a_{ij}b_{ji}\right\}$$

しかし，

$$\mathrm{Tr}[BA] = \sum_i \left\{ \sum_j b_{ij} a_{ji} \right\} = \sum_j \left\{ \sum_i a_{ij} b_{ji} \right\}$$

2つの和の順序の交換が含まれているから，有限行列では問題はないが，無限行列では上の2式は必ずしも同じではない.

7. 略

8.
$$u^{(1)} = \begin{bmatrix} 1 \\ 0 \\ 0 \end{bmatrix} \quad u^{(-1)} = \begin{bmatrix} 0 \\ 0 \\ 1 \end{bmatrix} \quad u^{(0)} = \begin{bmatrix} 0 \\ 1 \\ 0 \end{bmatrix}$$

9. VI章問題14を見よ.

10. 式（6.22）のほうは，

$$\left| \frac{3}{2} ; m_+ \right\rangle \sqrt{\frac{1}{3} m_+ + \frac{1}{2}} \left| 1 ; m_+ - \frac{1}{2} \right\rangle \left| \frac{1}{2} ; \frac{1}{2} \right\rangle$$
$$+ \sqrt{-\frac{1}{3} m_+ + \frac{1}{2}} \left| 1 ; m_+ + \frac{1}{2} \right\rangle \left| \frac{1}{2} ; -\frac{1}{2} \right\rangle$$

11. $S^\dagger$ を作り，S とかけあわせると I になる.

12. VI章の式（8.14）を使う.

13.
$$U^{-1} a_1 U = a_1 + i f_1 [a_1, a_1^\dagger] + \cdots$$
$$= a_1 + i f_1$$
$$\therefore \quad a_1 U = U(a_1 + i f_1)$$

14.
$$[S, J_i] = 0 \quad \therefore \quad [S, J_\pm] = 0 \quad [S, J_3] = 0$$

これらから，

$$\langle j' ; m' | S | j, m \rangle = \delta_{j',j} \delta_{m',m} s(j, m)$$

しかし，

$$\langle j ; m | S J_+ - J_+ S | j, m-1 \rangle = 0$$
$$\therefore \quad s(j, m) = s(j, m-1)$$

演習問題 VIII

1. 式（1.1）に $\psi^\dagger$ をかけ，式（1.2）に ψ をかけて引き算する.

2. $\alpha - \dfrac{\hbar}{2m} \equiv -\omega$ とおけばよい.

3. 式 (1.1) において,
$$\phi(\boldsymbol{x},t) \sim \exp(-iEt/\hbar)\phi(\boldsymbol{x})$$
とおき，Green 関数 (3.7) を用いて積分形に直す.

4. 略

5. たとえば，内山龍雄，西山敏之，"量子力学演習"（共立出版）を見よ. θ の小さいところだけで干渉が起こる.

6. 略

7. 略

8. 略

9. 式 (6.2)，(6.3) を使う.

10.
$$\frac{\mathrm{d}}{\mathrm{d}r}\theta(r-r') = \delta(r-r')$$

に注意する.

11. $\displaystyle\int_0^\infty \mathrm{d}r\, S_0^2(kr)\exp(-\kappa r) = \int_0^\infty \mathrm{d}r\, \sin^2 kr\,\exp(-\kappa r) = \frac{2k^2}{\kappa(\kappa^2+4k^2)}$

12. 中心に向かって波が引かれると，いわば"波のしわ"が多くなる. したがって $\delta > 0$.

13. χ のかわりに $\chi\cos\delta$ をとって，全体の規格化を変えればよい.

演習問題 IX

1. これができなかったら….

2. 式 (3.6) を使って，x や p を a や $a^\dagger$ で表すと，たとえば，
$$x^2 = \frac{\hbar}{2\omega}\{a^2+a^{\dagger 2}+aa^\dagger+a^\dagger a\}$$

$$\langle 0|x^2|0\rangle = \frac{\hbar}{2\omega}\langle 0|aa^\dagger|0\rangle = \frac{\hbar}{2\omega}\langle 0|\{a^\dagger a+1\}|0\rangle = \frac{\hbar}{\omega}$$

3. 前問と同じように計算する.

4.
$$x = \sqrt{\frac{\hbar}{2\omega}}\begin{bmatrix} 0 & \sqrt{1} & 0 & 0 & 0 & \cdots \\ \sqrt{1} & 0 & \sqrt{2} & 0 & 0 & \cdots \\ 0 & \sqrt{2} & 0 & \sqrt{3} & 0 & \cdots \\ 0 & 0 & \sqrt{3} & \cdots & \cdots & \cdots \\ \cdots & \cdots & \cdots & \cdots & \cdots & \cdots \end{bmatrix}$$

$$p = -i\sqrt{\frac{\hbar\omega}{2}}\begin{bmatrix} 0 & \sqrt{1} & 0 & 0 & 0 & \cdots \\ -\sqrt{1} & 0 & \sqrt{2} & 0 & 0 & \cdots \\ 0 & -\sqrt{2} & 0 & \sqrt{3} & 0 & \cdots \\ 0 & 0 & -\sqrt{3} & \cdots & \cdots & \cdots \\ \cdots & \cdots & \cdots & \cdots & \cdots & \cdots \end{bmatrix}$$

ここでは任意の位相を 0 とおいたが，角運動量のときと同じで，x や p の運動の自由度は，位相の中に入っているということを忘れないように．

5.
$$i\hbar\dot{x} = [x, H] = i\omega(xxp - xpx) = 2i\omega x^2 p = i\hbar p$$
$$\therefore \quad \dot{x} = p$$

同様にして，

$$\dot{p} = -\omega^2 x$$

6. 式 (4.2) から，

$$a_{\boldsymbol{k}}(t) = \frac{1}{\sqrt{V}}\int_V \mathrm{d}^3x \exp(-i\boldsymbol{k}\cdot\boldsymbol{x})\psi(\boldsymbol{x}, t)$$

$$a_{\boldsymbol{k}}^{\dagger}(t) = \frac{1}{\sqrt{V}}\int_V \mathrm{d}^3x \exp(i\boldsymbol{k}\cdot\boldsymbol{x})\psi^{\dagger}(\boldsymbol{x}, t)$$

$$\therefore \quad \sum_{\boldsymbol{k}} \hbar\omega_k a_{\boldsymbol{k}}^{\dagger}(t) a_{\boldsymbol{k}}(t)$$

$$= \frac{1}{V}\int_V \mathrm{d}^3x \int_V \mathrm{d}^3y \sum_{\boldsymbol{k}} \frac{\hbar^2 k^2}{2m}\exp(i\boldsymbol{k}\cdot\boldsymbol{y})\exp(-i\boldsymbol{k}\cdot\boldsymbol{x})\psi^{\dagger}(\boldsymbol{y}, t)\psi(\boldsymbol{x}, t)$$

$$= \frac{1}{V}\int_V \mathrm{d}^3x \int_V \mathrm{d}^3y \sum_{\boldsymbol{k}} \frac{\hbar^2}{2m}\{\nabla_y \exp(i\boldsymbol{k}\cdot\boldsymbol{y})\cdot\nabla_x \exp(-i\boldsymbol{k}\cdot\boldsymbol{x})\}\psi^{\dagger}(\boldsymbol{y}, t)\psi(\boldsymbol{x}, t)$$

部分積分して，

$$= \frac{1}{V}\int_V \mathrm{d}^3x \int_V \mathrm{d}^3y \sum_{\boldsymbol{k}} \frac{\hbar^2}{2m}\{\exp(i\boldsymbol{k}\cdot\boldsymbol{y})\exp(-i\boldsymbol{k}\cdot\boldsymbol{x})\}\nabla_y\psi^{\dagger}(\boldsymbol{y}, t)\cdot\nabla_x\psi(\boldsymbol{x}, t)$$

$$= \frac{\hbar^2}{2m} \int_V \mathrm{d}^3 x \int_V \mathrm{d}^3 y \delta(\boldsymbol{x}-\boldsymbol{y}) \, \nabla_y \psi^\dagger(\boldsymbol{y},t) \cdot \nabla_x \psi(\boldsymbol{x},t)$$

$$= \frac{\hbar^2}{2m} \int_V \mathrm{d}^3 x \, \nabla \psi^\dagger(\boldsymbol{x},t) \cdot \nabla \psi(\boldsymbol{x},t)$$

7. 同一時刻では，問題中の式は 0 になる．

8. Fourier 逆変換

$$a_k(t) = \frac{1}{\sqrt{V}} \int_V \mathrm{d}^3 x \exp(-i\boldsymbol{k}\cdot\boldsymbol{x}) u(\boldsymbol{x},t)$$

を使うとよい．

9. 問題 8 の Fourier 逆変換を使い，問題 7 と同様に計算する．

10. 略

11. $$[\pi(\boldsymbol{x},t), u(\boldsymbol{x}',t)] = -i\hbar\delta(\boldsymbol{x}-\boldsymbol{x}')$$
$$[\pi(\boldsymbol{x},t), \pi(\boldsymbol{x}',t)] = [u(\boldsymbol{x},t), u(\boldsymbol{x}',t)] = 0$$

12. 略

13. Maxwell 方程式を使って，まともに計算するしか手がない．

14. $$\boldsymbol{J}^{(\mathrm{e})} = c^2 \boldsymbol{J}^{(\mathrm{p})}$$

と，よく知られた関数 $E = mc^2$，すなわち $E\boldsymbol{v} = c^2 m\boldsymbol{v}$ とを比較してみよ．

15. $\boldsymbol{e}^{(r)} (r = 1, 2)$ が $\boldsymbol{k}$ と直交していることに注意．

16. $$\boldsymbol{k}\times(\boldsymbol{k}\times\boldsymbol{e}^{(r)}) = -k^2 e^{(r)} + \boldsymbol{k}(\boldsymbol{k}\cdot\boldsymbol{e}^{(r)}) = k^2 e^{(r)}$$

17. p.146 の議論参照．光のかたよりからくる因子 2 を忘れないように．

18. 略

19. 単なる微分の計算．

演習問題 X

1. $$L = \frac{1}{2}(x^2 - \omega_0^2 x^2) - \frac{\varepsilon}{4} x^4$$

2. Euler-Lagrange 方程式をたんねんに計算する．たとえば，

$$\frac{\partial}{\partial t}\frac{\partial L}{\partial \dot{\boldsymbol{x}}^{(1)}} - \frac{L}{\partial \boldsymbol{x}^{(1)}} = m_1\dot{\boldsymbol{x}}^2 - \frac{m_1}{m_2}\nabla^{(1)} V(|\boldsymbol{x}^{(1)} - \boldsymbol{x}^{(2)}|)$$

$$= \frac{m_1}{m_2}\{m_2\ddot{\boldsymbol{x}}^{(2)}+\nabla^{(2)}V(|\boldsymbol{x}^{(1)}-\boldsymbol{x}^{(2)}|)\} = 0$$

3. 式 (2.11) により，

$$\ddot{\boldsymbol{x}}^{(1)} = (m_2-m_1)\frac{1}{m_1^2}\boldsymbol{p}^{(1)}+\frac{1}{m_1}\boldsymbol{p}^{(2)}$$

$$\ddot{\boldsymbol{x}}^{(2)} = \frac{1}{m_1}\boldsymbol{p}^{(1)}$$

これらを使って，時間微分を消去すると，式 (2.12) を得る．

4.
$$\frac{\partial I}{\partial u'(x)} = 2f(x)u'(x)+f(x)a(x)u(x)$$

5. 式 (3.2) と式 (3.4) を比べると，

$$\frac{f'(x)}{f(x)} = -2\gamma^2 x$$

が得られる．これを積分すると式 (3.5a) になる．

6.
$$\int_{-\infty}^{\infty}\mathrm{d}x\exp(-x^2) = \sqrt{\pi}\int_{-\infty}^{\infty}\mathrm{d}x\,x^2\exp(-x^2) = \frac{1}{2}\sqrt{\pi}$$

$$\int_{-\infty}^{\infty}\mathrm{d}x\,x^4\exp(-x^2) = \frac{3}{4}\sqrt{\pi}\int_{-\infty}^{\infty}\mathrm{d}x\,x^6\exp(-x^2) = \frac{15}{8}\sqrt{\pi}$$

を用いると，

$$I = \sqrt{\pi}\left\{a^2+(3ab-na^2)+\frac{3}{4}(ab^2-4abn)-\frac{15}{4}nb^2\right\}$$

したがって

$$\frac{\partial I}{\partial a} = \frac{\partial I}{\partial b} = 0$$

とおくと，

$$(1-n)\{2a+3b\} = 0$$

$$2(1-n)+(9-5n)b = 0$$

$$\therefore \quad n = 1 \quad a \neq 0 \quad b = 0$$

$$n = 3 \quad a = -12 \quad b = 8$$

7.
$$\frac{\partial I}{\partial u'(x)} = \exp(-\gamma^2 x^2)\{2u'(x) + \alpha(x)u(x)\}$$

8.
$$H_0(x) = 1, \ H_1(x) = 2x, \ H_2(x) = 4x^2 - 2$$

9.
$$P_0(x) = 1, \ P_1(x) = x, \ P_2(x) = \frac{1}{2}(3x^2 - 2)$$

10. 略

11.
$$\frac{\cos\theta}{\sin\theta} = \frac{\mathrm{d}}{\mathrm{d}\theta}\ln\sin\theta$$

$$I = \int_0^\pi \mathrm{d}\theta \sin\theta \int_0^{2\pi}\mathrm{d}\phi\left[\frac{\partial Y^*}{\partial\theta}\frac{\partial Y}{\partial\theta} + \frac{\cos\theta}{\sin\theta}\frac{\partial Y^*}{\partial\phi}\frac{\partial Y}{\partial\phi} + \ell(\ell+1)Y^*Y\right]$$

$$+\lambda\int_0^\pi \mathrm{d}\theta \sin\theta \int_0^{2\pi}\mathrm{d}\phi\left[Y^*\frac{1}{i}\frac{\partial Y}{\partial\phi} - mY^*Y\right]$$

$$I = \int_0^\pi \mathrm{d}\theta \sin\theta \int_0^{2\pi}\mathrm{d}\phi\left[\frac{\partial Y^*}{\partial\theta}\frac{\partial Y}{\partial\theta} + m^2\frac{\cos\theta}{\sin\theta}Y^*Y + \ell(\ell+1)Y^*Y\right]$$

12.
$$\left[\frac{\mathrm{d}^2}{\mathrm{d}\theta^2} + n^2\right]T_n(\cos\theta) = 0$$

13.
$$T_n(x) = \cos(n\cos^{-1}x) = \frac{1}{2}\{\exp(in\theta) - \exp(-in\theta)\}$$

に注意.

14. 略

15. Lagrange の未定係数項として,

$$\sum_{\Gamma,N} E(\Gamma, N)f_G(\Gamma, N) - \langle E\rangle_G = 0$$

$$\sum_{\Gamma,N} Nf_G(\Gamma, N) - \langle N\rangle_G = 0$$

を考慮する.

16.
$$\sum_\Gamma f_c(\Gamma) - 1$$

を忘れないように.

17.
$$\int_{-\infty}^{\infty} \mathrm{d}x \, x^4 \exp(-\gamma^2 x^2) = \frac{12}{\gamma^4}\sqrt{\pi}$$

18.
$$\phi_0 \equiv u_0 + \varepsilon u_1$$

とおいて，たとえば，

$$I = \frac{\displaystyle\int \mathrm{d}^3 x \phi_0^\dagger \mathcal{H} \phi_0}{\displaystyle\int \mathrm{d}^3 x \, \phi_0^\dagger \phi_0}$$

に停留値をとらせるようにする．すると停留値は，

$$I = E_0 + \varepsilon^2 E_1$$

となる．E_0 が正確な値である．

著者紹介

高橋　康（たかはし　やすし）

1923 年生まれ. 1951 年名古屋大学理学部卒業. フルブライト奨学生として 1954 年に渡米, ロチェスター大学助手. 理学博士. アイオワ州立大学, ダブリン高等研究所を経て, 1968 年アルバータ大学教授. 1991 年よりアルバータ大学名誉教授. 場の量子論における「ワード-高橋恒等式」の研究により, 2003 年日本物理学会素粒子メダルを受賞. 著書多数. 2013 年逝去.

NDC421　316p　21cm

物理数学ノート（ぶつりすうがく）　新装合本版（しんそうがっぽんばん）

2022 年 8 月 2 日　第 1 刷発行

著　者　　高橋　康（たかはし　やすし）

発行者　　髙橋明男

発行所　　株式会社　講談社
　　　　　〒112-8001　東京都文京区音羽 2-12-21
　　　　　　　販売　（03）5395-4415
　　　　　　　業務　（03）5395-3615

編　集　　株式会社　講談社サイエンティフィク
　　　　　代表　堀越俊一
　　　　　〒162-0825　東京都新宿区神楽坂 2-14　ノービィビル
　　　　　　　編集　（03）3235-3701

印刷所　　株式会社　精興社

製本所　　大口製本印刷　株式会社

KODANSHA

ISBN978-4-06-529189-4

講談社の自然科学書

講談社の自然科学書

※表示価格には消費税（10%）が加算されています。　　　　　「2022 年 7 月現在」

講談社サイエンティフィク　https://www.kspub.co.jp/

21世紀の新教科書シリーズ！ 講談社創業100周年記念出版

講談社 基礎物理学シリーズ

全12巻

◎ 「高校復習レベルからの出発」と
　「物理の本質的な理解」を両立

◎ 独習も可能な「やさしい例題展開」方式

◎ 第一線級のフレッシュな執筆陣！
　経験と信頼の編集陣！

◎ 講義に便利な「1章＝1講義（90分）」
　スタイル！

ノーベル物理学賞
益川敏英先生 推薦！

A5・各巻:199〜290頁
定価2,750〜3,080円

【シリーズ編集委員】

二宮 正夫　京都大学基礎物理学研究所名誉教授　元日本物理学会会長

北原 和夫　東京工業大学名誉教授、国際基督教大学名誉教授　元日本物理学会会長

並木 雅俊　高千穂大学教授

杉山 忠男　元河合塾物理科講師

0. 大学生のための物理入門
並木 雅俊・著
215頁・定価2,750円

1. 力 学
副島 雄児／杉山 忠男・著
232頁・定価2,750円

2. 振動・波動
長谷川 修司・著
253頁・定価2,860円

3. 熱 力 学
菊川 芳夫・著
206頁・定価2,750円

4. 電磁気学
横山 順一・著
290頁・定価3,080円

5. 解析力学
伊藤 克司・著
199頁・定価2,750円

6. 量子力学I
原田 勲／杉山 忠男・著
223頁・定価2,750円

7. 量子力学II
二宮 正夫／杉野 文彦／杉山 忠男・著
222頁・定価3,080円

8. 統計力学
北原 和夫／杉山 忠男・著
243頁・定価3,080円

9. 相対性理論
杉山 直・著
215頁・定価2,970円

10. 物理のための数学入門
二宮 正夫／並木 雅俊／杉山 忠男・著
266頁・定価3,080円

11. 現代物理学の世界
トップ研究者からのメッセージ
二宮 正夫・編　　202頁・定価2,750円

※表示価格には消費税（10%）が加算されています。

「2022年7月現在」

講談社サイエンティフィク　https://www.kspub.co.jp/

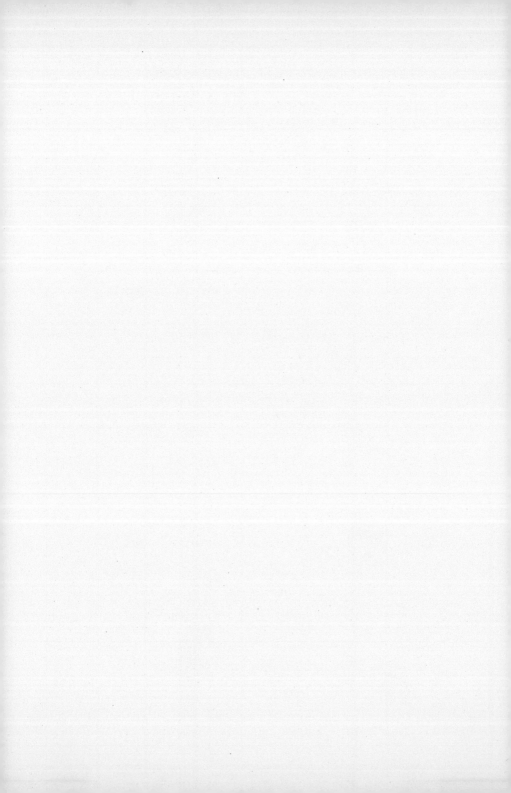